초음파탐상검사 입문 및 현장 실무를 위한

초음파탐상검사
기초 및 응용 Fundamental and Application of Ultrasonic Testing

이 정 기 저

NODE MEDIA
노드미디어

우리나라에 초음파탐상검사가 도입되어 현장에 적용된 역사가 반세기를 훌쩍 뛰어 넘었음에도 불구하고, 그동안 국내의 현장에서는 주로 방사선투과검사에 의존하였던 관계로 초음파탐상검사는 자동화 검사 분야와 원자력 분야 등의 특정한 분야와 영역에서만 발전되고 활용도를 높여왔다. 하지만, 2013년 방사선 안전규제의 강화로 최근에는 많은 현장에서 초음파탐상검사를 적용하여야 하는 상황이 도래하였다.

초음파탐상검사는 1980년대까지 주로 아날로그 초음파 탐상기를 이용하여 수행되어 왔으나, 1990년대 들어서면서 디지털 기술이 접목된 초음파 탐상기가 도입되면서 유럽이나 미국 일본 등의 선진국에서는 기존의 수동으로만 수행하던 초음파탐상검사에서 영상화가 가능한 기술로 발전시켜 왔다. 따라서 최근에는 방사선투과검사를 대체하는 하나의 기술로서 정착되어 가고 있는 실정이다. 그럼에도 불구하고 국내의 많은 교재들은 아날로그 초음파 탐상기를 사용하던 기술 수준에 머물러 있으며, 많은 분야에서 선진 기술을 이미 도입하여 활용하고 있음에도 불구하고 이에 대한 내용을 기술하지 않고 있다.

저자는 지난 20년 동안 비파괴검사학회, 비파괴검사협회, 가스안전공사, 한국철도공사 등 여러 기관에서 초음파탐상검사 교육을 수행하면서, 초음파를 제대로 이해하고 검사에 정확하게 활용할 수 있는 교재의 필요성을 인식하여 2014년부터 집필하기 시작하여 5년간의 집필 작업 끝에 본 책을 완성하였다.

이 책은 초음파탐상검사를 수행하는 검사자들이 초음파의 특성을 잘 이해하여 검사를 정확하게 할 수 있는 능력을 갖출 수 있도록 하기 위한 내용을 담고 있으며, 특히 이미 시판되고 있는 기존의 교재들에 기술되어 있는 오류를 바로 잡고자 하였다. 이러한 취지에서 각 장의 내용들은 다음과 같이 요약할 수 있다. 1장은 초음파의 기본 개념과 초음파탐상검사의 역사와 향후 전망을 다루었고, 2장은 초음파의 파동 특성을 잘 이해하도록 하기 위한 초음파의 물리적 원리와 현상을 설명하고 있으며, 3장은 초음파탐상검사에서 활용하고 있는 초음파 발생과 수신 방법을 설명하였고, 4장은 초음파탐상검사에서 현재 가장 많이 사용하고 있는 초음파탐상 장비와 압전형 탐촉자를 다루고 있다. 5장은 초음파 탐상 장비의 성능 평가 및 교정에 대한 항목과 절차를 다루었고, 6장은 초음파 두께 측정 및 수직 탐상과 경사각 탐상인 초음파탐상검사의 응용에 대해 설명하였으며, 7장은 실제로 현장에서 가장 많이 사용되는 철강 제품 검사에 대한 절차와 방법을 다루었고, 8장은 초음파탐상검사에 의해 검출된 지시로부터 결함 크기 산정 방법을 설명하였다.

이 책의 내용은 가능한 한 초보자들이 이해할 수 있도록 설명하고자 하였으나, 어떠한 부분은 내용에 대해 깊이 들어가기보다는 결과의 활용에 중점을 두어 독자에 따라 설명이 미흡하다고 판단되는 부분이 있을 수 있다. 따라서 이 책은 각 장마다 더 자세한 내용을 수록하고 있는 인용된 내용의 참고문헌을 제시하고 있으므로, 보다 더 자세한 내용을 확인하고 싶은 독자들은 이러한 참고문헌을 이용하는 것도 한 방법일 것이다.

이 책을 집필하는 데 있어 여러 사람들의 격려와 도움에 대해 고맙다는 인사를 드리며, 특히 집필할 수 있는 여건을 제공하여 주신 나우㈜의 정대혁 회장님과 정준혁 사장님께 무한한 감사 인사를 드립니다. 그리고 책에 들어가는 그림의 대부분을 그려주느라 고생한 사랑하는 내 딸 이승민에게 고마움을 전하며, 필요할 때마다 그림을 보완하고 준비해 준 나우㈜의 윤성식 부장, 김형달 과장에게도 고맙다는 인사를 드립니다. 또한 이 책의 출판에 아낌없이 도움을 주신 노드미디어 박승합 사장님께도 감사 인사를 드립니다.

2019년 7월
저자 이 정 기

1. 서론

2. 초음파의 물리적 원리 및 현상

3. 초음파 발생과 수신 방법

5. 초음파 탐상 장비의 성능 평가 및 교정

6. 초음파 탐상의 응용

7. 철강 제품 검사

8. 결함 크기 산정 방법

1. 서 론

1.1 초음파탐상검사의 기본 개념

기계적인 진동에 의해 만들어지는 음파는 사람이 들을 수 있는 주파수 영역인 20 Hz~20 kHz 범위의 가청음파(audible sound)와 20 kHz 이상의 초음파(ultrasound)와, 20 Hz 미만의 초저음파(infrasound)로 구분한다. 초음파는 높은 주파수의 음파이기 때문에 파장이 짧고, 직진성이 좋아 재료의 특성, 두께 측정, 결함 검출 및 평가 등의 비파괴적인 검사나 측정에 사용된다.

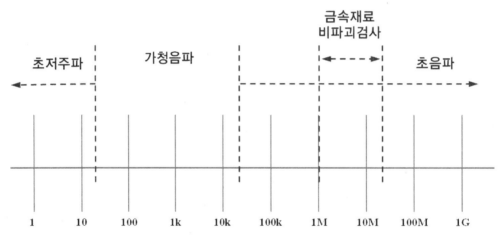

그림 1-1 주파수에 따른 음파의 구분

그림 1-1에 나타낸 주파수 영역 중에서 초음파탐상검사에 주로 사용되는 주파수 영역은 50 kHz~50 MHz 대역이고, 금속재료에 대한 초음파탐상검사는 1 MHz~15 MHz 대역을 주로 사용하며, 콘크리트와 같은 감쇠가 심한 비균질성 재료에 대해서는 50 kHz~300 kHz 대역을 사용한다. 일반적인 초음파탐상검사는 아니지만 비파괴검사 분야의 하나인 음향방출검사에서는 100 kHz~1 MHz 대역의 초음파를 분석한다. 그리고 반도체나 세포 조직 평가에 사용되는 초음파 현미경은 100 MHz이상에서 1 GHz 정도의 초음파를 사용하기도 한다. 산업적인 비파괴검사 분야는 아니지만 의료분야에서 사용되는 초음파 진단기는 2 MHz~15 MHz 대역의 초음파를 사용하는데 이러한 대역은 금속재료의 비파괴검사에서 사용하는 주파수 대역과 유사하다.

그리고 초음파 발전의 시점이 되었던 수중 탐상에 사용되는 sonar(어군 탐지기 또는 해양 탐사 장비)는 30 kHz~300 kHz 대역의 초음파를 사용한다.

초음파탐상검사 방법은 초음파를 발생시키는 탐촉자와 초음파를 수신하는 탐촉자를 분리한 투과법과 하나의 탐촉자로 초음파를 발생시키고 수신하는 펄스-에코(pulse-echo)법이 있지만, 펄스-에코법이 하나의 탐촉자를 사용하는 장점이 있기 때문에 가장 많이 사용하는 방법이다. 이것은 산에서 메아리가 만들어지는 것과 유사하다. 즉, 그림 1-2와 같이 초음파 탐촉자에서 발생된 초음파가 재료 내부를 진행할 때 재료 내부에 불연속부가 없으면 아래쪽 표면(뒷면)에서 반사되어 되돌아오는 신호만 존재하지만, 내부에 결함과 같은 불연속부가 존재하면, 뒷면에서 반사된 신호 앞에 불연속부에 의한 반사 신호가 형성된다.

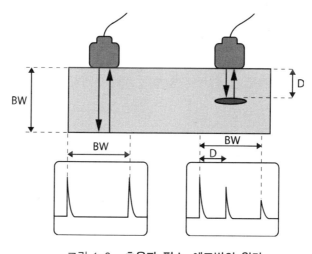

그림 1-2 **초음파 펄스-에코법의 원리**

초음파를 사용하여 재료 내부의 상태를 평가할 수 있는 것은 초음파의 다음과 같은 특징 때문이다.

- 초음파는 재료 내부에서 일정한 속도로 진행한다. 초음파 속도는 재료마다 다를지라도 한 재료에서는 일정한 값을 지닌다. 예를 들어 철강에서 종파와 횡파는 각각 5,920 m/s와 3,230 m/s의 속도로 진행하며, 알루미늄에서 종파와 횡파는 각각 6,320 m/s와 3,130 m/s의 속도로 진행한다.
- 초음파탐상검사에서 사용하는 초음파의 파장은 수백 μm에서 수 mm로 비교적 짧다. 이것은 재료 내부에서 상호 작용을 일으킬 수 있는 대상의 크기와 관련된다. 일반적으

로 초음파탐상검사에서 검출 가능한 결함은 반 파장(1/2λ) 이상이어야 한다. 즉 파장이 짧을수록 작은 대상에 대한 반응이 크게 일어나므로, 재료 내부의 작은 결함 또는 불연속부를 검출할 수 있게 한다.

- 초음파는 검사 대상체를 전파할 때 내부 구조와 반사, 굴절, 산란, 흡수, 회절과 같은 상호 작용을 일으킨다.

위와 같이 초음파가 검사 대상체 내부를 전파할 때 일어난 상호 작용의 결과를 갖고 진행한 초음파 신호를 수신하여 그 크기와 도달된 시간을 분석하여 비파괴평가 자료로 활용한다.

초음파탐상검사는 방사선투과검사와 더불어 재료 내부를 검사하는 방법으로 활용되고 있다. 하지만 방사선투과검사는 검사 대상체에 방사선을 조사하여 투과된 방사선에 의해 필름을 감광시킨 영상으로 재료 내부의 상태를 평가하는 반면에, 초음파탐상검사는 초음파가 재료 내부에서 일어나는 상호작용의 결과를 내포하는 신호를 평가하기 때문에 검출 능력의 차이가 있다. 특히 용접부의 융합불량이나 미세 균열과 같은 균열성 결함에 대한 검출 능력은 초음파탐상검사가 방사선투과검사에 비해 월등하다. 그리고 초음파 진행 거리가 큰 경우에 대해서도 탐상 인자를 조절하여 동일한 크기의 결함을 어느 정도 검출할 수 있으며, 넓은 두께 범위에 대해서도 감도의 변화가 비교적 작다. 그리고 초음파가 진행하는 방향에 수직하게 형성된 균열성 결함이나 게재물과 같은 결함은 쉽게 검출하지만, 초음파가 진행하는 방향으로 형성된 균열성 결함은 검출하지 못한다.

방사선투과검사는 검사 결과를 필름 영상으로 만들기 때문에 결함의 형상이나 용접부의 결함의 종류를 구별하는 것이 수월한 반면에, 기존에 수행하여 왔던 초음파탐상검사는 초음파 탐상기를 사용하여 신호만을 분석하는 방법을 사용하기 때문에 시험 부위에 대한 검사 결과를 기록 보존하지 못하고 검사자 능력에 따라 결과를 달리 판정하는 경우가 발생하기도 한다. 그럼에도 불구하고 초음파탐상검사는 방사선투과검사에 비해 작업이 간편하고, 비교적 정확도가 높은 결과를 얻을 수 있으며, 검사 결과를 즉각적으로 도출할 수 있고, 산업 폐기물(필름 현상액) 발생이 없으며, 필름 및 현상액과 같이 소모품이 발생되지 않기 때문에 검사 비용을 절감할 수 있어 여러 분야에서 많이 활용되고 있다.

최근에 자동 초음파탐상 기술 및 위상배열 초음파탐상 기술을 활용함으로써, 초음파탐상검사 결과도 방사선투과검사의 필름 영상과 같은 영상 결과를 저장 보존할 수 있게 되어 기존의 수동 초음파탐상검사의 객관성 부족의 단점을 보완하게 되었다. 하지만 장비 가격이 비싸기 때문에 이러한 장비를 도입할 때 세심한 검토가 필요하다.

초음파탐상검사는 철강 제조품, 단조품, 주조품, 구조물의 용접부, 압력용기 용접부의 결함 검출 및 발전 플랜트 및 석유화학 플랜트의 주요 설비의 건전성 평가에 매우 유용하고 다재다능한 비파괴검사 방법으로 다음과 같은 장점을 갖는다.

- 침투 능력이 우수하여 대상체 깊은 곳의 결함을 검출할 수 있다.
- 균열 등 미세한 결함에 대한 검출 감도가 높다.
- 다른 비파괴검사방법에 비해 정확성이 높아 결함 위치와 크기 등을 정량 평가할 수 있다.
- 검사가 신속하게 이루어진다.(자동화와 영역 스캔을 가능하게 함)
- 펄스-에코법을 사용할 때에는 오직 한쪽 면에서 검사가 가능하다.
- 검사자 및 주변 사람에 대해 방사선 피폭과 같은 장애가 없다.
- 휴대 및 이동성이 좋다.
- 복잡한 형상 검사가 가능하다.
- 모든 재료에 대해 적용 가능하다.(전도체 및 비전도체, 자성체 및 비 자성체)

하지만 모든 비파괴검사와 마찬가지로 초음파탐상검사도 다음과 같은 단점을 지닌다.

- 초음파를 전달시키기 위해 표면은 접근 가능하고 매끄러워야 한다.
- 다른 방법에 비하여 검사자의 숙련이 요구된다.
- 음향 에너지를 검사 대상체로 입사시키기 위하여 일반적으로 접촉매질이 필요하다.
- 표면이 거칠거나, 형상이 불규칙하거나, 매우 작거나, 유난히 얇거나 또는 균질하지 않은 재료는 검사하기가 어렵다.
- 주물과 같이 금속 조직이 조대한 재료는 감쇠가 심하고 결정립에 의한 잡음이 심하여 검사가 어렵다.
- 초음파 진행 방향과 나란한 방향으로 형성된 결함은 검출되지 않을 수가 있다.
- 불감대가 존재하여 표면에 인접한 결함의 검출은 어렵다.
- 장비 교정과 결함의 특성 평가를 위하여 표준 시험편이나 대비 시험편이 필요하나.

앞에서 언급한 바와 같이 초음파탐상검사가 여러 분야에서 다양하게 활용되고는 있지만 현재 결함 검출에 가장 많이 사용하고 있는 펄스-에코법에 의한 수동 초음파 검사도 다른 비파괴검사와 마찬가지로 결함 검출 능력에 한계를 지닌다. 따라서 초음파탐상검사를 수행하는 검사자는 이러한 한계를 고려하여 검사를 수행하여야 효과적인 결과를 얻을 수 있을 것이다. 이러한 초음파탐상검사의 검출 능력의 한계의 원인은 초음파의 특성과 펄스-에코법의 특성이 결합되어 나타나는 것으로 다음과 같은 문제점 때문이다.

(1) 초음파 직진성에 의한 문제

초음파 탐촉자가 일정한 면적을 지니고 있을 지라도 초음파는 탐촉자 면에 수직한 방향으로만 진행한다. 초음파 전파 거리가 멀어지면 빔 퍼짐에 의해 초음파 에너지가 적용되는 면적이 커지지만, 초음파가 진행하는 영역을 벗어난 부위는 검사되지 않는다. 따라서 대상체 전체 면에 대해 검사를 수행하려면 초음파 탐촉자를 움직여서 초음파 조사 방향과 위치를 바꾸어 주어야 한다.

(2) 직접 접촉법에 의한 문제

일반적으로 대부분의 초음파탐상검사는 압전소자 탐촉자를 대상체 표면에 직접 접촉시켜 탐상하는 직접 접촉법을 사용한다. 이러한 경우에 대상체에 초음파 전달을 좋게 하려면, 탐상면을 매끄럽고 평평하게 하고 초음파 탐촉자와 대상체 사이에 일정 두께의 접촉매질을 사용한다. 그리고 접촉 압력이 초음파 탐촉자의 진동의 크기에 영향을 미치므로 일정한 압력으로 탐상을 수행해야 한다. 하지만 실제 작업에 있어서 이러한 조건으로 검사를 수행하는 것은 불가능하며, 탐상면의 거칠기와 접촉매질 두께의 변화에 의해 전달손실이 일어난다. 따라서 초음파 신호 크기로 결함의 크기를 평가할 경우에 오차를 발생시킨다. 그리고 탐상면에 직접 접촉하여 탐상을 수행하는 경우 탐촉자를 접촉하여 움직일 때, 탐촉자 표면이 마모되어 손상되기도 한다. 따라서 정밀하고 정량적인 초음파 검사를 수행하려면 수침법으로 초음파 탐촉자와 대상체 사이를 일정한 간격을 유지하여 탐상하는 것이 좋다.

(3) 펄스 파에 의한 문제

펄스-에코법에 의한 초음파 탐상은 1~3회 진동하는 짧은 펄스(광대역 초음파)에서 3~10회 진동하는 비교적 긴 펄스(협대역 초음파)를 사용한다. 하지만 현재 사용하고 있는 초음파 탐상기의 펄스에 대한 표준화된 규격이 없는 관계로 초음파 탐상기에 따라 펄스의 상태가 제각각이며, 초음파 탐촉자도 주파수에 대해서만 규정하고 있을 뿐 주파수 응답 특성에 대해서는 표준화된 규격이 없다. 따라서 초음파 탐상기가 다르거나 초음파 탐촉자가 다른 경우에는 같은 대상체에 대한 응답 신호의 크기와 파형이 다르게 나타날 수 있다. 이와 같은 문제점 때문에 초음파탐상검사를 수행하는 검사자는 반드시 초음파 탐상기와 초음파 탐촉자에 대한 정보를 검사 결과와 함께 기록해 둘 필요가 있다. 펄스 파는 단일 주파수가 아닌 여러 개의 주파수 성분이 결합된 파동으로 감쇠가 심한 재료의 경우에는 전파거리에 따라 파형이 변화된다. 이러한 현상은 결함의 위치 평가의 정확도를 떨어뜨리고 분해능을 저해시키는 요인이 되기도 한다.

(4) 초음파 신호(A-스캔) 표시에 의한 문제점

일반적으로 초음파 탐상기 화면의 가로축은 초음파 진행거리를 나타내고, 세로축은 신호의 크기를 나타낸다. 만일 복잡한 형상을 지닌 검사 대상체에 대해 초음파탐상검사를 수행하는 경우 모서리에서 반사되는 신호와 결함 신호와 구별이 어려운 점이 있다. 이와 같은 문제점을 해결하기 위하여 80년대부터 유럽과 미국에서는 자동 초음파 검사에 의한 검사를 수행하여 얻은 영상 결과에 검사 대상체의 형상을 그려 넣어 결함 판정을 하는 방법을 발전 시켜왔으며, 최근에는 위상배열 초음파 탐상기술로서 검사 결과를 영상으로 만들고 분석 프로그램을 이용하여 대상체를 겹쳐 보게 하여 평가하는 기법을 많이 사용하고 있다.

(5) 수동 검사에 의한 문제점

초음파 탐상기를 사용하여 초음파탐상검사를 수행할 때 검사자는 대상체의 검사 위치를 확인하면서 초음파 탐촉자를 이동시킴과 동시에 초음파 탐상기 화면에 나타나는 결함 신호의 유무를 확인해야 한다. 이와 같이 경우 작은 결함의 경우나 또는 결함 빈도가 높지 않은 경우 초음파 탐촉자 이동시킬 때 순간적으로 화면에 나타났다 사라지기 때문에 결함 신호를 놓칠 수가 있다. 이러한 것을 놓치지 않게 하기 위하여 경보음을 사용하기도 한다. 그러나 이러한 문제만이 아니라 검사자는 여러 검사 조건을 일정하게 유지하면서 검사하는 것이 어려우며, 특히 화면의 신호만을 가지고서 평가하는 경우 검사자의 숙련 정도에 따라 다른 결과로 판정할 수 있는 여지가 매우 높아 결과의 객관성을 저해시키는 요인이 되기도 한다

1.3 초음파탐상검사의 역사

초음파를 발생시키는 방법은 일찍이 1842년 James Precott Joule[1]과 1880년 Pierre Curie 와 그의 형인 Paul Jacques Curie[2]에 의해 발견되었다. 초음파의 첫 적용은 1912년 4월에 일어난 타이타닉 호의 침몰이 있은 이후에 영국의 Richardson에 의해 제안되었다. 그는 자신의 특허에서 초음파로서 물속에 잠겨 있는 방산의 상태를 확인할 수 있다고 주장하였다. 이후 프랑스에서 1차 세계대전 동안 Chilowski와 Langevin이 초음파를 사용하여 잠수함을 색출하기 위한 연구개발을 시작하였다. 이러한 기술은 물에서 초음파를 보내고 물에 잠겨있는 대상체에서 반사되어 돌아오는 반사파를 감지하는 'sonar(수중음파탐지기)'를 만들어 내었다.

1929년과 1935년에 Sokolov는 금속 대상체에서 초음파 사용에 대한 연구 내용을 발표하였고, Mulhauser는 1931년에 고체에서 결함을 검출하기 위해 두 개의 탐촉자를 사용한 초음파 검사 방법의 특허를 획득하였다[3]. 2차 세계대전 동안 판에 있는 층상분리(lamination)와 열간압연 강재에 있는 미세한 비금속 게재물의 검출이 요구 되었으나, X-ray에 의한 방사선투과검사, 자분탐상검사, 액체침투탐상검사와 와전류탐상검사로는 해결할 수 없었으며, 이를 해결하기 위하여 초음파에 의한 투과법을 적용하여 해결하였다.

초음파탐상검사의 산업적인 사용은 미국과 영국과 독일에서 동시에 시작되었다. 이에 대한 주요 인물은 Floyd Firestone과 Donald O. Sproule와 Adolf Trost로 이들은 엄격히 비밀스럽게 일을 하였고 서로를 알지 못하였다. 이들의 연구 개발에 대한 특허조차도 발간된 것이 없다. Sproule과 Trost 송신 탐촉자와 수신 탐촉자를 분리한 투과법을 사용하였다. Trost는 두 개의 탐촉자를 판의 양면에 두고 기계적인 장치에 의해 같은 축에 매달고 연속적으로 물을 흐르게 하여 두 표면에 음향적으로 접합시켜 검사하게 하였다. Sproule는 두 탐촉자를 대상체의 같은 면에 두게 하였다. 이는 분할형 탐촉자의 원리와 유사하나 탐촉자 간의 거리를 변화시켜 사용하였다고 하였다. Firestone은 처음으로 반사 기법을 인지하였다. 그는 레이더 장치를 수정하여 짧은 펄스를 지닌 송신자와 짧은 불감 영역을 지닌 증폭기를 개발하였다. Sproule와 Firestone은 각각 Kelvin-Hughes와 Sperry Inc.를 산업적인 파트너로 하여 자신들이 개발한 초음파 장비의 실용화에 앞장섰다.

1949년 독일의 Cologne에 있는 Josef Krautkramer와 Wuppertal에 있는 Karl Deutsch,

두 사람은 기술 논문에서 Firestone-Sperry-Reflectoscope에 관한 정보를 받았다. 두 사람은 서로를 알지 못하였지만 초음파 탐상기의 개발을 시작하였다. Josef Krautkramer와 그의 형제인 Herbert Krautkramer는 물리학자였으며 일체형의 초음파 장비를 개발하였다. Karl Deutsch는 기계공학자이었기 때문에 전자적인 동료가 필요하였고, 세계대전 동안 레이더 기술에 있어 기술적인 경험을 지닌 Hans-Werner Branscheid를 찾았다. 이 두 젊은 기술자들은 모두 1년 이내에 그들만의 초음파 결함 탐상기를 내놓았으며, 지금까지 존재하는 경쟁을 시작하게 되었다.

나중에 더 많은 초음파 장비들이 국제적인 시장에 들어왔다(독일에서 Siemans와 Lehfeldf, 오스트리아에서 Kretztechnik, 프랑스에서 Ultrasonique, 영국에서 Ultrascope). 이들 모두는 70년대 이전에 그들의 출판을 멈추었다. Kelvin-Hughes 또한 동시대에 모든 출판을 멈추었다. Sperry는 1995년경에 Automation Ind.로 개명하였다. 특히 Krautkramer는 60년대 초반에 세계 시장의 선도자가 되었으며, 오늘날에는 GE에 병합되어 이어져 내려오고 있으며, Karl Deutsch외에 독일에서 Nukem, 미국에서 Panametrics와 Staveley(현재는 두 회사는 OlympusNDT에 병합됨), 영국에서 Sonatest와 Sonometic, 이태리에서 Gilardoni과 같은 회사들이 출현하였다.

이와 같이 2차 세계대전과 그 이후의 기술적인 발전이 원동력이 된 급작스러운 장비의 발전과 함께 비파괴검사도 지난 수십 년 동안 수행되어왔다. 초기 비파괴검사의 일차적인 목적은 결함의 검출이었다. 안전 수명 설계의 일부분으로, 구조물은 사용 수명 동안 거시적인 결함이 진전되지 않아야 하는 것으로 생각하였고, 결함이 검출된 사용 중인 구성품은 제거되었다. 이러한 결함 검출 필요성에 대응하여, 점점 더 갈수록 초음파, 와전류, X-ray, 염료 침투, 자분, 다른 형태의 에너지 침투를 사용한 세련된 기법이 나타났다.

1970년대 초 비파괴검사 영역에서 주된 변화를 이끌어낸 두 개의 사건이 일어난다. 먼저 구성품 파손의 가능성은 변하되기 않았을지라도 더 많은 부분을 불합격으로 저리할 수 있게 한 작은 결함을 검출할 수 있는 능력을 이끌어낸 기술의 발전이다. 하지만 파괴역학적 관점이 들어오면서 주어진 크기의 균열이 재료의 파괴인성 특성을 알 때 특별한 부하에서 파손될지 아닐지를 예견하게 되었다. 다른 법칙은 주기적인 부하(피로)에서 균열의 성장률을 예견하도록 발전되었다. 이러한 도구들의 출현함으로써 만일 결함 크기가 알려진다면 결함을 지닌 구조물을 사용할 수 있도록 수락할 수도 있게 되었다. 이러한 개념은 손상 허용 설계의 새로운 철학의 기반을 형성한다. 알려진 결함을 지닌 구성품은 그 결함이 파손을 만들 만한 크기로 성장하지 않는다고 확신하는 한 계속 사용할 수 있다는 것이다.

이와 같은 새로운 시도는 비파괴검사 분야에 발표되었다. 검출만으로는 충분하지 않고, 잔여 수명 예측에 기반한 파괴역학의 입력으로 제공할 수 있는 결함 크기에 관한 정량적인 정보를 얻는 것이 필요하게 되었다. 정량적인 정보의 필요성은 특별히 국방과 원자력 발전분야에서 강하게 요구되었고 새로운 기술·연구 결합 학문으로서 정량적 비파괴평가(QNDE)를 이끌어내었다.

1.4 초음파탐상검사의 현재와 미래

1.4.1 초음파탐상검사의 현재

1950년대부터 오늘날까지 기술적인 발전에 힘입어 장비의 급작스러운 발전이 있어 왔으며, 이와 함께 수십 년 동안 수행되어 온 초음파탐상검사도 발전되어 왔다. 특히 1980년대부터 지금까지 컴퓨터 관련 기술이 접목되면서 초음파 탐상 장비는 더 좋은 기능을 갖추게 되었으며, 더 작아지고 견고하게 되었다. 예를 들어 초음파 두께 측정의 경우 장비는 더 쉽고 더 좋게 데이터 수집을 하도록 개량되었다. 수천 개의 측정값을 저장할 수 있도록 메모리를 내장한 것도 있고, 저장 값의 정렬도 자동적으로 수행하도록 되었다. 어떠한 장비는 두께 측정뿐만 아니라 파형도 함께 저장한다. 저장된 파형은 검사가 완료되고 오랜 시간 후에 작업자가 정확한 측정을 하였는지를 확인하거나 두께 측정의 A-scan 신호를 검토하게 한다. 또한 어떤 장치는 재료의 표면 조건에 근거하여 측정값을 수정할 수 있다. 예를 들어 국부 부식(pitting) 또는 침식된 내부 표면의 배관에서 얻은 신호는 매끈한 표면을 지닌 배관에서 얻은 신호에 비하여 분석하는 것이 어려울 수 있다. 따라서 표면 조건에 근거한 측정은 더 정확하고 재현성을 지닌 현장 측정을 할 수 있게 한다.

현재의 많은 초음파 결함 탐상기는 횡파 사각 탐상검사를 수행할 때 결함의 위치를 빠르고 정확하게 알려주는 삼각함수 기능을 지니고 있다. 음극선관은 대부분 LED 또는 LCD 화면으로 대체되었으며, 이러한 화면은 대부분 주변의 밝기에 관계없이 아주 쉽게 볼 수 있어서 주위가 환하거나 어두운 작업 환경 일지라도 화면을 판독하는 데 작업자들에게 어려움을 주지 않게 되었다. 화면은 밝기와 콘트라스트를 조절할 수 있고 어떤 장비들은 화면 바탕색과 신호 색을 선택할 수도 있다. 탐촉자는 사전에 정해 놓은 장비 설정 상태로 프로그램 할 수도 있다. 따라서 작업자가 탐촉자를 연결하기만 하면, 장비는 주파수와 탐촉자 구동을 위한 변수들을 자동적으로 설정하기도 한다.

컴퓨터를 사용함에 따라 운전 제어와 로봇이 초음파탐상검사의 발전에 기여하여 왔다. 초기에 고정된 제어 장치의 장점이 인식되어 제조 산업 현장에서 사용되었다. 그리고 정보 수집을 하는 탐촉자를 하나 또는 여러 개를 사용하여, 크고 복잡한 형상의 대상체를 컴퓨터 기반의 프로그램에 의한 검사를 수행할 수 있게 되었다. 자동화된 시스템은 일반적으로 수조와 스캐닝 시스템과 스캔 결과의 출력을 위한 기록 시스템으로 구성된다. 수조는 물줄기를 따라 초음파를 전송하는 스쿼터(squiter) 시스템으로 대체될 수도 있다. 결과적인 C-스캔은 평면의 결과 또는 대상체를 위에서 본 평면 결과를 제공한다. 이와 같은 탐상은 수동 탐상에 비하여 상당히 빠르고 접촉 상태를 더욱 더 일정하게 유지한다. 탐상 정보는 소비자에게 정보를 제공하고 기록과 평가를 위해 컴퓨터에 수집된다.

오늘날 정량적인 이론들은 결함이 있는 영역의 상호작용을 설명하도록 발전되어 왔다. 결과와 합치되는 모델들이 실제 검사를 모사하기 위해 실제 부품 형상을 나타내는 고체 모델과 결합되어 왔다. 관련된 도구들은 비파괴평가를 설계 과정에서 다른 손상 분야(관련된 공학 교육)와 마찬가지의 관계를 갖는 것으로 고려되었다. 비파괴평가 수행에서 검출 확률과 같은 정량적인 기술은 통계적인 위험도 평가의 전체적인 부분이 되고 있다. 그러므로 초음파탐상검사는 설비의 수명 관리를 위한 하나의 도구로서 활용되도록 발전되고 있으며, 이는 결함 검출에서 벗어나 결함의 형상과 크기를 평가하는 정량적인 방법이 요구되기 때문이다.

초기에 금속 재료를 대상으로 하여 발전하여 온 초음파를 이용한 측정 방법 및 과정은 이방성과 비균질성이 중요한 문제로 부각된 복합재료와 같은 신소재로 확대되고 있다. 디지털과 컴퓨터 기술의 급격한 발전은 전체적으로 많은 장치의 사용 방식과 결과 데이터를 처리하는 알고리즘의 형식을 변화시켰다. 그리고 고해상도 영상 시스템과 결함의 특성을 평가하는 여러 가지 측정 방식들이 포함되었으며, 결함 검출과 크기 산정과 특성 평가뿐만 아니라 재료의 특성을 평가하는 데까지 관심이 모아졌다. 결정립의 크기, 기공, 조직 구조(결정립의 방향)와 같은 기존적인 미세 구조 특성의 확인에서부터 피로, 크립(creep), 파괴인성과 같은 손상 기구와 관련된 재료 특성까지 비파괴평가의 범위가 확장되었다. 기술이 발전됨으로써 초음파 적용 기술 또한 발전된다. 오늘날 실험실에서 사용되는 고 해상도 영상 시스템은 향후 현장 기술자의 도구가 될 것이다.

1.4.2 초음파탐상검사가 나아가는 방향

장래에는 비파괴평가(NDE) 영역에 있는 것들은 흥미로운 새로운 기회로 보일 것이다. 국방과 원자력 발전 산업은 비파괴평가 기술을 드러내는데 주된 역할을 하여왔다. 또한 국제적인 경쟁자들의 증가는 장비의 발전과 경기 순환에 있어서 극적인 변화를 이끌어 왔다. 동시에

도로, 교량, 건물, 항공기와 같은 공공 시설물의 노후화는 기능적인 부분뿐만 아니라 기술적인 부분에 대해서도 새로운 일련의 측정과 관찰이 요구되었다.

이러한 변화에 의해 태동된 비파괴평가의 새로운 응용들 중에서 제조 과정의 생산성을 향상시키기 위하여 비파괴평가의 사용이 더욱 더 강조 되었다. 정량적인 비파괴평가 기법은 손상 모드에 관한 정보의 크기와 정보를 얻을 수 있는 속도를 모두 증가시키고 공정 제어를 위한 가동 중 측정의 발전을 가능하게 하였다. 그럼에도 불구하고 제조 결함은 결코 완전히 제거되지 않으며, 재료 손상은 가동 중에 지속적으로 일어나므로, 결함 검출과 특성 평가 기술의 끊임없는 발전이 필요하다.

수명 관리를 위한 정량적인 내용으로 결과를 도출하고 검사 가능성을 확인하기 위해 개발된 최신의 시뮬레이션 도구는 비파괴평가의 기술적인 적용의 형식과 범위를 증가시키는 데 기여할 것이다. 비파괴평가에 대한 기술적인 적용 분야의 성장과 함께 평가를 수행하는 현장 기술자의 지식 기반을 확대할 필요가 있을 것이다. 검사 가능성을 검토하고 계획하는데 있어 사용되는 첨단의 시뮬레이션 도구들은 공학도들에게 재료 내에서 음향적인 양상을 더 잘 이해할 수 있게 하는 데 사용될 수도 있다.

세계화가 지속됨으로써 회사들은 항상 검사 빈도를 증가시키고 획일적인 국제적 수행 방법으로 발전을 추구할 것이다. 비파괴평가 분야에서 이러한 경향은 표준화와 확장된 교육의 제공과 전자적으로 상호 교신할 수 있는 시뮬레이션을 강조하게 될 것이다. 비파괴평가 기술이 완전히 성장한 기술적인 분야로서 지속적으로 발전될 것이므로 가까운 장래에는 이러한 분야는 매우 흥미 있는 분야가 될 것이다.

참고문헌

[1] Richard S. C. Cobbold, "Foundation of Biochemical Ultrasound", Chap 6, Oxford University Press, 2006.

[2] Neeraj Mehta, "Textbook of Engineering Physics Part II", Chap. 5, PHI Learning Pvt. Ltd, 2013.

[3] Robert S. Gilmore, "Reference for Modern Instrumentation, Techniques, and Technology: Ultrasonic Instruments and Devices II: Chap 5, Industrial Ultrasonic Imaging/Microscopy", Elsevier, 1998.

MEMO

2. 초음파의 물리적 원리 및 현상

음파는 전자기파와 달리 매질이 존재하여야 전파할 수 있다. 따라서 초음파 또한 매질이 있어야 전파가 가능하다. 초음파탐상검사는 고체 재료를 대상으로 하므로, 매질이 고체인 것이다. 모든 고체 재료의 기본 단위는 원자 또는 분자이며, 원자 또는 분자들은 전자기력에 의해 서로 결합되어 있다. 이러한 고체는 단위 부피당 원자(또는 분자)의 수에 의해 밀도가 결정되고, 결합되는 전자기력에 의해 탄성이 결정된다.

고체의 한 원자(또는 분자)가 원래 위치를 이탈하는 움직임이 있으면, 탄성적으로 결합되어 있는 인접한 원자에게 이러한 움직임을 전달하고, 탄성의 복원력에 의해 원래 위치로 돌아오려고 한다. 이러한 물리적 현상에 의해 고체에서 파동 에너지가 전달된다. 따라서 고체 내에서 파동 에너지의 전달은 고체 재료의 탄성에 의존한다.

2.1 초음파의 특성

앞에서 언급한 바와 같이 초음파는 20 kHz 이상의 음파로서, 입자와 달리 파동의 성질을 지닌다. 운동장에서 야구공을 던진다고 하면 야구공은 한 지점에서 다른 지점으로 이동하는 움직임이 있는 반면에, 파동은 입자를 이동시키지 않지만 입자의 운동 상태를 한 지점에서 다른 지점으로 전달한다. 즉 파동은 두 지점 사이의 입자를 이동시키지 않고 에너지만을 전달한다.

2.1.1 파동의 수학적 표현

파동은 수학적으로 위치와 시간의 함수로서 표현한다. 그림 2-1과 같이 추가 달린 용수철이 용수철 장력(T)과 중력(G)에 의해 평형 상태로 정지되어 있다면 추는 A 위치에 정지되어 있을 것이다. 이러한 추를 B 지점까지 늘렸다가 놓으면 추는 B와 C 지점을 왔다 갔다 하는 진동을 할 것이다. 이러한 진동을 하는 추에 줄을 달아 놓으면 용수철의 진동 상태가 줄에 전달되어 줄을 따라 이동할 것이다. 이와 같은 시스템에서 용수철에 매달려 진동하는 추는 줄을 이동하는 파동의 발생원으로 파원(wave source)이라고 할 수 있으며, 줄을 따라 이동하는 진동이 파동이다.

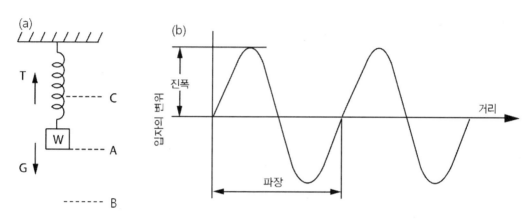

그림 2-1   (a)용수철에 추가 달린 진동계와 (b)진동이 줄을 따라 전파하는 파동

그림 2-1(a)에서 추의 진동 방향을 y축으로 하여 추의 운동을 생각하자. 용수철에 매달려 있는 추는 오직 y축 방향의 움직임만 있으므로, 추의 움직임은 오직 시간의 함수로서 다음과 같이 표현할 수 있다.

$$y_m = A \sin\left(\frac{2\pi}{T}t\right)$$ (2-1)

여기서 y_m는 추의 변위를 나타내며, A는 진폭이고, T는 주기를 나타낸다. 주기는 1회 진동하는 데 걸린 시간을 말하는 것이며, 주기 T의 역수를 진동수 또는 주파수 f라고 한다. 따라서 식 (2-1)은 다음과 같이 고쳐 적을 수 있다.

$$y_m = A \sin(2\pi f t) = A \sin(\omega t)$$ (2-2)

여기서 $\omega = 2\pi f$로 각주파수라고 한다. 이러한 변수를 도입한 것은 수학적으로 진동을 삼각함수로 표현하는 것이 효과적이기 때문이다.

그림 2-1(b)의 줄의 움직임은 추의 움직임과는 달리 y축 방향의 변화만 있는 것이 아니라 x축 방향의 변화도 있다. 하지만 줄이 x축으로 이동하는 것이 아니라 y축 방향의 움직임의

상태가 x 축 방향으로 전달되는 것이다. 만일 줄의 한쪽 끝을 지속적으로 진동시키면 줄의 진동은 x 축 방향으로 연속적으로 이동될 것이다. 이와 같이 줄을 따라 진행하는 파동에 의한 줄의 운동은 시간과 위치의 함수로서 다음과 같이 나타낼 수가 있다.

$$y_{rope} = A\sin[2\pi f(t - x/c)] = A\sin(\omega t - kx) \qquad (2\text{-}3)$$

여기서 $k = 2\pi/\lambda$ 로 정의하는 파수이다.

식 (2-5)에서 파동의 최대 진폭은 A 이고, 어느 순간에서 줄의 변위는 $\sin[2\pi f(t - x/c)]$ 또는 $\sin(\omega t - kx)$ 에 의해 결정된다. 이와 같이 변위를 결정하는 삼각함수의 항을 위상 항이라고 한다.

만일 이러한 진동이 줄을 따라 속도 c 로 전달된다고 하면, 진동 주기인 T 시간 동안 cT 만큼의 거리를 이동할 것이다. 따라서 cT 의 정수 배 만큼 떨어진 두 점의 y 축 방향의 위치는 같은 위치에 있게 된다. 이와 같이 진동 방향의 같은 위치에 있는 것을 같은 위상을 갖는다고 하고, **같은 위상을 갖는 가장 인접한 거리를 파장으로 정의한다. 즉, 파장이란 한 주기 동안 진동 상태가 진행한 거리**를 말한다. 따라서 파동의 파장(λ)은 파동의 전파 속도(c)와 다음과 같은 관계를 갖는다.

$$c = \frac{\lambda}{T} \qquad (2\text{-}4)$$

여기에서 주기(T)는 주파수(f)의 역수이므로, 파동의 전파 속도는 다음과 같이 쓸 수 있다.

$$c = \lambda f \qquad (2\text{-}5)$$

파동의 전파 속도와 파장과 주파수의 관계를 이용할 때 표준인 SI 단위계를 사용한다면, 주파수는 Hz, 파장은 m, 속도는 m/s의 단위를 갖는 값을 사용한다. 하지만 일상적으로 주파수는 MHz, 파장은 mm, 속도는 km/s의 단위를 사용하고 있으므로, 이러한 단위를 고려하여 계산을 하여야 한다.

예 1

초음파 속도가 5,920 m/s인 철강 재료에서 5 MHz의 초음파의 파장을 구해보자.

식 (2-4)에서 파장은 초음파 속도를 주파수로 나누면 된다. 즉 $\lambda = c / f$ 의 관계에 초음파 속도 $c = 5.92 \times 10^3$ m/s $= 5.92$ km/s 와 주파수 $f = 5 \times 10^6$ Hz $= 5$ MHz 를 적용하면 파장은 다음과 같이 구해진다.

$$\lambda = \frac{5.92 \text{ km/s}}{5 \text{ MHz}} = \frac{5.92 \text{ mm/} \mu s}{5 \text{ MHz}} = \frac{5.92 \text{ mm} \cdot \text{MHz}}{5 \text{ MHz}} = 1.184 \text{ mm}$$

위의 계산에서 파장은 mm 단위로 산출되었는데, 여기서 파동의 속도를 mm.MHz 단위로 환산하였음을 주목할 필요가 있다.

2.1.2 중첩의 원리

서로 다른 방향으로 진행하는 입자가 한 지점에서 만나면 출동을 일으키고 진행하는 방향을 바꾼다. 하지만, 파동은 이러한 입자의 운동과 달리 진행을 하다가 만나면 서로 합쳐지고, 이후에 각각은 진행하던 방향으로 계속 진행한다. 따라서 파동이 만나는 지점에서 파동에 의한 입자의 변위는 각 파동의 변위의 합에 의해 결정된다. 이를 중첩의 원리라고 한다.

그림 2-2는 중첩의 원리를 보여주는 한 예를 나타낸 것이다. 왼쪽에서 오른쪽으로 이동하는 진폭이 큰 펄스 파와 오른쪽에서 왼쪽으로 이동하는 진폭이 작은 펄스파가 서로 부딪히는 지점에서 진폭의 변화를 일으키고 난 뒤에 각 펄스 파는 진행하는 방향으로 계속 진행하는 것을 나타내고 있다.

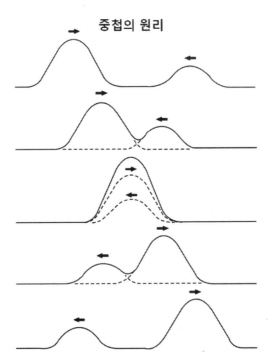

그림 2-2   서로 반대 방향으로 진행하는 파동의 중첩. 만난 지점에서 진폭은 각
            파동의 변위의 합으로 나타나고, 이후 진행 방향으로 각각이 진행한
            다.

2.1.3 회절과 간섭

회절은 파동이 작은 장애물 또는 틈새를 만났을 때 일어나는 현상으로, 작은 장애물 주변으로 파동을 휘게 하거나, 작은 틈새를 통과하고 나서는 퍼져 나가게 한다. 이러한 회절은 장애물 또는 작은 틈새기 파장의 크기와 비슷한 경우에 잘 일어나는데, 이러한 현상은 호이겐스(Huygens)의 원리로서 설명된다[1]. 17세기에 호이겐스는 그림 2-3에 나타낸 것과 같이 파동의 파면 위의 각 점들은 2차 파원이 되어 진행 방향으로 퍼지게 하는 구면파를 발생하고 이러한 구면파들이 중첩되어 새로운 파면을 형성한다고 제안하였다. 이러한 원리에 의해 파동의 굴절과 반사 및 회절에 대한 현상을 쉽게 설명할 수 있게 되었다.

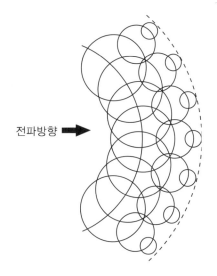

전파방향 ➡

그림 2-3　Huygens 원리에 따른 새로운 파면의 형성

　그림 2-4는 작은 틈(슬릿)을 지닌 장벽의 왼쪽에서 평면파가 입사될 때, 슬릿을 통과하는 파동의 회절 패턴을 나타낸 것이다. 이 그림에서 틈을 통과한 파동의 진폭이 큰 부분은 명암이 뚜렷하게 나타내었고, 진폭의 변화가 없는 부분(진동이 없는 부분)은 단일 색으로 나타내었다.

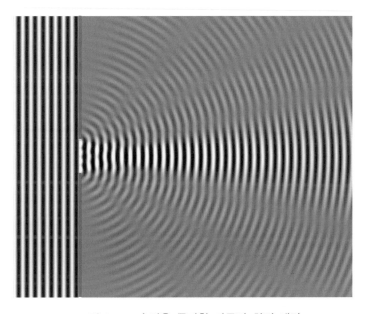

그림 2-4　슬릿을 통과한 파동의 회절 패턴

이와 같이 슬릿을 통과한 파동은 전파하는 방향이 변화될 뿐만 아니라, 전파 방향에 따라 진폭이 달라지는 현상을 보인다. 이러한 현상은 파동의 중첩에 의한 간섭 현상으로 설명된다. 두 개의 파동이 한 지점에서 만났을 때, 위상이 같은 상태로 만나게 되면 두 파동에 의한 진폭은 증가하고, 위상이 서로 반대가 되는 상태로 만나게 되면 진폭은 감소한다.

진폭과 주파수가 같은 두 파동이 같은 방향으로 진행한다고 하면 두 파동에 의한 진폭은 다음과 같이 나타낼 수가 있다.

$$y(x,t) = A\sin(\omega t - kx) + A\sin(\omega t - kx + \phi) = 2A\cos(\phi/2)\sin(\omega t - kx + \phi/2)$$

$$\cdots\cdots(2-6)$$

위의 식에서 중첩된 파동의 진폭은 $2A\cos(\phi/2)$ 가 된다. 따라서 $\phi = 0^o$ 일 때(두 파동의 위상이 차이가 없을 때)에는 최대 진폭을 갖게 되는데, 이러한 경우를 **보강 간섭**이라 한다. 그리고 $\phi = 180^o$ 일 때(두 파동의 위상이 서로 반대 일 때)에는 진폭이 0되어 진동이 없게 되는데 이러한 경우를 **상쇄 간섭**이라 한다.

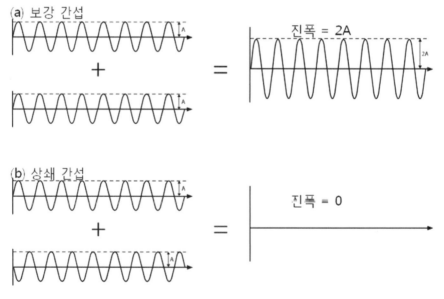

그림 2-5 진폭이 같은 두 파동의 (a)보강 간섭과 (b)상쇄 간섭

2.1.4 공진

주파수와 진폭이 같은 두 개의 파동이 서로 반대 방향으로 진행하는 경우에, 식 (2-3)에 의해 각 파동을 $y_1 = A\sin(\omega t - kx)$ 과 $y_2 = A\sin(\omega t + kx)$ 로 나타낼 수 있다. 여기서 위상 항의 부호가 서로 다른 것은 진행 방향이 반대이기 때문이다. 이러한 두 개의 파동이 합쳐지면 입자 진동 변위는 다음과 같다.

$$y(x,t) = y_1 + y_2 = A\sin(\omega t - kx) + A\sin(\omega t + kx) = 2A\sin(kx)\cos(\omega t) \qquad (2-7)$$

이와 같은 진동은 위치 x 에 따라서 $2A\sin(kx)$ 의 진폭을 가지며, 시간적으로 $\cos(\omega t)$ 의 진동을 하게 된다. 이것은 더 이상 진행하는 파동이 아니라 제자리에서 진동하는 것을 나타내며, 이를 정상파라고도 한다. 이러한 정상파의 진폭은 $2A\sin(kx)$ 로 되어 위치에 따라 크기가 변화된다. $\sin(kx) = \sin(2\pi x / \lambda)$ 의 관계로부터 반 파장의 정수 배($x = n(\lambda / 2)$)인 위치는 진폭이 0이 되는데 이 지점을 골(node)이라고 한다. 또한 1/4 파장의 홀수 배가 되는 위치는 $2A$ 의 최대 진폭을 가지는데 이 지점을 마루(anti-node)라고 한다. 이와 같이 정상파를 이루어 진동하는 현상을 공진이라고 한다. 즉 공진은 주파수와 진폭이 같은 서로 반대 방향으로 진행하는 파동이 중첩되어 나타나는 현상이다.

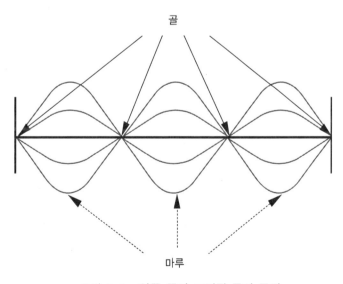

그림 2-6 **양쪽 끝이 고정된 줄의 공진**

모든 물체나 구조는 특정 주파수에 대해 공진을 일으키는 고유한 특성을 지닌다. 종이나 철판과 같은 물체를 망치와 같은 것으로 충격을 주면 그 물체는 특정한 소리를 내는데 이러한 소리가 물체가 지닌 고유한 공진 주파수의 소리를 내는 것이다. 예를 들어 실로폰의 각 건반을 두드릴 때 각기 다른 소리가 나는 것은 각 건반의 공진 주파수가 다르기 때문이다.

이러한 공진 현상은 초음파를 발생시키는 데에도 이용된다. 초음파탐상검사에서 주로 사용하는 압전형 초음파 탐촉자가 만들어 내는 초음파는 일반적으로 압전소자 두께 공진에 의한 것이다. 이러한 두께 공진은 두께(d)가 반 파장($\lambda/2$)이 되는 진동을 하게 되므로, 두께 공진에 의해 만들어지는 초음파의 주파수(f)는 다음과 같다.

$$f = \frac{c}{\lambda} = \frac{c}{2d} \qquad\qquad (2\text{-}8)$$

여기서 c는 압전 소자에서 음속이고, d는 압전소자의 두께이다. 식 (2-8)의 관계로부터 높은 주파수의 초음파를 발생시키기 위해서는 압전소자의 두께를 얇게 하여야 한다.

2.1.5 분산

일반적으로 금속 재료에서 초음파 속도는 주파수에 따라 크게 변화되지 않는다. 하지만 복합재료나 콘크리트와 같이 감쇠가 심한 재료나 판과 같이 경계를 갖는 매질에서 초음파 속도는 주파수에 따라 다른 값을 갖는다. 이와 같이 주파수에 따라 초음파 속도가 일정한 값을 갖는 매질을 비분산성 매질이라고 하고, 주파수에 따라 초음파 속도가 변화하는 매질을 분산성 매질이라고 한다.

비분산성 매질에서 전파하는 초음파는 파형을 변화시키지 않고 전파하나, 분산성 매질에서 전파하는 초음파는 전파거리가 길어질수록 파형의 길이도 길어지는 파형 변화를 일으킨다. 이러한 현상은 연속파에서는 나타나지 않고 오직 펄스파나 톤-버스트파와 같이 한정된 파형의 길이를 갖는 것에서만 일어난다. 이는 펄스파나 톤-버스트파는 여러 주파수 성분을 지니고 있기 때문으로 이러한 여러 주파수 성분들이 서로 다른 속도로 진행하기 때문에 나타나는 현상이다.

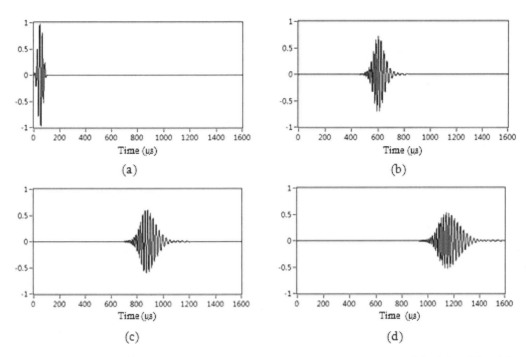

그림 2-7 분산에 의해 전파 거리가 증가함에 따라 파형이 변화되는 현상; (a)→(b) →(c) →(d)

2.1.6 음향임피던스 및 초음파의 음압과 세기

음향임피던스란 어떤 주파수의 초음파가 특정 매질에서 전파할 때 형성되는 음압과 입자의 진동속도 사이의 비례상수이다. 즉, 음향임피던스가 크다면 작은 입자 진동을 만들기 위해 큰 음압을 가하여야 한다. 만일 단일 주파수의 평면파가 진행하는 매질의 음향임피던스는 매질의 밀도(ρ)와 초음파의 전파속도(c)가 곱해진 특성음향임피던스(characteristic acoustic impedance)와 같은 값을 가진다.

$$Z = \rho c \tag{2-9}$$

초음파탐상검사 분야에서 일반적으로 음향임피던스는 특성음향임피던스를 지칭하는 것이며, 단위는 Rayl(=N•s/m³=Pa•s/m: 레일)을 사용한다. 특성음향임피던스 값이 크면 음향적으로 단단한 매질이며, 반대로 특성음향임피던스가 작으면 음향적으로 연한 매질이다.

초음파의 크기를 나타내는 변수로서 음압(sound pressure)과 세기(intensity)가 있다. 음압이란 음파에 의해 형성되는 국부적인 압력과 대기압과의 차이를 말하며, 단위는 Pa(=N/m²: 파스칼)을 사용한다. 매질에서의 초음파에 의한 음압 p 는 초음파에 의한 입자의 진동 진폭 ξ 과 다음과 같은 관계를 갖는다[2].

$$p = \rho c \omega \xi = Z \omega \xi \qquad (2\text{-}10)$$

여기에서 ρ 는 매질의 밀도이고, c 는 음속이며, ω 는 각주파수($= 2\pi f$)이다.

초음파탐상검사의 관점에서 음압이 초음파 음장을 정량적으로 나타내는 것이지만 초음파 에너지 흐름의 크기인 초음파의 세기도 알아둘 필요가 있다. 초음파 세기, I 는 단위 시간 동안 단위 면적을 통과하는 에너지의 양을 말하는 것으로, 단위는 W/m²이며, 음압과 다음의 관계를 갖는다.

$$I = \frac{1}{2}\frac{p^2}{Z} = \frac{1}{2}Z\omega^2\xi^2 \qquad (2\text{-}11)$$

따라서 초음파의 세기는 음압 진폭의 제곱에 비례한다. 이러한 관계는 종파와 횡파에 대해서도 모두 적용되며, 오직 정확한 초음파 속도를 가지고서 적절한 음향임피던스 값을 사용하는 것이 필요하다.

식 (2-9)에서 음향임피던스는 $Z = \rho c$ 이고, 또한 각 주파수는 $\omega = 2\pi f = 2\pi c / \lambda$ 이므로, 이를 식 (2-11)에 대입하면, 초음파의 세기는 $I = 2\pi^2 \rho c^3 (\xi / \lambda)^2$ 가 된다. 여기에서 파장과 입자 진동 진폭의 비를 구하면 다음과 같다.

$$\frac{\xi}{\lambda} = \frac{I}{\sqrt{2\pi^2 \rho c^3}} \qquad (2\text{-}12)$$

만일 세기가 10^7 W/m²인 초음파가 공기 중에서 전파하는 경우 파장에 대한 입자의 변위 진폭의 비는 공기의 밀도 $\rho = 1.3\,\mathrm{kg/m^3}$ 과 음파 속도 $c = 330\,\mathrm{m/s}$ 의 값을 적용하는 경우 대략 10%(0.1)의 값을 갖는다. 이러한 값은 오직 매우 짧은 순간 동안만 도달할 수 있는 매우 높은 값이다. 이러한 세기의 음파가 물에서 전파한다면(물의 밀도 $\rho = 1.0 \times 10^3\,\mathrm{kg/m^3}$, 물에서 음속 $c = 1,483\,\mathrm{m/s}$ 을 적용) 파장에 대한 입자 진동 진폭의 비는 대략 0.04%가 된다. 물에서 이와 같은 정도의 진동 진폭을 갖는 진동을 만드는 것은 대략 6×10^6 N/m^2 (= 60 bar) 의 매우 큰 압축과 인장력으로 공동현상(cavitation)을 일으키기 때문에 실제로 불가능하다. 재료 평가에서 세기가 10^4 W/m^2(=10 W/cm^2)인 초음파를 적용한다고 할 때, 물에서는 이러한 초음파의 세기가 매우 큰 값으로 여길 수 있으나, 철강에서는 입자 진동 진폭이 $1.8 \times 10^{-6} \lambda$ 로 파장의 약 200만분의 1정도의 입자 진동을 만들어 낸다.

2.1.7 매질에서 초음파 전파 속도

앞에서 언급한 바와 같이 음파는 재료 내 입자의 진동 운동에 의해 전파한다. 고체는 그림 2-8과 같이 각각의 입자들이 스프링으로 연결되어 있는 연속체로 고려할 수 있으며, 이러한 고체에서 각각의 입자의 운동은 인접한 입자의 운동에 의해 각각의 입자에 작용하는 복원력과 관성에 영향을 받는다. 따라서 각각의 입자의 진동은 입자간을 연결한 스프링 상수에 해당하는 탄성계수와 스프링에서 매달려 있는 질량에 해당하는 밀도의 영향을 받는다. 따라서 재료에 따라 초음파의 속도는 다른 값을 갖는다. 즉 초음파의 속도는 매질의 밀도와 탄성 계수(elastic modulus)에 의해 결정된다.

$$c = \sqrt{\frac{E(탄성계수)}{\rho(밀도)}} \tag{2-13}$$

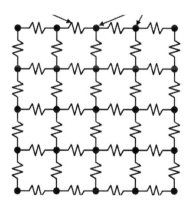

그림 2-8 탄성체인 고체에 대한 스프링 결합 모델

기체와 물과 같은 유체에서의 음파의 속도는 다음과 같다.

$$c = \sqrt{\frac{K}{\rho}}$$ (2-14)

여기서 K 는 부피 탄성률이다. 유체의 경우에는 부피적인 압축 팽창에 의한 진동만이 전달될 수 있기 때문에 오직 종파만이 전달 가능하다. 위 식에서 1기압, 20℃의 공기에서의 속도는 다음과 같이 구할 수 있다.

즉, 20℃의 공기 의 밀도는 $\rho = 1.293/(1+20/273)\,\text{kg/m}^3$ 이고, 1기압에서 부피 탄성률은 1기압과 비열비를 곱한 $101.325\,\text{N/m}^2 \times 1.401$ 를 적용하여 계산하면 약 343 m/s를 얻을 수 있다. 또한 4℃의 물의 경우 밀도 $\rho = 1.0 \times 10^3\,\text{kg/m}^3$ 와 부피 탄성률 $2.06 \times 10^9\,\text{N/m}^2$ 를 대입하면 4℃ 물에서 음속은 1,435 m/s로 구해진다.

앞의 유체와 달리 고체의 경우에는 종파뿐만 아니라, 횡파도 존재하며, 종파의 속도 c_l 와 횡파의 속도 c_s 는 각각 다음과 같이 주어진다.

$$c_l = \sqrt{\frac{E}{\rho} \frac{(1-\mu)}{(1+\mu)(1-2\mu)}}$$ (2-15)

$$c_s = \sqrt{\frac{E}{\rho} \frac{1}{2(1+\mu)}} = \sqrt{\frac{G}{\rho}}$$ (2-16)

여기서 E 는 영률(Young's modulus 또는 종탄성계수)이고, G 는 횡탄성계수(shear modulus 또는 강성률)이며, μ 는 프와송 비(Poisson's ratio)이다.

프와송 비란 인장력에 의해 변형이 일어날 때 인장력 방향의 변형률에 대한 인장력에 수직한 방향의 변형률을 말하는 것으로, 외부 압력에 의해 부피가 변화되지 않는 비압축성의 모든 고체 재료에 대한 프와송 비는 0에서 0.5 사이의 값을 가진다.

식 (2-15)와 식 (2-16)을 사용하여 종파 속도에 대한 횡파 속도의 비를 다음과 같이 구할 수 있다

$$\frac{c_s}{c_l} = \sqrt{\frac{1-2\mu}{2(1-\mu)}}$$ (2-17)

40

철강과 알루미늄의 프와송 비는 각각 0.28과 0.34이므로, 이로부터 철강과 알루미늄에서 종파와 횡파의 속도의 비는 철강의 경우에는 0.55이고, 알루미늄의 경우에는 0.49가 된다. 즉 두 재료에서 횡파 속도는 대략 종파 속도의 절반 정도의 값을 갖는다.

표 2-1은 여러 재료들에서의 음속(초음파 속도)을 나타낸 것이다. 이러한 음속을 재료의 상수로서 여기려면 재료가 유리와 같이 비정질 구조이어야 한다. 결정 재료에 있어서는 일상적으로 결정 방향에 따라 탄성계수가 다르기 때문에 음속도 결정 방향에 따라 다른 값을 갖는다. 표 2-1에 나타낸 값들은 결정들의 임의적인 집합체에 대한 평균값을 나타낸 것이다. 만일 결정립이 어떠한 방향으로 늘어서 있어 방향성 조직(texture)을 지닌다면 속도 값은 표에 있는 값과 다른 값이 된다.

표 2-1 여러 재료들의 음속과 음향임피던스[3, 4]

재료	밀도 $(10^3 \ kg/m^3)$	종파 속도 $(10^3 \ m/s)$	횡파 속도 $(10^3 \ m/s)$	음향임피던스 $(10^6 \ kg/m^2 s)$
금속				
알루미늄(Aluminium)	2.7	6.32	3.13	17
비스무트(Bismuth)	9.8	2.18	1.10	21
황동(Brass)	8.5	4.28	2.03	37
카드뮴(Cadmium)	8.6	2.78	1.50	24
주철(Cast iron)	6.9-7.3	3.5-5.8	2.2-3.2	25-42
콘스탄탄(Constantan)	8.8	5.24	2.64	46
구리(Copper)	8.9	4.66	2.26	42
양은(German silver)	8.4	4.76	2.16	40
금(Gold)	19.3	3.24	1.20	63
스텔라이트(Stellite)	11-15	6.8-7.3	4.0-4.7	77-102
철강 1020(용접구조용 강)	7.7	5.89	3.24	45
철강 오스테나이트계	7.9	5.74	3.24	45
납(Lead)	11.4	2.16	0.70	25
마그네슘(Magnesium)	1.7	5.77	3.05	10
망간(Manganian)	8.4	4.66	2.35	39
수은(Mercury)	13.6	1.45	-	20
니켈(Nickel)	8.8	5.63	2.96	50
백금(Platinum)	21.4	3.96	1.67	85
은(Silver)	10.5	3.60	1.59	38

재료	밀도	종파 속도	횡파 속도	음향임피던스
	(10^3 kg/m^3)	(10^3 m/s)	(10^3 m/s)	$(10^6 \text{ kg/m}^2\text{s})$
주석(Tin)	7.3	3.32	1.67	24
텅스텐(Tungsten)	19.1	5.46	2.62	104
아연(Zinc)	7.1	4.17	2.41	30
지르칼로이(Zircaloy^{TM})	6.5	4.69	2.36	30
인코넬(Inconel$^®$)	8.5	5.82	3.02	49
모넬(Monel$^®$)	8.8	5.35	2.72	47
비금속				
산화알루미늄(Aluminium Oxide)	3.6-3.95	9-11	5.5-6.5	32-43
에폭시 레진(Epoxy resin)	1.1-1.25	2.4-2.9	1.1	2.7-3.6
납유리(Glass, flint)	3.6	4.26	2.56	15
크라운 유리(Glass, crown)	2.5	5.66	3.42	14
석영 유리(Quartz glass)	2.6	5.57	3.52	14.5
얼음(Ice)	0.9	3.98	1.99	3.6
파라핀 왁스(Paraffin wax)	0.83	2.2	–	1.8
아크릴 레진(Perspex®)	1.18	2.73	1.43	3.22
루사이트(Lucite®)	1.18	2.68	1.26	3.16
폴리스틸렌(Rexolite®)	1.06	2.34	1.15	2.47
Plexglass®	1.27	2.73	–	3.51
폴리아미드(nylon, perlon)	1.1-1.2	2.2-2.6	1.1-1.2	2.4-3.1
테프론(Teflon®)	2.2	1.35	0.55	3.0
자기(porcelain)	2.4	5.6-6.2	3.5-3.7	13-15
연질고무(Rubber, soft)	0.9	1.48	–	1.4
가황고무(Rubber, vulcanized)	1.2	2.3	–	2.8
액체				
물(20 ℃)	1.00	1.48		1.48
중수	1.10	1.40		1.55
글리세린	1.26	1.92		2.42
엔진 오일	0.87	1.74		1.5
디젤유(diesel oil)	0.80	1.25		1.0
요오드화 메틸렌(methylene iodide)	3.23	0.98		3.2

또한 음속은 비균질성의 재료에서도 변화되는데, 일상적으로 작은 혼합물에 의해서 감소한다. 비슷한 효과는 기공에 의해 일어나므로 음속의 감소를 평가하여 기공을 검출할 수 있다. 그리고 음속은 내부와 외부 응력에 의존한다. 이와 같은 효과를 이용하여 재료의 응력을 측정할 수도 있다. 또한 고체 물질에서 온도에 따라 음속이 변화된다. 철강의 경우 1,200℃까지 1℃당 1 m/s씩 속도가 감소한다. 그림 2-9는 철강 재료에서 온도 변화에 따른 종파와 횡파의 속도의 변화를 나타낸 그래프이다.

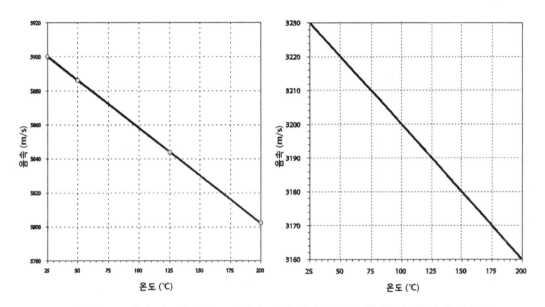

그림 2-9 철강 재료에서 온도 변화에 따른 종파(왼쪽)와 횡파(오른쪽)의 속도 변화

물의 경우에도 온도의 변화에 따라 음속이 변화되는데 고체와는 달리 약 70℃까지는 온도가 증가할수록 속도도 증가하다가 그 이상의 온도에서는 감소한다. 그림 2-10은 물에서 온도 변화에 따른 음속의 변화를 나타낸 그래프이다.

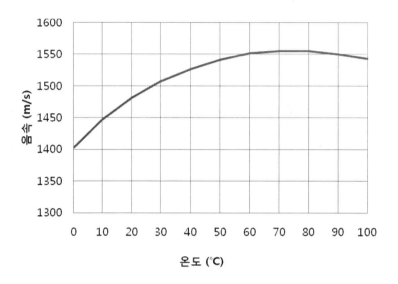

그림 2-10 물에서 온도 변화에 따른 음속의 변화

앞에서 줄에서 전파하는 파동과 같이 1차원적이며 연속적인 진동에 의해 형성되는 단일 주파수를 갖는 파동에 대해 알아보았다. 하지만 음파(또는 초음파)는 3차원적인 공간의 매질에서 전파하는 경우가 대부분이며, 실제 사용하는 초음파는 일정 시간 동안에만 진동을 유지하는 경우도 있다. 이러한 점들을 고려할 경우 초음파는 발생원의 형태에 따라 다른 파면을 지니게 되며, 진동 유지 시간에 따라 다른 형태의 파형을 갖게 되고, 전파 매질의 구속 조건에 따라 여러 가지 모드를 지니게 되므로, 이러한 관점에서 초음파를 분류 할 수 있다.

2.2.1 파원의 형태에 의한 분류

파동은 파원의 형태에 의해 전파하는 파면(wave front)이 결정된다. 파면이란 특정 시간에 같은 위상을 갖는 점들을 이어서 만든 선 또는 면을 말한다.

무한 공간에서 하나의 점이 진동한다고 하면, 파동은 진동하는 점 주변의 모든 공간으로 파동 에너지를 전파할 것이다. 이때의 파면은 구면으로 형성되는데 이러한 파동을 구면파(spherical wave)라고 한다. 이러한 구면파의 경우 파원에서 r 만큼 떨어진 지점의 파면 면적은

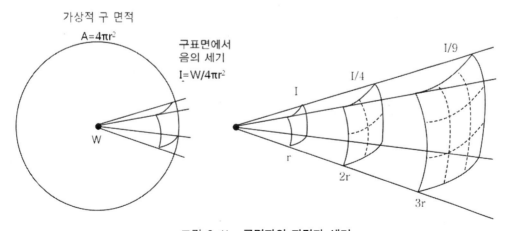

그림 2-11 **구면파의 파면과 세기**

$A = 4\pi r^2$ 이 되고, 파원에서 발생한 파동 에너지는 파면에 고르게 분포하게 되기 때문에 파동의 세기는 파동의 면적에 반비례한다. 따라서 매질에서의 감쇠가 없는 경우일지라도 구면파에 의한 파동의 세기는 전파한 거리의 제곱에 반비례한다.

또 무한 공간에서 무한히 긴 직선의 파원에 의해 파동이 발생된다고 하면, 파동의 파면은 원통형의 형태를 만들면서 전파할 것이다. 이러한 파동을 원통면파라고 한다. 이러한 원통면파의 파원에서 거리 r 만큼 떨어진 지점의 파면 면적은 $A \propto 2\pi r$ 이 되고, 파원에서 발생된 파동 에너지는 파면에 고르게 분포하여 파면의 면적에 반비례 하므로, 매질에서의 감쇠가 없는 경우일지라도 원통면파(cylindrical wave)의 세기는 전파 거리에 반비례한다.

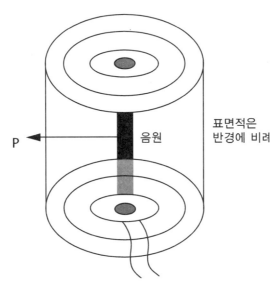

그림 2-12 **원통면파의 파면과 세기**

만일 파원이 무한 평면의 형태를 지니고 있다면 이때 발생되는 파동의 파면은 평면의 형태를 지니며 전파하게 될 것이다. 이러한 파동을 평면파(plane wave)라고 한다. 이러한 평면파는 전파하는 매질에서의 감쇠가 없으면, 초기 발생된 초음파의 세기를 그대로 가지고 전파할 것이다.

앞에서 구분한 파원의 형태에 따른 파동의 경우 구면파와 원통면파의 수학적인 표현은 구형 좌표계와 원통형 좌표계를 사용하여 표현하기 때문에 복잡한 형태를 지닌다. 하지만 평면파의 경우에는 한 방향으로만 진행하는 것으로 표현하면 되기 때문에 앞에서 줄의 진동과 같이 공간에 대해서는 1차원적인 표현으로 나타낼 수 있어, 많은 경우 평면파의 수학적인 표현을

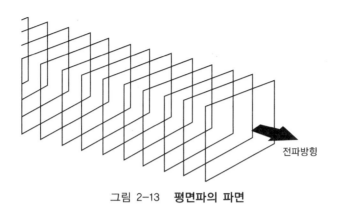

그림 2-13   **평면파의 파면**

사용한다. 그리고 구면파나 원통면파도 파원에서 멀어지는 경우에는 그림 2-14에 나타낸 바와 같이 파면을 평면으로 고려할 수 있기 때문에 평면파로 근사할 수도 있다.

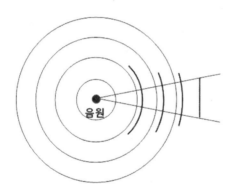

그림 2-14   **구면파나 원통면파의 파면은 파원에서 멀어지면 평면파의 파면으로 근사됨.**

2.2.2 진동 유지 시간에 의한 분류

파동은 진동 유지 시간에 따라 연속파, 톤-버스트파, 펄스파로 분류한다. 연속파는 파원의 진동이 연속적으로 진동하면서 매질을 전파하는 파동으로 통신에 주로 사용된다. 우리가 일상 생활에서 사용하는 무선기기(스마트폰, 라디오 등)들은 초음파가 아닌 전자기파를 사용하는 것이기는 하지만 먼 거리 통신이 가능하게 하는 유용한 기기들이다. 이러한 무선 통신은 연속파 의 파동에 특정 신호의 파동을 중첩하여 전파하게 함으로써 통신이 가능하게 한 것이다. 이러한 원리를 이용하여 초음파도 연속파를 만들어 보냄으로써 통신 수단에 활용할 수도 있다. 현재 초기 단계이기는 하지만 수중에서의 무선 통신에 초음파 통신을 이용하기도 하며, 향후 이에 응용 범위는 더 확대할 것으로 보인다. 하지만 연속파는 파원을 연속적으로 진동하게 해야 하기 때문에 발신 장치에서 많은 에너지가 소모된다. 따라서 오랫동안 사용하는 경우 발신 장치가 과열되는 경우가 발생될 수도 있어 실질적으로는 일정시간 진동을 주고 멈추었다 다시 진동을 주는 방법을 주로 사용하고 있다.

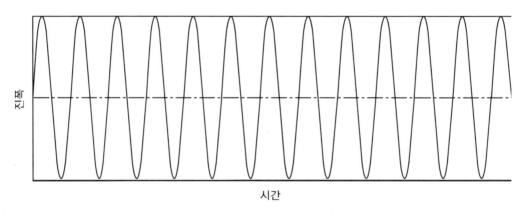

그림 2-15 **연속적으로 진동하는 연속파의 예**

앞에서 언급한 연속파와는 달리 일정시간 동안만 진동을 주어 생성되는 파동으로 톤-버스트 파(tone-burst wave)와 펄스 파(pulse wave)가 있다. 이 두 가지 형식의 파동의 경계는 명확하게 정해져 있지는 않지만 톤-버스트 파는 10회 이상의 진동 횟수를 갖는 파동이고, 펄스 파는 1~10회 정도의 진동을 갖는 파동으로 구분하는 것이 일반적이다.

파동은 진동 횟수가 많을수록 큰 에너지를 지니므로, 먼 거리까지 파동을 보내거나 감쇠가 심한 재료를 대상으로 시험할 경우에는 톤-버스트 형식의 파동을 사용한다. 하지만 파형의 길이가 길기 때문에 불감대가 길고 분해능이 낮은 단점이 있다. 하지만 먼 거리까지 전달을 할 수 있는 능력이 있어 어군 탐지기와 같은 수중 초음파 장비나 감쇠가 심한 콘크리트를 대상으로 한 초음파탐상검사에는 유용하다.

의료 분야에서 사용되는 초음파 진단기는 인체 조직 내의 이상부위를 검출하여야 하고, 금속재료를 대상으로 한 초음파탐상검사는 재료 내부의 작은 결함을 검출할 수 있어야 하기 때문에 높은 분해능을 요구한다. 이러한 높은 분해능을 갖게 하려면, 파형의 길이가 짧을수록 유리하기 때문에 진동 횟수가 적은 펄스 파를 주로 이용한다. 펄스 길이가 짧으면 분해능이 높고 불감대가 짧아지는 장점이 있지만, 파동의 에너지가 작아서 멀리까지 초음파를 보낼 수가 없다. 따라서 콘크리트나 주강, 주물품과 같이 감쇠가 심한 재료에서는 결함 검출 신호가 빨리 감쇠되기 때문에 결함 검출 능력이 저하되는 단점을 지닌다. 하지만 많은 부분의 초음파탐상검사에는 1~6회 정도의 진동횟수를 갖는 펄스 파 형태의 초음파를 사용한다.

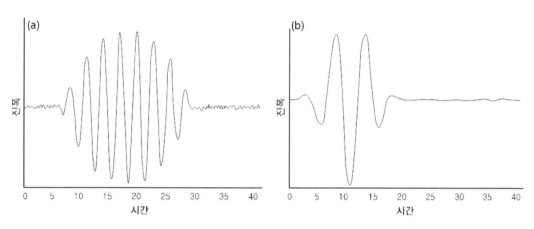

그림 2-16 (a)톤-버스트(tone-burst) 와 (b)펄스(pulse) 파의 파형의 예

2.2.3 전파 매질에 의한 분류

2.2.3.1 무한 공간파(bulk wave)

매질이 무한한 공간을 형성할 경우, 그 공간에서 전파하는 파를 말하는 것으로 고체 매질에서는 종파와 횡파가 존재한다.

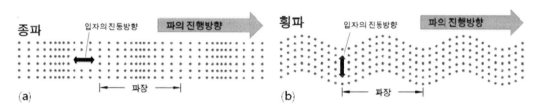

그림 2-17 (a)종파와 (b)횡파의 전파 방향과 입자의 진동 방향의 관계

(1) 종파(longitudinal wave)

종파는 입자의 진동 방향이 파의 진행 방향과 일치하는 파를 말한다. 종파는 전파하면

서 그림 2-17(a)에 나타낸 바와 입자 진동에 의해 매질이 압축(compression)과 팽창 (rarefaction)되면서 전파하기 때문에 압축파(compression wave)라고도 한다. 종파는 수 직 탐상에 주로 이용되며, 고체뿐만 아니라 액체와 기체에서도 잘 전파된다. 초음파탐상 검사의 주 대상 재료인 철강 재료와 알루미늄 재료에서의 종파의 속도는 각각 5,920 m/s 와 6,320 m/s이다.

(2) 횡파(shear wave)

횡파는 그림 2-17(b)에 나타낸 바와 같이 입자의 진동 방향이 파의 진행 방향에 수직한 파를 말한다. 줄의 양쪽을 고정하고 한쪽 끝을 위 아래로 흔들었을 때 줄의 흔들림이 줄을 따라 전파되는 형태의 파이다. 횡파는 분자간 결합력이 강한 고체 매질에서만 전파되며, 액체와 기체에서는 분자간 결합이 약하기 때문에 전파되지 않는다. 초음파탐상검사의 주 대상 재료인 철강 재료와 알루미늄 재료에서의 횡파의 속도는 각각 3,240 m/s와 3,130 m/s이다.

횡파는 입자의 진동 방향이 전파 방향과 수직하므로, 입자의 진동 방향이 탐상면에 수직한 진동 성분이 있는 수직 횡파(SV wave: Shear Vertical wave)와, 입자의 진동 방향 이 탐상면과 평행한 수평 횡파(SH wave: Shear Horizontal wave)로 구분하기도 한다.

수직 횡파는 용접부에 대한 초음파 사각 탐상에 주로 사용되는데, 수직 횡파가 반사면 에서 각도를 가지고 입사되어 반사될 때 모드 변환에 의해 종파가 형성되는 경우가 있어 탐상 신호가 복잡해진다. 반면에 수평 횡파는 반사면에서 모드 변환이 일어나지 않아 탐상 신호가 간단하기 때문에 해석이 용이하지만, 압전 소자의 초음파 탐촉자로 대상체로 입사시키는 전달 효율이 떨어지는 것이 단점이다. 따라서 EMAT와 같은 방법에 의해 수평 횡파를 만들어 사용하는 것이 효과적이지만 장비 가격이 고가이기 때문에 일반적으로 사용하고 있지 못하고 있다.

2.2.3.2 한정 영역파(boundary wave)

파동이 전파하는 매질의 경계 때문에 일정한 영역 내에서 전파하는 파동을 한정 영역파라고 하며, 이러한 한정 영역파는 표면을 따라 전파하는 표면파와 판과 같이 일정 두께에서 전파하는 판파로 구분한다.

(1) 표면파

표면파에는 레일리 파(Rayleigh wave), 크리핑 파(creeping wave), 스토니 파(Stoneley wave)가 있다. 이러한 표면파는 각각의 특징들을 지니고 있어 그러한 특징을 이용하여 비파괴검사에 활용되고 있다.

레일리 파(Rayleigh wave)

가장 대표적인 표면파는 레일리 파(Rayleigh wave)로서 연못에 돌을 던졌을 때 일어나는 수면파의 전파와 유사하다. 레일리 파에 의한 입자의 운동은 종파와 횡파와는 달리 타원 운동을 한다. 즉 입자의 진동은 전파 방향과 평행한 성분과 수직한 성분이 합성되어 있다.

레일리 파의 속도는 Bergmann[5]에 의해 다음과 같은 근사식으로 계산될 수 있다.

$$c_R = c_s \frac{0.87 + 1.12\mu}{1 + \mu} \tag{2-18}$$

식 (2-18)에 따르면 일반적인 금속재료에서 레일리 파의 속도는 횡파의 속도보다 작은 값을 갖는다. 철강 재료와 알루미늄에서 레일리 파의 속도는 각각 횡파 속도의 92%와 93%의 값을 갖는다. 최근 레일리 파의 속도에 대하여 Royer와 Clorennec[6]은 Bergmann의 근사식보다 오차율을 7배 이상 향상시킨 근사식을 제안하였으며, Vinh와 Malishewsky[7]는 Bergmann 근사식보다 오차율을 최대 10배까지 향상시킨 근사식을 발표하였다. 하지만 이러한 근사식은 복잡한 다항식이기 때문에 현장에서는 Bergmann에 의한 식을 사용하는 것이 편리하다.

레일리 파는 표면에서 한 파장 정도의 깊이까지 대부분의 파동 에너지를 분포하여 전파된다. 따라서 표면의 흠집 같은 결함 및 표면의 이물질 존재 여부를 검출하는 데 매우 용이하다. 따라서 압연 롤의 표면 검사에 사용되기도 한다.

레일리 파는 표면을 따라 전파하다 날이 선 모서리를 만나면 반사를 한다. 오직 칼과 같은 모서리에서만 거의 100% 반사를 한다. 만일 그림 2-18과 같은 각도를 가진 모서리를 만나면 모서리에서 수직 횡파 모드로 모드 변환을 일으켜 매질 안으로 전파하고 표면으로는 반사와 투과가 일어난다. 이러한 모서리에서 만들어지는 수직 횡파는 회절되는 파의 한 예이고, 어떠한 파동 모드라도 수직한 모서리에 입사하면 회절되는 파는 항상 만들어진다. 따라서 이러한 모서리에서 회절되는 파를 **모서리 파**(edge wave)라고 한다.

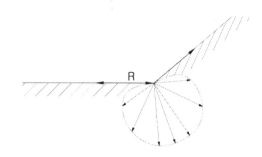

그림 2-18   각도를 가진 모서리에서 레일리파의 반사와
투과 및 수직 횡파로 회절 현상

크리핑 파(creeping wave)

표면을 따라 전파하는 또 다른 표면파로 크리핑 파(creeping wave)가 있다. 크리핑
파는 종파와 같이 입자의 진동 방향이 파의 전파 방향과 평행하며, 전파속도도 종파의
속도를 갖지만 표면이 곡면인 경우에는 파장에 대한 곡률 반지름의 비에 따라 변화된다
[8]. 크리핑 파는 표면에 수직한 입자 진동이 일어나지 않기 때문에, 레일리 파와는 다르게
표면에 이물질에 대해 민감하지 못하다. 또한 표면을 따라 전파하면서 매질 내부로 횡파
로 변환되어 감쇠가 심하게 일어나기 때문에 먼거리의 탐상을 불가능하다. 하지만 검사
대상체 표면 상태에 대한 영향이 레일리 파보다 덜 민감하여, 표면 직하(대략 1 파장 정도
의 깊이까지)에 있는 결함을 검출하는 데에는 효과적이어서 종종 사용된다.

스토니 파(Stoneley wave)

레일리 파와 크리핑 파는 자유 표면(즉, 진공-고체 경계면)을 따라 전파하는 표면파이
다. 만일 고체-고체 경계면을 따라 전파하는 표면파는 1924년 영국의 지진학자인 Robert
Stoneley에 의해 발견되었다[9]. 스토니 파의 세기는 표면에서 가장 크고 표면에서 깊어질
수록 지수적으로 감소한다. 또한 침투성이 증가할수록 속도는 감소하여 분산성을 지니며,
임피던스 차이가 있는 부분에서 반사가 일어난다. 이와 같은 현상을 이용하여 해저 시추
공 작업에 사용되는 드릴(drill)의 외부 배관 상태 진단에 적용한 적도 있다.

(2) 판파(plate waves)

판파(plate waves)는 앞에서 설명한 표면파와는 달리 두 개의 표면을 갖는 매질에서
판을 따라 전파하는 유도파를 말한다. 판파는 입자의 진동 성분이 판 표면에 수직한 성분

이 있는 램파(Lamb wave)와 입자의 진동이 판에 평행한 진동 성분만 있는 수평 횡파 (shear horizontal wave)로 구분된다. 이러한 판파는 판 두께 전체가 진동하면서 판을 따라 전파하는 것으로 판 두께와 파장의 비에 의해 전파 속도가 다르게 되는 것이 특징이다.

램파(Lamb wave)

램파는 판에서 전파하는 탄성파로서 입자 진동은 판에 수직한 방향과 파동이 전파하는 방향 성분을 지닌다. 1917년 영국의 수학자인 Hotrace Lamb은 이러한 형태의 파동의 고전적인 해석과 설명을 하는 논문을 발표하여[10] 이후 판에서의 탄성파를 램파(Lamb wave)로 불리게 되었다.

램파는 그림 2-19에 나타낸 것과 같이 입자의 진동이 판 두께의 중심선을 기준으로 서로 반대 방향으로 진동하는 **대칭 모드(symmetric mode)**와 같은 방향으로 진동하는 **반대칭 모드(antisymmetric mode)**로 크게 구분되며, 파장과 두께의 비에 의해 다양한 모드들이 있고, 속도가 변화되는 특징을 지니고 있다. 이러한 복잡하고 다양한 모드들에 대한 해석은 1990년대 이후 컴퓨터 계산 능력이 향상되면서 이해하기 쉽고 활용할 수 있도록 발전되었다.

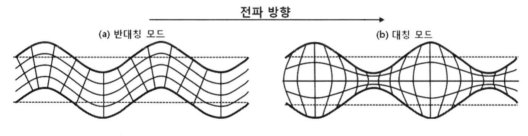

전파 방향

(a) 반대칭 모드　　　　　　　　　　　　　(b) 대칭 모드

그림 2-19 **램파의 (a)반대칭 모드와 (b)대칭 모드의 진동 양상**

램파에 대한 분산방정식을 유도하기 위하여 x, y 방향으로 무한하게 펼쳐져 있고, z 방향으로 두께가 d 인 판을 생각하자. 여기에서 파동은 오직 x 방향으로 전파한다고 가정하면, 램파에 의한 입자의 변위는 오직 x 방향과 z 방향만이 존재하며, x 방향의 입자의 변위 u_x 와 z 방향의 입자의 변위 u_z 는 다음과 같이 표현할 수 있다.

$$u_x = A_x f_x(z) e^{i(\omega t - kx)}$$
$$u_z = A_z f_z(z) e^{i(\omega t - kx)}$$

(2-19)

이러한 파동을 전파하는 판의 표면이 자유 표면(즉, $z = \pm d / 2$ 에서 모든 응력이 0임) 인 경우를 적용하면, 다음과 같이 대칭 모드와 반대칭 모드에 대한 특성 방정식을 얻는다.

대칭 모드 분산방정식: $\quad \dfrac{\tan(\beta d / 2)}{\tan(\alpha d / 2)} = -\dfrac{4\alpha\beta k^2}{(k^2 - \beta^2)^2}$

(2-20)

반대칭 모드 분산방정식: $\quad \dfrac{\tan(\beta d / 2)}{\tan(\alpha d / 2)} = -\dfrac{(k^2 - \beta^2)^2}{4\alpha\beta k^2}$

(2-21)

여기에서 $\alpha^2 = \dfrac{\omega^2}{c_l} - k^2$, $\beta^2 = \dfrac{\omega^2}{c_s} - k^2$ 이며, $k = 2\pi / \lambda$ 이고, λ 는 램파의 파장이며, ω 는 각주파수($\omega = 2\pi f$)이며, c_l 과 c_s 는 각각 종파와 횡파의 속도이다.

위의 식 (2-20)과 식 (2-21)의 분산방정식을 이용하면 그림 2-20에 나타낸 위상속도와 군속도 분산곡선을 얻을 수 있다. 이러한 속도 분산곡선에서 위상속도가 무한대가 되고, 군속도가 0이 되는 지점이 존재하는데, 이러한 지점은 판의 두께 공진이 일어나는 지점으로 판이 진동을 하지만, 판을 따라 에너지 전달이 없는 영역으로 단절 주파수(cut-off frequency)라고 한다.

비파괴검사에서 일반적으로 사용되는 펄스파는 군속도로 전파한다. 그리고 램파는 주파수에 따라 속도의 변화가 크게 일어나기 때문에 분산 특성을 갖는다. 그리고 주파수가 높아질수록 하나의 주파수에 대해 속도가 다른 여러 모드들이 존재하기 때문에, 비파괴검사에서는 분산이 비교적 적은 최저 대칭 모드(S_0)를 이용하여야 해석에 어려움이 없을 수 있다. 하지만 낮은 주파수를 사용하면 파장이 길어지므로, 작은 결함과의 상호 작용이 거의 나타나지 않아 검출하지 못할 수 있다. 따라서 램파를 이용한 비파괴검사는 일반 초음파탐상검사의 결함 검출 보다는 판재의 전체 건전성을 평가하는 방법으로 주로 사용된다.

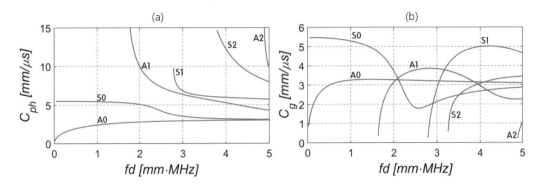

그림 2-20　탄소강 판에 대한 램파의 (a) 위상속도 분산곡선과 (b) 군속도 분산 곡선

수평 횡파(shear horizontal wave)

　자유 표면을 갖는 판에서 램파와 달리 입자의 진동이 판에 평행하고 전파 방향과 수직한 방향 성분을 갖는 파를 수평 횡파라고 한다. 따라서 수평 횡파는 판 표면에 수직한 입자 진동이 없으며, 무한 공간에서 전파하는 횡파와 유사한 특성을 지닌다. 이러한 수평 횡파도 램파와 유사하게 대칭 모드와 반대칭 모드로 구분되며, 판 두께와 파장의 비에 의해 여러 모드들이 존재한다. 이러한 모드들에 대한 이해는 다음과 같은 분산 방정식을 통해 알 수 있다.

$$k^2 = \frac{\omega^2}{c_s^2} - \left(\frac{n\pi}{2d}\right)^2 \tag{2-22}$$

　여기서 ω 는 각주파수이고, c_s 는 횡파 속도이며, n 은 음이 아닌 정수(0, 1, 2, 3, …)이고, d 는 판의 두께이다.

　위의 분산 방정식에서 $n = 0$ 이면, $k = \omega/c_s$ 의 관계가 되는데, 이것은 수평 횡파의 속도가 횡파의 속도와 일치됨을 의미한다. 이러한 수평횡파 중 최저 대칭 모드인 S_0 모드는 판에서 감쇠가 없다면 감쇠 없이 전파되는 특징을 갖는다. 따라서 멀리까지 보낼 수 있는 장점이 있다.

로브 파(Love wave)

　앞에서 언급한 수평횡파는 자유 표면을 지닌 판에서 전파하는 파에 대한 것으로, 파동

에너지는 다른 곳으로 빠져나가지 않는 유도파이다. 만일 판의 한쪽 표면이 다른 고체와 접합되어 있다면, 판에서 전파하는 수평 횡파의 에너지는 접합되어 있는 고체로 에너지가 빠져나가기 때문에 다른 양상을 띠게 되는데 이러한 유도파를 로브 파(Love wave)라고 한다. 이렇게 판의 한쪽 표면에 파동 에너지가 빠져나갈 수 있는 고체 또는 액체가 접합되어 있는 경우에는 전파하면서 자연적으로 감쇠가 일어나고 분산 방정식 또한 접합되어 있는 고체(또는 액체)의 영향을 받게 된다.

(3) 배관에서의 유도파

배관에서의 유도파는 크게 배관의 길이 방향으로 진동하면서 전파하는 종(또는 신축) 모드(longitudinal mode)와 배관이 휘어지는 진동을 하면서 전파하는 굽힘 모드(flexural mode)와 배관의 원주 방향으로 비틀리는 진동을 하면서 전파하는 비틀림 모드(torsional mode)로 구분된다. 그리고 각 모드는 배관 진동 모드에 따라 배관 바깥 지름 및 두께와 파장의 비에 의해 여러 모드로 나누어지는데, 종 모드는 L(m,n), 굽힘 모드는 F(m,n), 비틀림 모드는 T(m,n)로 표시한다. 여기에서 m과 n은 정수로서 앞의 숫자 m은 배관 바깥 지름의 공진 모드를 나타내며, 뒤의 숫자 n은 배관의 두께와 파장의 비에 의해 결정되는 값으로 배관 두께 공진 모드를 나타내는 것이다. 이러한 배관에서의 유도파의 종모드는 램파의 대칭 모드와 유사하고, 굽힘모드는 반대칭 모드와 유사하며, 비틀림모드에서 T(0,n)모드는 수평횡파와 똑같은 특징을 갖는다.

그림 2-21부터 그림 2-23은 배관에서 전파 가능한 각 모드의 위상속도와 군속도 분산 곡선을 나타낸 것이다. 이와 같이 배관에서의 유도파는 다양한 모드들이 존재하기 때문에, 실제 응용에 있어서는 신호 분석이 어려운 경우가 종종 일어난다. 따라서 신호 분석을 비교적 쉽게 하고, 멀리까지 전파하도록 하기 위하여, 주파수에 따라 속도 변화가 적은 (즉, 분산이 비교적 적은) 영역인 첫 번째 단절 주파수 이하 영역에 있는 L(0,2) 모느와 T(0,1)를 주로 사용하고 있다.

일반적으로 램파, 수평횡파와 같은 판파나 배관에서의 유도파는 주파수가 증가하면 속도가 다른 여러 가지 모드들이 존재하기 때문에 비파괴검사에서는 신호 해석의 용이성을 위하여 첫 번째(또는 두 번째) 단절주파수 이하에서 속도가 큰 값을 갖는 모드를 산출할 수 있는 주파수를 사용한다.

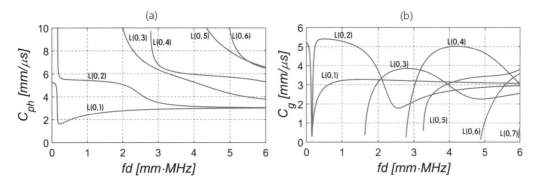

그림 2-21   배관에서 전파하는 유도파에서 종 모드의 위상속도(a)와 군속도(b) 분산곡선

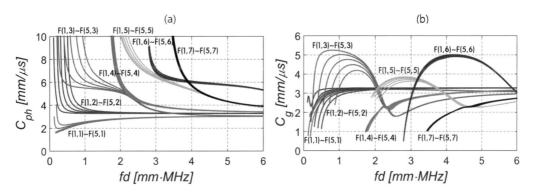

그림 2-22   배관에서 전파하는 유도파에서 굽힘 모드의 위상속도(a)와 군속도(b) 분산곡선

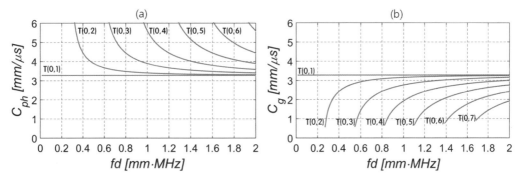

그림 2-23   배관에서 전파하는 유도파에서 비틀림 모드의 위상속도(a)와 군속도(b) 분산곡선

배관에 적용하는 유도파의 경우 사용 주파수는 대상체의 두께에 따라 다르기는 하지만, 대략 50~300 kHz 부근이다. 이러한 주파수 범위는 1 MHz~15 MHz를 주로 사용하는 일반 초음파탐상검사에 비하여 파장이 매우 길어지기 때문에 작은 결함을 검출하는 것은 불가능하다. 하지만 먼 거리까지 초음파를 보낼 수 있는 장점이 있어 배관의 건전성을 평가하는 데에는 유용하고 경제적인 방법이다. 즉 장거리 배관 설비에 심한 부식이 일어나고 있는 영역을 검출하거나 정상 부위가 아닌 이상부위를 찾아내는 데 유도파를 적용하고, 이러한 부위가 검출되었다면 그 부분에 접근하여 보다 정밀한 탐상을 수행하는 것이 일반적이다. 따라서 상용 중 배관설비의 이상부위를 효과적으로 검출하기 위해서는 건설이 완료된 시점에서 측정된 데이터를 기본으로 하여 주기적으로 검사한 데이터를 상호 비교하는 것이다.

초음파는 탐촉자라고 하는 음원에 의해 만들어지고, 재료 내의 입자의 진동 운동에 의해 전파된다. 하지만 소리를 들을 때 공기 압력이 크게 변화되는 것이 더 크게 들리는 것과 같이 재료평가를 수행하는 초음파탐상검사에서도 신호의 진폭을 결정하는 음압이 가장 관심 있는 변수이다. 원형 진동자와 같은 간단한 진동자가 음원인 경우에 특정한 지점의 음압을 계산할 수 있거나 소형의 마이크로폰을 사용하여 측정할 수 있으며, 투명한 재료에서 전파하는 초음파는 가시화될 수도 있다.

2.3.1 원형 진동자에 의한 음장

그림 2-24에 나타낸 바와 같이 고체 벽에 원판형의 구멍을 통과하는 평면파와 같이 원판형의 진동판이 벽면에 수직한 방향으로 진동을 하는 것을 가장 이상적인 피스톤 진동자로 여긴다. 여기에서 진동판 위의 모든 점들은 하나의 점원으로 고려하고 호이겐스 원리에 의해 각 점에서 발생된 진동이 벽면의 오른쪽으로 구면파를 만들어내고 이들이 중첩되어 진동판 앞으로 종파를 전파하게 한다.

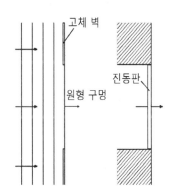

그림 2-24　고체 벽에 원형의 구멍을 통과하는 평면파(왼쪽)와
벽면에 수직하게 진동하는 진동판(오른쪽)

이러한 원형 진동자가 일정한 주파수로 연속적으로 진동할 때, 진동자 중심 축 상의 음압은 다음과 같은 관계를 갖는다[11].

$$p(z) = p_0 2 \sin\left(\frac{\pi}{\lambda} z \left[\sqrt{1 + (a/z)^2} - 1\right]\right) \tag{2-23}$$

여기서 z 는 진동자 면의 중심점부터 축 상으로 떨어진 점까지의 거리이고, λ 는 전파하는 매질에서의 파장이며, a 는 진동자의 반지름이고, p_0 는 진동자 면에서 평균 음압이다.

식 (2-23)에서 음압은 사인 함수의 위상 항에 의해 0에서 $2p_0$ 의 값 사이에서 변화되며, 최대값과 최소값에 대한 조건은 다음과 같다.

$$\left(\frac{\pi}{\lambda} z \left[\sqrt{1 + (a/z)^2} - 1\right]\right) = m\frac{\pi}{2}, \quad \begin{array}{l} \text{최대값} : m = \text{홀수} \\ \text{최소값} : m = \text{짝수} \end{array}$$

여기서 m 은 자연수이며, m 값이 증가할수록 z 값은 감소한다. 그러므로, m = 1 일 때, 음압이 최대가 되는 위치가 진동자에서 가장 멀리 있게 되며, 이 거리는 다음과 같이 구해진다.

$$z_1 = \frac{4a^2 - \lambda^2}{4\lambda} = \frac{D^2 - \lambda^2}{4\lambda} \tag{2-24}$$

여기서 $D = 2a$ 로 진동자의 지름이다.

만일 진동자의 지름이 파장보다 매우 크다면, 즉 $D \gg \lambda$ 이면, 위의 식은 다음과 같이 근사된다.

$$z_1 \approx \frac{D^2}{4\lambda} = N_0 \tag{2-25}$$

음압이 최대가 되는 가장 먼 지점을 벗어난 부분을 **원거리음장** 영역(또는 Fraunhofer 영역, far field)이라고 하고, 탐촉자 면에서 음압이 최대가 되는 가장 먼 지점까지를 **근거리음장 영역**(또는 Fresnel 영역, near field)이라고 한다. 그리고 앞에서 나타낸 N_0 을 **근거리음장 거리**라고 하며, 초음파 음장의 중요한 특성이다. 근거리음장 영역에서 초음파 음압은 사인 함수에 지배되기 때문에 음압의 크기가 거리에 따라 커졌다 작아졌다 한다.

전파거리가 멀어져서 진동자 반지름과 전파거리가 $z \gg a$ 의 관계가 된다면, 앞의 음압에 대한 식 (2-28)의 사인 함수의 위상 항은 다음과 같이 근사된다.

$$\sqrt{1+\left(\frac{a}{z}\right)^2}-1 \approx 1+\frac{1}{2}\left(\frac{a}{z}\right)^2-1=\frac{1}{2}\left(\frac{a}{z}\right)^2 \qquad (2\text{-}26)$$

그리고 사인 함수의 위상 항이 매우 작은 경우(즉, 진동자의 반지름보다 전파거리가 매우 큰 경우) $\sin\theta \approx \theta$ 가 되므로, 진동자 면에서 멀리 떨어진 지점의 음압은 다음과 같다.

$$p(z)=p_0\, 2\sin\left(\frac{\pi}{\lambda}z\left[\sqrt{1+(a/z)^2}-1\right]\right) \approx p_0\, 2\sin\left(\frac{\pi}{\lambda}z\left[\frac{1}{2}\left(\frac{a}{z}\right)^2\right]\right)$$

$$\approx p_0\frac{\pi a^2}{\lambda z}=p_0\frac{A}{\lambda z}=p_0\frac{\pi N_0}{z} \qquad (2\text{-}27)$$

여기서 A 는 진동자의 면적이다. 위의 식에서 음압은 전파거리가 멀어짐에 따라 $1/z$ 로 감소함을 볼 수 있다. 이러한 관계는 구면파에 대한 거리 법칙과 같다. 따라서 진동자 면에서 멀리 떨어진 지점에서는 진동자의 형태나 크기의 영향을 받지 않고 점원에서 발생한 구면파로 여길 수 있다. 이러한 근사식은 가까운 거리에서는 부정확하다. 예를 들어 $z=N_0$ 이면, 음압은 $\pi/2$ 배 만큼 더 커진다. 이것은 약 57% 정도 큰 값이다. 하지만 $z=2N_0$ 이면 원래의 식보다 11% 더 크고, $z=3N_0$ 이면 3% 정도만 크게 되므로, 먼 거리에서는 근사식을 사용하여도 무방하다.

이러한 관계로부터 연속적으로 진동하는 진동자에 의해 형성된 근거리음장 영역 내의 음압의 크기는 0에서 $2p_0$ 의 범위에서 커졌다 작아졌다 한다. 그리고 원거리음장 영역에서는 거리가 증가함에 따라 계속 감소한다. 근거리 음장 거리(N_0)부터 근거리 음장 거리의 3배인 지점($3N_0$)까지 음압은 근거리 음장의 평균값인 p_0 까지 밖에 줄어들지 않는다. 이러한 N_0 에서 $3N_0$ 까지의 영역을 때때로 천이 음장 영역(transition field)이라고 한다. 따라서 음장 영역은 다음과 같이 구분할 수 있다.

- 근거리 음장(near-field) 영역, $(0 \leq z \leq N_0)$
- 천이 음장(transit-field) 영역, $(N_0 \leq z \leq 3N_0)$
- 원거리 음장(far-field) 영역, $(z \geq 3N_0)$

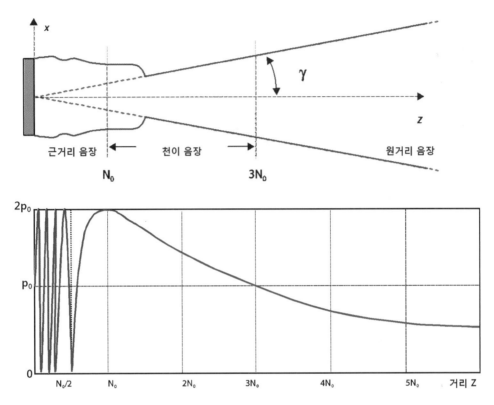

그림 2-25   원형 진동자 탐촉자에 대한 xz 평면에서 음장 영역 정의(위)와 음향 축상에서 거리에
따른 음압의 변화(아래) [지속적이고 일정한 진폭의 진동을 하는 원판 형상의 진동자]

하지만 진동자 표면에서 근거리음장 거리까지의 **근거리음장 영역**과 근거리음장 거리 밖의
원거리음장 영역으로 구분하는 것이 일반적으로 통용되고 있다. 즉 일반적으로 천이 음장 영역
을 원거리음장 영역에 포함하고 있다.

2.3.2 빔의 퍼짐

원형 진동자에 의한 원거리 음장에서 최대 음압은 항상 빔의 중심 축 상에 있게 된다. 음향
축 중심에서 벗어난 지점의 음압은 원거리 음장 영역에서 다음의 관계를 따른다.

$$p(z,\gamma) = \frac{2p_z J_1(X)}{X} \tag{2-28}$$

여기서

$J_1(X) = 1$차 Bessel 함수

$$X = \pi\left(\frac{D}{\lambda}\right)\sin\gamma$$

$\gamma = $ 빔 퍼짐 각(divergence angle)

1차 Bessel 함수는 그림 2-26의 오른쪽 그림과 같은 변화를 갖는다. 식 (2-28)에 근거하여 원거리 음장 영역에서 초음파 빔은 일정한 각도로 퍼지는 것을 구할 수 있으며, 빔의 퍼짐은 다음과 같이 진동자의 지름과 주파수(매질에서의 파장)에 의해 결정된다.

$$\sin\gamma_{-\Delta dB} = k_{\Delta dB}\frac{\lambda}{D} \tag{2-29}$$

여기서

$\gamma_{-\Delta dB}$: 특정 dB값 하락이 되는 빔 퍼짐 각

$k_{\Delta dB}$: 특정 dB값 하락에 대한 빔 퍼짐 각 상수

λ : 매질에서의 파장

D : 진동자의 지름 이다.

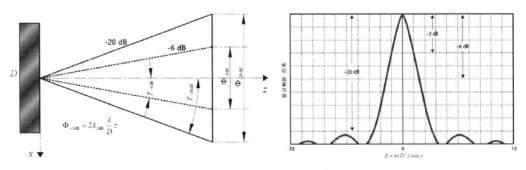

그림 2-26 원형 진동자에 의한 빔 퍼짐(왼쪽)과 특정 거리에서 정규화된 진폭(오른쪽)

초음파탐상검사 펄스-반사법에서 송신 초음파 빔의 퍼짐에만 관심을 가질 것이 아니라 반사되어 돌아오는 빔, 즉 반사 음장의 퍼짐도 관심을 가져야 한다. 송신자로서 작용하는 진동자의 각도 특성은 수신자로서 작용할 때와 같기 때문에, 빔의 음압 강하는 송신 빔의 음압 강하의 제곱이 된다. 따라서 펄스 반사에 대한 빔 퍼짐 각은 송신 빔(무한 공간)의 퍼짐 각과 다음과 같은 관계를 갖는다.

$$\gamma_{(2\Delta\text{dB})\,\text{pulse-echo}} = \gamma_{(\Delta\text{dB})\,\text{무한 공간}} \tag{2-30}$$

하지만 음압이 0이 되는 부분의 퍼짐 각은 되돌아오는 음압도 0이 되기 때문에 송신 빔의 퍼짐 각과 같은 값을 갖는다. 표 2-2는 특정 dB 하락 값에 대한 빔 퍼짐 각 상수를 나타낸 것이다.

표 2-2 원형 진동자에 의한 음장의 빔 퍼짐 각 상수($\gamma_{-\Delta\text{dB}} = \sin^{-1}(k\lambda/D)$)

Δ dB무한공간	$k_{\Delta\text{dB}}$ 값	2Δ dB펄스-반사
-1.5	0.37	-3
-3	0.51	-6
-6	0.70	-12
-10	0.87	-20
-12	0.93	-24
-20	1.09	-40
0점 교차지점 $(J_1(X)=0)$	1.22	0점 교차지점 $(J_1(X)=0)$

빔 퍼짐에 의한 원거리 음장 영역에서 빔 폭(Φ)은 거리가 증가할수록 다음의 관계를 가지고 커진다.

$$\Phi = 2z\tan\gamma \approx 2z\sin\gamma = 2zk_{\Delta\text{dB}}\frac{\lambda}{D} \tag{2-31}$$

예 2

펄스-반사에서 6dB 하락 기준을 사용하였을 때, 근거리 음장 거리에서 빔 폭은?

근거리 음장 거리는 $z \approx \dfrac{D^2}{4\lambda} = N_0$ 이고, 펄스-반사에서 6 dB 하락 기준에 대한 상수 값은 $k_{\Delta\text{dB}} = 0.51$이다. 근거리음장에서 빔폭(식 2-31)과 퍼짐 각(식 2-29)와의 관계를 이용하면 다음과 같이 된다.

$$\Phi = 2N_0 \bullet 0.51 \frac{\lambda}{D} \approx N_0 \frac{\lambda}{D} = \frac{D^2}{4\lambda} \bullet \frac{\lambda}{D} = \frac{D}{4}$$

이 결과로부터 근거리음장 거리에서 빔폭은 진동자 지름의 1/4이 됨을 알 수 있다. 즉, 근거리음장 거리에서 초음파 빔은 실질적으로 집속됨을 의미한다.

예 3

진동자 지름이 12 mm이고 중심주파수가 10 MHz인 수직 탐촉자를 사용하여, 종파의 속도가 5,920 m/s인 철강 재료에 종파를 입사시킨다. 진동자로부터 400 mm 떨어진 지점의 빔 폭은 얼마인가?

원형 진동자에 의한 빔 퍼짐 각에 대한 관계는 $\sin \gamma_0 = 1.22 \dfrac{\lambda}{D} \approx 1.22 \times \dfrac{0.6}{12} = 0.061$

이다. 빔 폭과 거리에 대한 관계는 $\tan \gamma_0 = \dfrac{\Phi}{2z}$ 이고, 퍼짐 각(γ_0)이 크지 않은 경우에,

$\tan \gamma_0 \approx \sin \gamma_0$ 로 근사되므로, 빔 폭은 다음과 같이 구할 수 있다.

$$\Phi = 2z \tan \gamma_0 \approx 2z \sin \gamma_0 = 2 \times 400 \times 0.061 = 48.8 \text{ mm}$$

이 값은 탐촉자로부터 400 mm 떨어진 지점에서는 진동자 지름의 약 4배 정도 영역에 초음파가 영향을 미칠 수 있음을 나타내는 것이다.

2.3.3 사각형 진동자에 의한 음장

초음파탐상검사에 사용되는 탐촉자는 원형 진동자뿐만 아니라 사각형 진동자를 사용하는 경우도 있다. 사각형 진동자에 대한 빔 축상의 음압을 계산하는 간단한 공식은 존재하지 않는다. 따라서 음압을 계산하기 위해서는 수치 해석적인 방법을 채택하여야 한다. 그리고 빔의 지향성은 더 이상 원형이 아니고, 원거리 음장 영역에서 타원 형상을 지닌다. 이러한 형상은 진동자의 폭(W)과 길이(L)의 비에 의존한다. 앞의 원형 진동자와 유사하게 빔의 지향성에 대해서는 다음과 같은 관계를 갖는다.

$$p_{rect}(z,\gamma) = p_z \left(\frac{\sin(X_1)}{X_1} \right) \left(\frac{\sin(X_2)}{X_2} \right) \tag{2-32}$$

여기서

$X_1 = \pi(L/\lambda)\sin\gamma_L$ $\qquad\qquad$ $X_2 = \pi(W/\lambda)\sin\gamma_W$

$L =$ 진동자 길이 $\qquad\qquad$ $W =$ 진동자 폭

$\gamma_L =$ 진동자 길이 방향의 빔 퍼짐 각(xz 면)

$\gamma_W =$ 진동자 폭 방향의 빔 퍼짐 각(yz 면)

식 (2-32)로 부터 진동자의 길이 방향과 폭 방향에 대한 빔 퍼짐의 관계는 다음과 같이 주어진다.

$$\sin\gamma_L = k_{\Delta dB}\frac{\lambda}{L}, \qquad \sin\gamma_W = k_{\Delta dB}\frac{\lambda}{W} \tag{2-33}$$

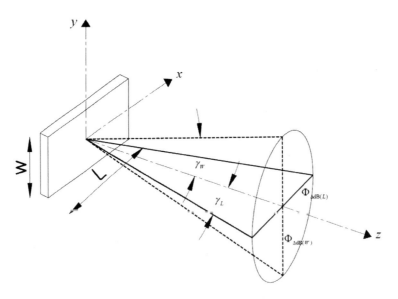

그림 2-27 **사각형 진동자에 대한 빔 퍼짐과 형상**

진동자의 폭이 길이보다 작은 경우($W < L$), 빔 퍼짐 각은 폭 방향이 더 큰 값을 갖는다. 사각형 진동자에 대해, 자유 공간에서 빔 퍼짐 각은 다음과 같다.

$$\sin\gamma_{(-6\text{dB})L} = 0.44\left(\frac{\lambda}{L}\right), \qquad \sin\gamma_{(-6\text{dB})W} = 0.44\left(\frac{\lambda}{W}\right) \tag{2-34}$$

$$\sin\gamma_{(-20\text{dB})L} = 0.74\left(\frac{\lambda}{L}\right), \qquad \sin\gamma_{(-20\text{dB})W} = 0.74\left(\frac{\lambda}{W}\right) \tag{2-35}$$

최대 음압과 가장 긴 근거리 음장 거리는 정사각형 진동자($L = W$)의 경우 얻어진다. 사각형 진동자 탐촉자에 대한 근거리 음장 거리 공식은 다음과 같이 주어진다[4].

$$N_{\text{Rect.}} = k_{\text{Rect.}}\frac{L^2}{4\lambda} = k_{\text{Rect.}}\frac{L^2 f}{4c} \tag{2-36}$$

여기서

$k_{\text{Rect.}}$ = 근거리 음장 보정 계수(그림 2-28 참조)

L = 진동자 길이(mm)　　　　　　　λ = 매질에서의 파장(mm)

f = 주파수(MHz)　　　　　　　　　c = 매질에서의 초음파 속도(mm/μs)

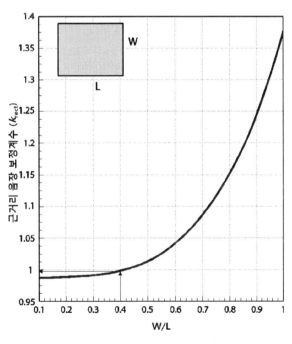

그림 2-28　사각형 진동자에 의한 근거리 음장 거리 보정 계수[4]

그림 2-28에서 사각형 진동자의 길이에 대한 폭의 비가 0.4 이하인 경우에는 근거리 음장 보정계수를 1로 근사하여 사용할 수 있다. 그리고 8x9의 진동자인 경우 근거리 음장 보정계수는 약 1.25 값을 갖는다.

2.3.4 집속 음장

초음파 빔을 집속함으로써 더 높은 결함 검출 감도와 분해능을 획득할 수 있다. 일상적으로 진동자의 크기보다 작은 영역으로 초음파 에너지를 모으는 것을 **집속(focus)**이라고 한다. 앞에서 언급한 바와 같이 평면의 원형 진동자에 의해서도 근거리 음장 거리에서 빔이 집속됨을 보았다. 이러한 현상은 회절에 의해 만들어지는 자연적인 현상이다. 따라서 초음파 빔을 집속한다는 것은 곡률을 지닌 렌즈 또는 거울과 같은 장치를 사용하여 빔을 집속시키는 것을 의미한다. 그림 2-29는 초음파를 집속하는 여러 가지 방식을 나타낸 것이다.

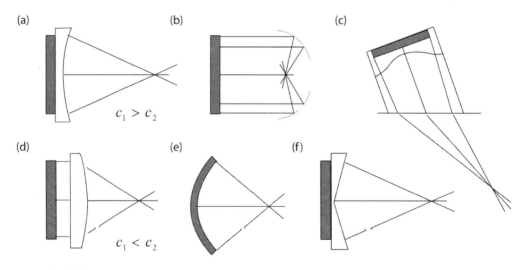

그림 2-29   **초음파 빔 집속의 예: (a)오목렌즈($c_1 > c_2$), (b)물에서 오목거울, (c)경사각 빔에 대한 오목렌즈와 웻지, (d)볼록렌즈($c_1 < c_2$), (e)오목 진동자, (f)원추형 렌즈[7, 8]. Axion 렌즈는 점 집속을 하지 못한다.**

초음파 빔의 집속에 대한 이론은 많은 참고문헌에서 볼 수 있으며[12-18], 집속 빔에 대한 음향 특성은 다음과 같다.

- 초음파 빔의 집속은 오직 근거리 음장 거리 이내에서 기하학적인 수단에 의해 집속된다.
- 초음파 빔의 중심 축 상에서 음압이 가장 높은 지점을 집속점(또는 초점)이라고 하고, 탐촉자 면에서 집속점까지의 거리를 집속 깊이(focal depth) 또는 집속 거리(focal distance)라고 한다.
- 집속점의 음압에서 6 dB(1/2) 떨어진 음압이 되는 양 지점 사이의 거리를 집속 심도(depth of field)라고 한다.

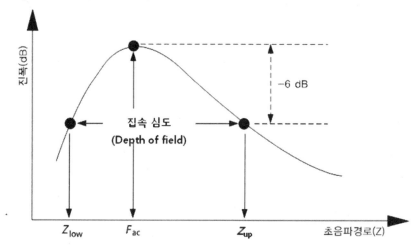

그림 2-30 집속 깊이와 집속 심도(depth of field)의 정의

- 집속된 빔은 집속 인자(focal factor, S_{ac}) 또는 정규화된 집속 깊이로 나타낸다.

$$S_{ac} = \frac{F_{ac}}{N_0} \tag{2-37}$$

여기서 $0 \leq S_{ac} \leq 1$ 이고, $F_{ac} < N_0$ 이며, F_{ac} 는 실제 집속 깊이이다.

- 곡률 반지름, R 인 렌즈에 의한 광학적인 집속 점은 다음과 같이 정의한다.

$$F_{opt.} = \frac{R}{1 - c_{specimen}/c_{lens}} \tag{2-38}$$

- 광학적인 집속 인자는 다음과 같이 정해진다.

$$S_{opt.} = \frac{F_{opt}}{N_0} \tag{2-39}$$

- 음향 축을 따른 모든 점에서 $F_{ac} < F_{opt.}$

- 집속된 빔은 아래와 같이 분류될 수 있다[19].

  ① 강한 집속(strong focusing) $0.1 \le S_{ac} \le 0.33$ 일 때

  ② 중간 집속(medium focusing) $0.33 < S_{ac} \le 0.67$ 일 때

  ③ 약한 집속(weak focusing) $0.67 < S_{ac} \le 1.0$ 일 때

- 집속된 빔을 가지고서 작업하는 산업적인 응용의 대부분은 $S_{ac} < 0.6$ 의 상태를 사용한다.

- 반지름 r 의 구면으로 휘어진 지름이 D 인 원형 진동자의 음압은 다음과 같이 주어진다[20].

$$P(z) = P_0 \left| \frac{2}{1 - \dfrac{z}{r}} \right| \left| \sin\left[\frac{\pi}{\lambda} \left(\sqrt{(z-h)^2 + \frac{D^2}{4}} - z \right) \right] \right| \qquad (2\text{-}40)$$

여기서

$$h = r - \sqrt{r^2 - \frac{D^2}{4}}$$

- 음향 집속 인자, S_{ac} 와 광학 집속 인자 $S_{opt.}$ 와의 관계는 다음과 같다.[21]

$$S_{opt.} = \frac{(S_{ac} - 0.635 S_{ac}^2 + 0.2128 S_{ac}^3)}{(1 - S_{ac})} \qquad (2\text{-}41)$$

- 그림 2-31은 음향 집속 인자, S_{ac} 와 광학 집속 인자 $S_{opt.}$ 와의 관계를 나타낸 그래프이다.

식 (2-40)에 따라 음장 깊이는 음향 집속 인자, S_{ac} 에 의존한다. 그림 2-32는 집속 인자에 따른 집속 심도(depth of field)의 변화를 나타낸 것이다.

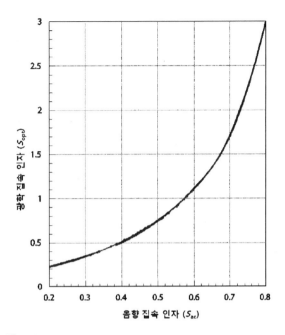

그림 2-31 $0.2 \leq F_{ac}/N_0 \leq 0.8$ 에 대한 음향 집속 인자,

S_{ac} 와 광학 집속 인자 $S_{opt.}$ 와의 관계

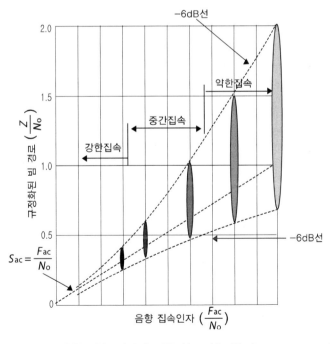

그림 2-32 음향 집속 인자에 의존하는 집속 심도(depth of field)

2.3.5 펄스로 가진할 때의 음장

만일 진동자가 유지 시간이 다른 전기적인 신호에 의해 가진 된다면, 음압은 다른 형상을 가진다[22]. 그림 2-16에 나타낸 바와 같이 길이가 짧은 펄스가 진동자의 다른 점에서 방출되면, 진동자 앞쪽의 어떤 지점에서 두 펄스는 간섭을 일으키지 않을 수도 있다. 또한 두 펄스가 반 파장의 경로 차를 가지고서 중첩될지라도 완전히 상쇄되지 않는다. 따라서 펄스로 가진되는 진동자에 의해 형성되는 근거리 음장 영역의 음압은 연속적으로 진동하는 진동자에 의한 음압보다 변화가 적어져 음압이 0이 되는 부분이 없고, 최대 음압도 $2p_0$ 보다 작아진다.

그림 2-33은 펄스 유지 시간이 다른 여러 가지 형태의 펄스에 대해 형성되는 중심 축상의 음압의 변화를 나타낸 것이다. 근거리 음장 영역의 음압은 펄스 형태(진동 유지 시간)에 따라 크게 변화되지만, 원거리 음장 영역에서는 펄스가 짧아질수록 최대 음압의 크기가 감소할 뿐 거리에 따라 음압의 변화는 같은 형태를 유지한다. 그리고 펄스로 가진되는 진동자의 경우 빔 중심 축상의 음압이 변화되는 것은 물론 빔 중심축을 벗어난 부분의 최대 최소 지점과 측면 로브가 사라진다.

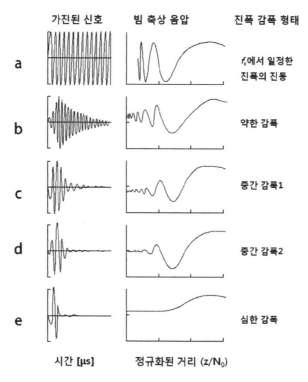

그림 2-33   평면 원판형 진동자에서 가진하는 펄스 형상에 의존하는 음압[22]

2.4.1 경계면에 수직 입사한 파의 반사와 투과

사람들이 사용하는 모든 대상들은 경계면을 가지며, 이러한 경계면은 음파의 전파를 방해한다. 만일 경계면 한쪽이 빈 공간이라고 하면 이 경계면을 벗어나서는 음파가 전파할 수 없다. 만일 경계면이 거울과 같이 매끄럽다면 반사가 일어나고, 경계면이 거칠면 산란이 일어날 것이다. 여기에서 경계면이 거칠다고 하는 것은 파장과 관련된다. 즉 거친 정도가 음파의 파장에 비하여 매우 작은 경우에는 음파는 산란은 거의 없고 매끄러운 면에서 일어나는 반사만이 일어난다. 만일 경계면 한쪽에 다른 매질이 접합되어 있다면 음파는 다른 매질로 전파되는데 이를 투과라고 한다.

초음파탐상검사에서 음파의 전파에 강하게 영향을 주는 경계면은 다음과 같은 세 가지 경우가 있다.

- 초음파 발생기에서 검사 대상체로 초음파를 보내고, 그 역으로 초음파를 수신할 때 초음파는 경계면을 침투해야 한다.
- 대상체 내의 결함은 결함의 경계면에서 음파에 대한 영향에 의해 검출된다.
- 검사 대상체의 다른 경계면은 반사파의 간섭이나, 의도적인 유도, 또는 그 밖의 들어갈 수 없는 영역으로 반사시킴으로써 전파에 영향을 줄 수 있다.

그림 2-34와 같이 서로 다른 음향임피던스를 가진 매질에 의해 만들어진 평탄하고 매끄러운 경계면에 평면파가 수직하게 입사한다고 하자. 이 때 입사파의 음압을 p_i 라고 하고, 반사파와 투과파의 음압을 각각 p_r, p_t 라고 할 때, 음압 반사계수(R)와 음압 투과계수(T)는 반사파와 투과파의 음압에 대한 입사파의 음압의 비로서 다음과 같이 정의된다.

$$R = \frac{p_r}{p_i}, \qquad T = \frac{p_t}{p_i}$$

위의 음압 반사계수와 음압 투과 계수는 단위가 없는 값이며, 경계면에서 입자 변위와 응력의 연속성의 조건을 적용하면 각 매질의 음향임피던스에 의해 다음과 같이 유도된다.

$$R = \frac{Z_2 - Z_1}{Z_2 + Z_1}, \qquad T = \frac{2Z_2}{Z_2 + Z_1} \qquad (2\text{-}42)$$

위의 식에서 음향임피던스 Z_i 의 아래첨자의 숫자 1은 초음파가 입사하는 매질을 나타내며, 2는 투과하는 매질을 나타낸다. 그리고 음압반사계수와 음압투과계수는 이것은 변위의 연속성 원리에 기반을 두어 $1 + R = T$ 인 조건을 만족한다.

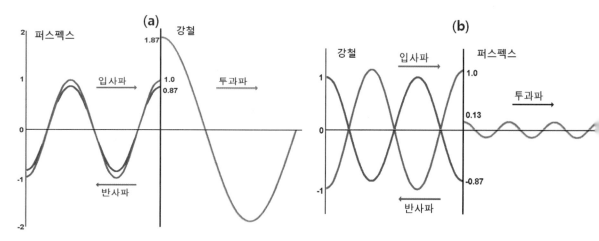

그림 2-34　평탄한 경계면에 수직으로 입사할 때 반사와 투과
(a) $Z_1 > Z_2$ 일 때 (b) $Z_1 < Z_2$ 일

만일 철강과 물의 경계면에 물로부터 철강으로 초음파가 수직 입사하는 경우를 생각하자. 철강과 물의 음향임피던스는 각각 다음의 값을 갖는다.

물의 음향임피던스: $Z_1 = 1.5 \times 10^6 \ \text{kg/m}^2\text{s} \ (\rho = 1.0 \times 10^3 \ \text{kg/m}^3, c_w = 1.5 \times 10^3 \ \text{m/s})$

철강의 음향임피던스: $Z_2 = 46 \times 10^6 \ \text{kg/m}^2\text{s} \ (\rho = 7.8 \times 10^3 \ \text{kg/m}^3, c_{steel} = 5.9 \times 10^3 \ \text{m/s})$

위의 값들을 식 (2-42)에 대입하면 음압반사계수와 음압투과계수를 각각 $R = 0.937$, $T = 1.937$ 이 된다. 이러한 결과는 반사파의 음압 진폭은 입사파의 음압 진폭의 **93.7%**의 크기가 되며, 투과파의 음압 진폭은 입사파의 약 2배 정도의 크기가 됨을 의미한다. 역으로 철강에서 물로 초음파가 입사되는 경우의 음압반사계수와 음압투과계수를 각각 $R = -0.937$, $T = 0.063$이 된다. 이러한 결과는 반사파 음압의 진폭은 입사파의 93.7%로 같으나, 앞의 음의 부호는 반사파의 위상이 180° 전환됨을 의미한다.

위의 결과는 에너지 보존법칙을 따르지 않는 것으로 보인다. 식 (2-11)에 나타낸 바와 같이 초음파 에너지 흐름의 양을 나타내는 초음파의 세기(I)는 음압(P)과 매질의 음향임피던스(Z) 와 $I = \dfrac{1}{2}\dfrac{p^2}{Z}$인 관계를 가진다. 따라서 물보다는 철강의 음향임피던스가 매우 크기 때문에 음압이 두 배 정도 커지더라도 음파의 세기는 물보다 작게 된다. 경계면에 수직 입사하는 음파 의 에너지 반사계수(R_E)와 에너지 투과계수(T_E)는 입사파의 세기(I_i)에 대한 반사파와 투과파 의 세기(I_r과 I_t)의 비로써 다음과 같이 쓸 수 있다.

$$R_E = \frac{I_r}{I_i}, \qquad T_E = \frac{I_t}{I_i}$$

위의 관계에 음압과 음향임피던스의 관계를 대입하면 다음과 같은 관계를 얻을 수 있다.

$$R_E = \left(\frac{Z_2 - Z_1}{Z_2 + Z_1}\right)^2, \qquad T_E = \frac{2Z_1 Z_2}{(Z_2 + Z_1)^2} \qquad (2\text{-}43)$$

위의 에너지 반사계수와 투과계수는 에너지 보존법칙에 의해 다음과 같은 관계를 갖는다.

$$1 = R_E + T_E$$

위의 관계는 입사파의 에너지는 반사파와 투과파의 에너지의 합과 같음을 나타내고 있는 것으로, 에너지 보존법칙을 잘 따르고 있음을 보여준다.

액체와 고체에 비해 기체의 음향임피던스는 매우 작은 값을 가진다. 예를 들어 공기의 음향임 피던스는 $0.00041 \times 10^6 \, \text{kgm}^2/\text{s}(\text{Rayl})$이므로, 공기와 철강의 경계면에 수직으로 입사하는 음파의 음압반사계수는 1에서 2×10^{-5}만 차이가 만든다. 이것은 공기와의 경계면에서는 거의 완전한 반사가 일어난다고 볼 수 있다.

이러한 경계면에 수직하게 입사하는 반사계수와 투과계수는 횡파에 대해서도 마찬가지로 적용된다. 그러나 음향임피던스에서 종파의 속도가 아닌 횡파의 속도를 적용하여야 한다. 그리고 액체와 기체에서는 횡파가 전파되지 않으므로, 고체·액체(또는 기체) 경계면에 수직하게 입사하는 횡파는 완전 반사(반사계수=1)가 일어난다고 할 수 있다. 하지만 점성이 매우 큰 액체(아스팔트, 타르 등)에서는 짧은 거리지만 횡파가 전달될 수 있기 때문에 이러한 액체와 고체의 경계면에서는 완전 반사가 일어나지 않는다.

2.4.2 여러 경계면에 수직 입사한 파의 반사와 투과

앞의 두 매질이 바로 접해진 경계면과는 달리, 그림 2-35과 같이 두 매질 사이에 얇은 층이 들어가 있는 경계면에 음파가 수직하게 입사하는 경우를 초음파탐상검사에서 자주 직면하게 된다. 예를 들어 물에 담겨있는 얇은 판 또는 검사 대상체 내에 있는 균열을 초음파가 투과하는 경우를 생각할 수 있다. 이러한 경우 첫 번째 매질에서 입사되는 초음파는 두 경계면 사이에서 반사와 투과가 연속적으로 일어난다. 결과적으로 경계면을 통과하는 투과파와 되돌아오는 반사파는 경계면 사이에서 일어나는 다중 반사에 의해 나누어지는 반사파들과 투과파들이 중첩될 때 위상의 위치에 따라 간섭 현상이 일어나 강해지기도 하고 약해지기도 한다. 이러한 현상은 층의 음향임피던스에 대한 층의 양쪽의 음향임피던스의 비와 파장에 대한 층의 두께의 비에 의해 변화된다.

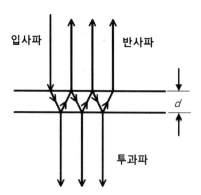

입사파 반사파

d

투과파

그림 2-35　　두 매질 사이에 층이 형성된 경계면에
수직으로 입사하는 음파의 반사와 투과

일반적으로 초음파탐상검사에서 자주 만나는 것은 어떠한 매질 속에 층을 이루는 매질이 들어있는 경우이므로 이러한 경우에 층에 의한 음압의 반사계수와 투과계수는 다음과 같은 관계를 갖는다.

$$R = \sqrt{\dfrac{\dfrac{1}{4}\left(\dfrac{Z_1}{Z_2} - \dfrac{Z_2}{Z_1}\right)^2 \sin^2\left(\dfrac{2\pi}{\lambda}d\right)}{1 + \dfrac{1}{4}\left(\dfrac{Z_1}{Z_2} - \dfrac{Z_2}{Z_1}\right)^2 \sin^2\left(\dfrac{2\pi}{\lambda}d\right)}}, \quad T = \dfrac{1}{\sqrt{1 + \dfrac{1}{4}\left(\dfrac{Z_1}{Z_2} - \dfrac{Z_2}{Z_1}\right)^2 \sin^2\left(\dfrac{2\pi}{\lambda}d\right)}} \quad (2\text{-}44)$$

여기서 Z_1 은 층을 감싸고 있는 매질의 음향임피던스이고, Z_2 는 층의 음향임피던스이다. 그리고 λ 는 층에서의 파장이고, d 는 층의 두께이다.

위의 식은 사인 함수이므로 최대값과 최소값을 갖는다. 즉 파장에 대한 층의 두께의 비에 의해 증감하고 다음과 같은 조건에서 최대 최소를 갖는다.

- $\dfrac{d}{\lambda} = \dfrac{m}{2}$ (m =0, 1, 2, 정수)일 때, 반사계수는 최소값($R = 0$)이 되며, 투과계수는 최대값($T = 1$)이 된다.

- $\dfrac{d}{\lambda} = \dfrac{2m+1}{4}$ (m =0, 1, 2, 정수)일 때, 반사계수는 최대값이 되며, 투과계수는 최소값이 된다.

만일 물에 잠겨 있는 1 mm 두께의 철판(종파의 속도=5,920 m/s)을 수침식으로 초음파를 판에 수직하게 입사 시킬 때 주파수가 2.96 MHz인 초음파는 반사가 없이 완전하게 투과된다. 이러한 것은 판의 두께 공진 주파수와 일치하는 주파수에 대해서 일어나는 현상이다.

이와 같은 층에 입사되는 초음파의 반사와 투과에 관한 식 (2-44)는 단일 주파수를 갖는 연속파에 대한 것이다. 앞서 언급한 바와 같이 비파괴검사에서 주로 사용되는 펄스파는 여러 주파수를 포함하고 있기 때문에 완전 투과는 일어나지 않고, 단지 판의 두께 공진 주파수 성분만을 완전하게 투과시켜 투과파의 파형은 입사된 펄스파보다 파형의 길이가 길어지는 파형을 만들어 내게 된다.

2.4.3 경계면에 경사지게 입사된 파의 굴절과 모드 변환

만일 평면파인 초음파가 경계면에 경사지게 입사하면, 광학에서와 같이 반사와 투과가 일어나며, 이 때 투과파의 방향은 입사된 방향에 대해 상대적으로 다른 방향으로 변화되어 진행하기 때문에 굴절이라고 한다. 고체 재료에서 음파는 종파와 횡파의 두 모드가 전파할 수 있고, 두 모드의 전파 속도가 다르기 때문에 광학에서와는 달리, 한 모드의 초음파가 다른 모드로 변환되는 현상이 일어난다. 즉, 초음파를 경사각을 주어 입사시켜 반사와 굴절을 일으킬 때 종파가 횡파로 변환되거나, 횡파는 종파로 변환되기도 한다. 이러한 현상을 모드 변환이라고 한다.

이러한 반사파와 굴절파의 방향은 다음과 같은 굴절의 법칙에 의해 결정된다.

$$\frac{\sin \alpha_{II}}{\sin \alpha_{I}} = \frac{c_{II}}{c_{I}} \tag{2-45}$$

여기에서 α_{I} 는 입사각이고, α_{II} 는 반사각 또는 굴절각이며, c_{I} 와 c_{II} 는 각각 입사되는 매질과 반사 또는 투과하는 매질에서의 초음파 속도이다. 위의 식은 Snell에 의해 광학 분야에서 최초로 진술된 스넬의 법칙(Snell's law)으로 잘 알려진 것이지만, 모든 파동의 굴절과 반사에도 유효하다.

그림 2-36에 나타낸 바와 같이 초음파 속도가 다른 두 고체 매질의 경계면에 매질 1에서 입사각 α 로 종파를 입사시킬 때 경계면에서 반사와 굴절이 일어난다. 이 때 반사파는 입사파와 같은 매질로 진행하지만 반사가 일어나면서 종파뿐만 아니라 횡파가 생성될 수 있다. 이러한 반사에 대해 스넬의 법칙을 적용하여 보자.

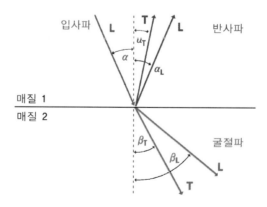

그림 2-36 두 고체의 경계면에 입사각을 가지고 입사되는 음파의 반사와 굴절

종파로 반사되는 경우(입사각=α, 종파 반사각=α_L), 반사되는 종파는 입사 종파와 같은 매질을 진행하므로 속도가 같기 때문에 다음의 관계를 갖는다.

$$\frac{\sin \alpha_L}{\sin \alpha} = 1$$

따라서 $\alpha_L = \alpha$ 가 된다. 즉 반사되는 종파의 반사각은 입사각과 같은 거울 반사를 일으킨다.

횡파로 반사되는 경우(입사각=α, 횡파 반사각=α_T), 반사되는 횡파의 속도 c_s 는 입사하는 종파의 속도 c_l 과 다르므로, 다음과 같은 관계를 가질 것이다.

$$\frac{\sin \alpha_T}{\sin \alpha} = \frac{c_s}{c_l}$$

고체 매질에서 횡파 속도는 종파 속도의 약 1/2정도가 되므로, 항상 $\alpha_T < \alpha$ 이 된다. 즉, 횡파의 반사각은 입사각 보다 항상 작게 된다. 따라서 고체/고체 경계면에 종파가 어떤 입사각을 가지고 입사하면 항상 횡파가 반사된다는 것을 의미한다.

앞의 반사와 달리 매질 2로 굴절되는 파에 대해서도 종파와 횡파가 모두 굴절되어 진행할 수 있기 때문에, 이를 스넬의 법칙에 적용하여 보자.

종파로 굴절되는 경우(입사각=α, 종파 굴절각=β_L), 매질 2에서 굴절되는 종파의 속도 c_{2l} 가 매질 1에서의 종파 속도 c_l 과 다르다면 스넬의 법칙은 다음과 같이 된다.

$$\frac{\sin \beta_L}{\sin \alpha} = \frac{c_{2l}}{c_l}$$

여기에서 굴절각은 두 매질에서 종파 속도의 비에 의해 결정되는데, 만일 매질 2에서 종파의 속도가 매질 1에서 종파의 속도보다 크면, 굴절각은 입사각보다 크게 되며, 반대로 매질 2에서 종파의 속도가 작으면, 굴절각은 입사각보다 작게 된다.

횡파로 굴절되는 경우(입사각=α, 횡파 굴절각=β_T), 매질 2에서의 횡파의 속도를 c_{2s} 라고 하면, 다음과 같은 관계를 가질 것이다.

$$\frac{\sin \beta_T}{\sin \alpha} = \frac{c_{2s}}{c_l}$$

앞의 종파 굴절과 마찬가지로, 횡파 굴절각은 매질 1에서 종파 속도와 매질 2에서 횡파 속도의 비에 의해 결정된다.

그런데 매질 2에서도 종파의 속도가 횡파의 속도보다 크기 때문에, 굴절되는 파에 대한 속도 비는 항상 $\dfrac{c_{2l}}{c_l} > \dfrac{c_{2s}}{c_l}$ 인 관계를 가지므로, $\dfrac{\sin \beta_L}{\sin \alpha} > \dfrac{\sin \beta_T}{\sin \alpha}$ 이 된다. 따라서 굴절각은 $\beta_L > \beta_T$ 인 관계를 가져야 한다. 이것은 항상 종파의 굴절각이 횡파의 굴절각보다 큰 값을 갖는 것을 의미한다.

초음파탐상검사에서 상당히 많은 부분이 수침법에 의해 검사 되는 경우가 있다. 이러한 경우에는 검사 대상체가 물속에 잠겨있거나 또는 물 분사기를 사용하여 대상체에 초음파를 입사시키게 되므로, 액체·고체 경계면을 갖게 된다. 이러한 액체·고체 경계면의 경우 초음파를 액체(물)에서 입사시키는 것이 일반적이며, 또한 액체에서는 종파만이 전파할 수 있기 때문에 종파가 입사하고 종파만 반사하게 된다. 하지만 고체로 굴절되는 파는 앞에서와 같이 종파와 횡파가 모두 있을 수 있다. 하지만 액체에서의 종파 속도는 고체에서의 종파와 횡파 속도보다 일반적으로 작기 때문에 종파와 횡파의 굴절각은 항상 입사각보다 크게 된다.

예를 들어 물·철강 경계면에 물에서 입사각을 10°로 하여 초음파를 입사 시킬 때 종파와 횡파의 굴절각을 알아보자. 앞의 스넬의 법칙에서 굴절각에 대한 식은 다음과 같이 정리 된다.

$$\sin \beta_{L,T} = \frac{c_{2l,s}}{c_w} \sin \alpha$$

여기서 α 는 입사각이며, c_w 는 물에서의 초음파 속도이고, $\beta_{L,T}$ 는 고체로 굴절하는 종파 또는 횡파의 굴절각이며, $c_{2l,s}$ 는 고체에서 종파 또는 횡파의 속도이다. 위의 식에 물에서의 속도를 1,500 m/s, 철강에서 종파와 횡파의 속도를 각각 5,920 m/s와 3,200 m/s으로 대입하고, 입사각 10°에 대한 사인 값인 $\sin 10^o = 0.17$ 을 적용하면, 종파 굴절각과 횡파 굴절각을 다음과 같이 구할 수 있다.

종파: $\sin \beta_L = \dfrac{5,920}{1,500} \times 0.17 = 0.67$, 따라서 $\beta_L = 42.1° \approx 42°$

횡파: $\sin \beta_T = \dfrac{3,200}{1,500} \times 0.17 = 0.36$, 따라서 $\beta_T = 21.2° \approx 21°$

물에서 철강으로 입사하는 것과 같이, 매질 1에서 입사파의 속도보다 매질 2에서 종파와 횡파의 속도가 큰 경우이면 굴절각은 항상 입사각 보다 크기 때문에, 굴절각이 90°가 되는 입사각이 존재한다. 이렇게 굴절각이 90°가 될 때의 입사각을 임계각이라고 한다. 이러한 임계각은 매질 2에서 종파와 횡파가 진행할 수 있기 때문에 **종파의 굴절각이 90°가 되는 입사각을 1차 임계각**이라 하고, **횡파의 굴절각이 90°가 되는 입사각을 2차 임계각**이라 한다. 따라서 임계각에 대한 스넬의 법칙은 굴절각이 90°이고, 굴절각에 대한 사인값이 1이므로, 다음과 같이 쓸 수 있다.

$$\frac{1}{\sin\alpha_{cr1,2}} = \frac{c_{2l,s}}{c_w}, \quad 즉 \quad \sin\alpha_{cr1,2} = \frac{c_w}{c_{2l,s}} \tag{2-46}$$

여기서 $\alpha_{cr1,2}$ 는 1차 임계각 또는 2차 임계각이고, c_w 는 물에서의 속도이며, $c_{2l,s}$ 는 매질 2에서의 종파 또는 횡파의 속도이다.

위의 관계로부터 물·철강 경계면에서 대한 1차와 2차 임계각을 구해보자.

1차 임계각: $\sin\alpha_{cr1} = \dfrac{1,500}{5,920} = 0.253, \quad \alpha_{cr1} = 14.7°$

2차 임계각: $\sin\alpha_{cr2} = \dfrac{1,500}{3,200} = 0.469, \quad \alpha_{cr2} = 27.9°$

1차 임계각에서는 고체 표면에 크리핑 파가 생성되어 전파한다. 그리고 입사각이 1차 임계각보다 큰 각을 가질 때에는 종파는 굴절하지 않고 횡파만 굴절하게 된다.

예를 들어 물·고체 경계면에 물에서 고체로 18°의 입사각을 가지고 초음파를 입사시킬 때 굴절각을 계산해보자.

종파 굴절각: $\sin\beta_L = \dfrac{c_{2l}}{c_w}\sin\alpha = \dfrac{5,920}{1,500} \times 0.309 = 1.22$

횡파 굴절각: $\sin\beta_T = \dfrac{c_{2s}}{c_w}\sin\alpha = \dfrac{3,200}{1,500} \times 0.309 = 0.57, \quad \beta_T = 34.9°$

위의 계산에서 종파 굴절각의 사인 값이 1보다 큰 값으로 구해졌다. 사인함수는 1보다 큰 값을 가질 수 없기 때문에, 이러한 경우 굴절이 불가능한 상태를 의미한다. 따라서 위의 예에서 굴절되는 파는 오직 횡파만 약 35°의 각도로 굴절하여 진행된다.

그리고 앞에서 표면파인 레일리 파의 속도는 철강의 경우 횡파 속도의 약92% 정도이며, 알루미늄에서는 약 93%임을 말한 바 있다. 일반적으로 레일리 파는 자유 표면에서 전파하는 표면파를 말하고 있지만, 물·고체 경계면에서도 생성될 수 있다. 이러한 레일리 파는 표면을 따라 전파하므로 굴절각을 90°로 하여 스넬의 법칙(Snell's law)을 적용하면 되며, 다음의 관계를 갖는다.

$$\frac{1}{\sin \alpha_R} = \frac{c_R}{c_w}, \quad 즉 \quad \sin \alpha_R = \frac{c_w}{c_R}$$

여기서 α_R 는 레일리 파를 만드는 입사각으로 레일리 각(Rayleigh angle)이라고 하고, c_w 는 물에서의 속도이며, c_R 은 레일리 파의 속도이다. 따라서 물·철강의 경계면에서 레일리 파를 생성하는 입사각을 구해보면 다음과 같다.

$$\sin \alpha_R = \frac{1,500}{2,950} = 0.508, \quad \alpha_R = 30.5°$$

이러한 레일리 각은 앞에서 구한 2차 임계각과는 약 2.5도의 차이가 나는데 이 정도의 각도 차이는 실제 시험을 하는 경우에 빔의 퍼짐 각의 범위에 들어오는 경우이기 때문에 2차 임계각 근처에서는 표면파인 레일리 파가 생성되어 표면을 따라 전파하게 된다.

2.5 검사 대상체·반사원과 초음파의 상호 작용

2.5.1 평면 반사체에 의한 평면파 반사

원판 형상을 갖는 반사체에 의해 형성되는 반사파 음장 또한 2.3.1절에서 언급한 원형 진동자와 같은 특성을 갖는다. 펄스-반사법에서 송신 탐촉자는 수신 탐촉자로서 사용된다. 송신 펄스가 보내진 후에 반사체까지 펄스가 진행하고 돌아오는 펄스 이동 시간 이후부터 반사 신호를 수신하는데 이때 수신되는 신호의 진폭이 얼마가 되는가를 알 필요가 있다.

면적이 S_t인 초음파 탐촉자에서 발생된 초음파가 매우 큰 벽에 수직 입사하여 반사된다면, 반사된 초음파는 손실 없이 되돌아 올 것이다(매질에서 감쇠를 고려하지 않음. 평면파이므로 빔퍼짐은 없음). 이 때 반사 신호의 높이를 H_0라고 하자. 송신 탐촉자의 면적보다 작은 면적 (S_r)을 갖는 한정된 크기의 반사체에서는 초음파의 일부분만 반사할 것이고, 이때의 반사 신호의 높이를 H_r이라고 하면, 두 반사 신호의 높이는 다음과 같은 관계를 갖는다.

$$H_r / H_0 = S_r / S_t \tag{2-47}$$

여기서 H_0는 기준 반사 신호로 자주 사용되며, 실제로 결함 반사 신호를 평가할 대상체와 같은 재료로 만들어진 매끄러운 표면을 갖는 평판에서 뒷면 반사 신호를 사용한다. 송신 탐촉자의 진동자 면적은 알려져 있으므로, 기준 반사 신호의 높이에 대한 결함 반사 신호의 높이의 비를 계산한다면 결함의 면적을 계산할 수 있다.

그림 2-37(a)와 같이 반사체가 기울어져 있는 경우에는 앞선 파면이 기울어져 있는 반사체의 먼 쪽 모서리에 도달하고 반사체에서는 호이겐스의 원리(Huygens' principle)에 의해 새로운 파면을 만들어 반사파를 형성한다. 만일 새롭게 형성된 파면이 탐촉자로 되돌아오지 않으면 반사 신호는 만들어지지 않을 것이다. 하지만 그림 2-37(b)의 경우에는 반사체가 기울어져 있을지라도 반사파가 탐촉자에 도달되는 것을 보여주고 있다. 이런 경우에는 반사 신호가 얻어질 수 있다고 생각할 수 있으나, 이것은 잘못된 가정이다. 왜냐하면 수신자 표면의 각 점에

도달되는 반사 신호는 경로 차의 변화에 의해 각각 다른 위상각을 가지도 도달되기 때문에 도달 신호의 출력 전압은 서로 상쇄되고 반사체의 모서리에서 회절 반사 신호를 제외하고는 어떠한 반사 신호도 수신되지 않는다. 짧은 펄스를 사용할 때 반사체가 기울어져 있을지라도 탐촉자에 도달된 신호에 의한 출력 전압이 완전히 상쇄되지 않아 어떠한 반사 신호를 얻을 수 있으나, 이러한 신호를 사용하여 앞에서 언급한 반사 신호의 크기로 결함의 크기를 평가하는 것은 가능하지 않다.

이와 같은 문제를 해결하기 위한 한 방법은 작게 분리된 진동자로 된 수신 탐촉자를 사용하여 각 진동자에 도달되는 신호에 인위적으로 위상 이동을 시켜서 합한 출력 전압을 만들어 내는 위상배열(phased array)을 사용하는 것이다. 또 다른 방법으로는 원하지 않는 위상 차이에 대해 둔감한 수신 탐촉자를 사용하는 것이다[23].

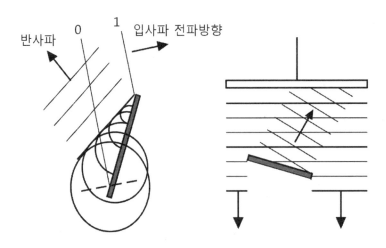

그림 2-37 (a)기울어진 반사체에서 호이겐스 원리에 의해 구성한 반사파와 (b)반사파가 수신 탐촉자에 도달되어도 상쇄 간섭에 의해 평가할만한 신호가 수신되지 않음.

2.5.2 반사체의 반사파와 DGS 선도

반사체의 크기가 초음파 탐촉자보다 작고 그 사이의 거리가 매우 크다고 할 때($3N_0$ 이상), 반사체는 자신의 근거리 음장 거리를 지니는 2차적인 음원으로 작용한다. 반사체와 초음파 탐촉자와의 사이가 멀어서 반사체 모서리와 중심에 도달된 초음파의 위상차를 무시할 수 있으므로, 진폭과 위상이 일정한 값을 갖는다고 가정할 수 있다.

초음파 탐촉자의 지름을 D_t 라고 하고 반사체의 지름을 D_r 이라고 할 때, 반사체에 도달된 초음파 음압 p_t 은 식 (2-32)에 의해 다음과 같이 주어진다.

$$p_t = p_0 \frac{\pi N_0}{z} = p_0 \frac{\pi D_t^2}{4\lambda z} \tag{2-48}$$

반사체는 2차적인 음원으로 작용하여 반사파를 형성하고, 펄스-반사법의 경우 초음파를 발생한 초음파 탐촉자에서 다시 수신하므로, 반사체에 의해 형성된 음장에 의한 초음파 탐촉자 면 위의 음압 p_r 은 다음과 같다.

$$p_r = p_{0r} \frac{\pi D_r^2}{4\lambda z} = p_t \frac{\pi D_r^2}{4\lambda z} = p_0 \frac{\pi^2 D_t^2 D_r^2}{16\lambda^2 z^2} \tag{2-49}$$

여기서 반사 면에서의 음압은 초음파 탐촉자에 의해 발생된 초음파가 도달된 음압과 같으므로 $p_{0r} = p_t$ 로 대체된다. 즉, p_{0r} 을 식 (2-48)로 대체하여 식 (2-49)를 구한 것이다.

위의 식에서 송신 초음파 탐촉자의 초기 음압 p_0 는 매우 큰 반사체, 즉 평판의 뒷면 반사 신호로부터 측정할 수 있다. 만일 초음파탐상검사 화면에서 뒷면 반사 신호의 높이가 H_0 이고, 반사체에서의 신호의 높이를 H_r 이라고 하면 이 신호의 높이는 초음파 음압에 비례하므로, 다음과 같은 관계를 갖는다.

$$\frac{H_r}{H_0} = \frac{p_r}{p_0} = \frac{\pi^2 D_t^2 D_r^2}{16\lambda^2 z^2} \tag{2-50}$$

따라서 반사체의 지름은 반사 신호의 높이로 다음과 같이 구해진다.

$$D_r = \frac{4\lambda z}{\pi D_t} \sqrt{\frac{H_r}{H_0}}$$

여기서 초음파 탐촉자의 근거리 음장은 $N_0 = D_t^2 / 4\lambda$ 이므로, 이를 위의 식에 대입하면 다음과 같이 쓸 수 있다.

$$D_r = \frac{D_t z}{\pi N_0} \sqrt{\frac{H_r}{H_0}} \tag{2-51}$$

근거리 음장 거리보다 작은 두께를 갖는 평판의 뒷면 반사 신호의 높이를 기준 신호의 높이로 측정될 수 있다. 이러한 경우 뒷면 반사 신호는 어떠한 결함에 의한 영향을 받지 않아야 하며, 접촉 상태의 차이를 회피하기 위하여 대상체의 표면과 비슷한 표면이어야 한다. 만일 검사 중인 재료가 초음파 감쇠를 갖는다면, 감쇠계수를 측정하여야 하고, 계산에 의해 넣을 수 있다.

평판의 뒷면 반사파와 같이 멀리 떨어진 큰 반사체에 의해 되돌아오는 반사파를 생각하자. 음원에서 멀리 떨어진 거리에서 음원은 근사적으로 점원으로 작용하는 것과 동일하고 근사적으로 구면파를 형성하는 것으로 간주할 수 있어서 진폭은 거리에 반비례하여 감소한다. 만일 거리가 z_R 만큼 떨어진 큰 평면의 반사체에 초음파가 수직하게 도달되었다면 반사체는 초음파를 거울처럼 반사시켜 초음파 탐촉자로 되돌려 보낼 것이다. 이 때 초음파 탐촉자에 도달한 초음파는 자신이 만든 초음파를 $2z_R$ 만큼 전파한 초음파를 수신하는 상태가 된다. 따라서 반사체로부터 반사되어 되돌아온 초음파의 음압은 다음과 같다.

$$p_R = p_0 \frac{\pi N_0}{2z_R}$$

따라서 뒷면 반사 신호는 다음과 같은 관계를 갖는다.

$$\frac{H_R}{H_0} = \frac{\pi N_0}{2z_R} \tag{2-52}$$

작은 반사체와 큰 반사체에 의한 반사는 기본적으로 차이가 난다. 큰 반사체에 의한 반사는 거울반사를 따르지만 작은 반사체에 의한 반사는 음향적 물리 법칙을 따른다. 이것은 뒷면 반사 신호는 거리에 반비례하여 감소되는 반면에 결함 신호는 거리의 제곱에 반비례하여 감소하는 관계로 명확히 드러난다.

지금까지 반사체 크기와 거리가 극단적인 조건인 경우에 대해서만 알아보았다. 반사체 크기와 거리가 중간 영역인 경우는 오직 복잡한 수학적 도구를 사용하여 계산할 수 있다. 하지만 실질적인 목적을 위하여 이러한 계산은 양 끝 단에서 접근해 가는 방법에 의해 상대적으로 작은 오차를 가지도록 할 수도 있다.

가장 일반적인 표현을 얻기 위하여 송신 초음파 탐촉자의 기본적인 특성인 근거리 음장 거리(N_0)와 진동자 지름(D_t)과 뒷면 반사 신호(H_0)를 사용하여 다음과 같이 정규화 한다.

$$\frac{z}{N_0} = D : \text{반사체까지 거리(distance)}$$

$$\frac{H}{H_0} = G : \text{증폭기 게인(gain)}$$

$$\frac{D_r}{D_t} = S : \text{반사체 크기(size)}$$

이렇게 정규화된 D, G, S는 모두 차원이 없는 값이고, 게인 G는 반사 신호가 기준 반사 신호의 크기와 같게 할 때 증폭해야 할 값을 나타낸다. 식 (2-51)과 식 (2-52)에 D, G, S 변수를 도입함으로써 작은 반사체와 뒷면에 의한 반사 신호에 대한 관계를 다음과 같이 얻을 수 있다.

$$G_r = \pi \frac{S^2}{D^2} \quad (\text{작은 반사체})$$
$$G_R = \pi \frac{1}{2D} \quad (\text{저면})$$

$$(2-53)$$

탐촉자에 매우 인접한 반사체의 경우, 식 (2-47)에 의해

$$G_r = S^2 \quad (D_r < D_t \text{일 때})$$
$$G_r = 1 \quad (D_r \geq D_t \text{일 때})$$

$$(2-54)$$

그림 2-38은 전형적인 DGS 선도(독일식으로는 AVG 선도라고 함)를 나타낸 것으로, 가로축, A는 탐촉자로부터 거리를 근거리 음장 거리로 나눈 값인 정규화된 거리이고, 세로축, V는 게인이고, 반사체(원형 판 형태)의 크기는 G로 표시하였고, 그 크기는 탐촉자 지름에 대한 비로 표시되었다.

반사체에 의한 종파 반사의 기본 이론은 고체 재료에서 항상 일어나는 횡파로 모드 변환되는 것은 고려하지 않았다. 실제로 반사체의 크기가 파장보다 매우 큰 경우에는 횡파로 모드 변환되는 에너지는 매우 작으나, 작은 반사체에서는 종파와 횡파의 산란파는 지향성이 다르지만 비교할 만한 진폭을 갖는다. 반사체의 지름이 감소할수록 종파와 횡파의 작은 측면 로브는 사라지고, 종파 반사파는 구면파로 접근하는 반면에 횡파 반사파는 두 개의 측면 로브로 나타난다. 이러한 횡파의 측면 로브 각도로서 반사체의 지름을 평가할 수 있다.

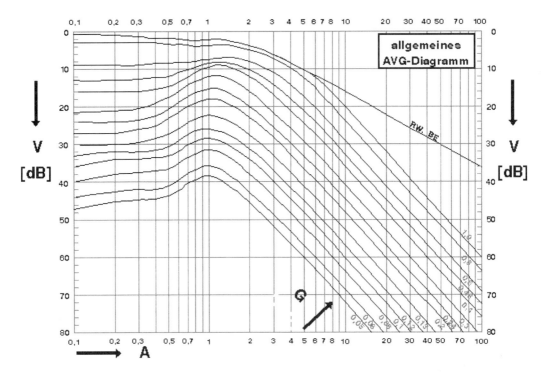

그림 2-38   전형적인 DGS 선도

파장 근처의 크기의 반사체에 의한 산란파의 음압은 반사체 지름의 3제곱에 비례하고 파장의 제곱에 반비례한다[24]. 그러므로 매우 작은 결함은 더 높은 감도와 더 높은 주파수를 사용할지 라도 산란에 의해 에너지를 소모하므로 반사되어 오는 신호는 매우 작아져서 실제로 검출할 수 없다.

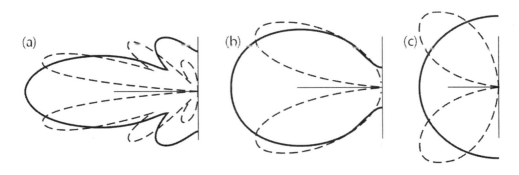

그림 2-39   작은 원형 반사체에 종파가 입사되어 산란되는 종파(실선)와 횡파(점선)
(a)지름 2λ, (b) λ, (c) $\lambda/2$

원판 이외의 표준 반사체 형상

수월하고 재현성 있는 수단으로 실험적인 일을 손쉽게 할 수 있는 반사체 형상(예를 들어, 구형, 띠 모양, 원통형)에 대한 반사 특성을 아는 것은 상당히 흥미로운 일이다. 아래의 표는 반사 신호의 크기에 미치는 지름 또는 폭과 거리와 파장의 관계를 나타낸 것이다[25].

반사체 표면	빔에 수직한 방향의 크기		
	작음/작음	큼/작음	큼/큼
평 면	원판 – $d^2/(\lambda^2 z^2)$	띠 모양 – $d/(\lambda^{1.5} z^{1.5})$	뒷면 – $1/(\lambda z)$
곡 면	구형 – $d/(\lambda z^2)$	원통형 – $\sqrt{d}/(\lambda z^{1.5})$	

원통형 관통 구멍은 만들기가 쉽고 재현성이 있기 때문에 대비 반사체로서 많이 사용된다. 만일 원통형 관통 구멍의 지름이 $d > 1.5\lambda$ 이고, $z > 0.7N_0$ 이면, 원통형 관통 구멍의 지름과 원판 반사체의 지름과는 다음과 같은 관계를 갖는다.

$$d_{원판} > 0.67 \sqrt{\lambda \sqrt{d_{원통} \bullet z}}$$

엄격히 말해서 DGS 선도는 어떠한 파동 모드와 어떠한 대비 결함에 대해서 만들어질 수도 있으나, 탐촉자의 지름과 주파수와 반사체의 거리에 상관없이 모든 탐촉자에 대해 결코 일반적인 정당성을 지니지 못한다. 오직 빔에 수직한 원통형 반사체에 대해서만 어떠한 한계 내에서 위와 같이 정규화된 일반화가 가능하다. DGS 선도에 대한 더 많은 정보는 참고문헌 26-28에 실려 있다.

2.5.3 반사체의 그림자 영역

반사체는 반사파를 만들어 파동 전파를 방해할 뿐만 아니라, 진동이 없는 그림자 영역을 만든다. 지금까지 파장보다 너무 크지 않은 결함을 취급하였기 때문에, 그림자 영역에서도 회절 현상에 의한 파동 전달이 있을 것으로 기대하였다. 반사체 뒤 쪽의 교란된 음장을 계산하기 위해서는 다음을 고려한다. 그림자 영역은 교란되지 않은 원래의 음장과 반사체가 뒤쪽으로 교란을 일으키는 파동을 생성하여 두 파동이 간섭을 일으키는 것으로 간주할 수 있다. 평탄하고 원형인 얇은 원판 반사체 뒤의 그림자 영역에서는 진동이 없기 때문에 원래의 음장과 반사체에서 생성된 음장이 서로 간섭하여 상쇄되어야 한다. 따라서 반사체에서 생성되는 교란 음장은 반사체 전체 면적에서 원래의 교란되지 않은 파동과 진폭은 같고 위상이 반대인 파동을 만들어 같은 방향으로 전파하는 것으로 간주한다. 이러한 그림자 영역의 가상적인 파를 **그림자 영역 파**(shadow wave)라고 부른다.

2.5.4 기울어진 원판형 반사체와 자연 결함

그림 2-40과 같이 기울어진 원판형 반사체에 의한 반사파와 그림자 영역 파의 방향은 호이겐스 원리(Huygens' principle)를 적용함으로써 결정된다. 이 그림은 입사 평면파의 파면이 원판의 먼쪽 모서리에 막 도달되었을 때를 보여주고 있다. 2차 구면파는 반사파와 그림자 영역 파를 각각 형성하여 원판의 앞쪽과 뒤쪽으로 복사한다. 그림자 영역 파는 입사파와 같은 방향이어야 하지만 반사파는 입사각과 같은 각의 반사각을 갖는다.

어떠한 경우에 결함의 위치와 시편의 형상은 그림 2-41에 나타낸 것과 같은 특별한 기법을 사용하게 한다. 이러한 송-수신(pitch-catch 또는 tandem) 기법에서 횡파를 경사지게 입사시킬 때, 이에 대한 DGS 선도가 만들어져 있다[29].

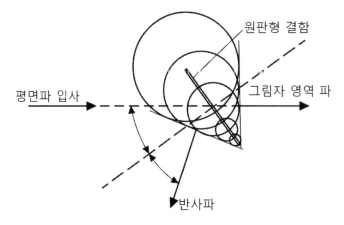

그림 2-40 **호이겐스 원리에 따라 구성한 기울어진 반사체의 반사파와 그림자 영역 파의 지향성**

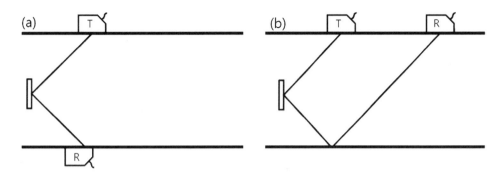

그림 2-41 　송-수신 탐촉자를 분리하여 경사각 횡파에 의한 결함 검출 방법
(a) 송-수신(pitch-catch) 방법, (b) 탠덤(tandem) 방법

실제로 그림 2-41에 나타난 결함의 기울어진 정도는 다음과 같은 이유로 인하여 생각하는 것만큼 반사파에 불리하게 영향을 주지는 않는다.

첫 번째로 짧은 펄스의 경우에 각도에 따라 음압의 감소가 다소간 있을지라도 이차 로브 영역은 희미해진다.

두 번째로 파장에 비해 그리 크지 않은 결함의 경우에는 반사파와 그림자 영역파의 공간 분포는 연결된 산란파를 형성하여 분리되지 않고 서로 병합된다.

이러한 산란파는 파장에 대한 결함 지름 비가 줄어들수록 거의 구 형태로 되며, 작은 결함에 대해서는 기울어진 방향의 영향은 사라지지만 음압은 매우 작아지므로, 그러한 결함을 검출하려면 높은 감도가 요구됨을 유의하여야 한다. 기울어진 반사체에 의한 모서리 회절파는 결함 지시를 알려주기 때문에 매우 중요하다. 그들의 진폭은 모서리의 날카로움 정도와 산란파의 각도 지향성에 의존한다. 물론 송-수신 탐촉자는 오직 송신된 것과 같은 모드의 파동을 수신한다. 그러나 다른 모드의 산란파를 검출하기 위하여 다른 형식의 수신 탐촉자를 사용하는 기법도 있다.(예: 델타 기법: Δ-technique)

원판 또는 띠 모양(strip)과 같은 균형 잡힌 형상의 기울어진 반사체에 대해 탐촉자에 가까운 쪽과 먼 쪽 모서리에서 산란되는 모서리 회절파는 도달 시간이 다르기 때문에 이것은 특별히 매우 짧은 펄스를 사용할 때 지름 또는 폭을 평가하게 한다. 수신된 모서리 회절파의 진폭은 호이겐스 웨이브렛(2차 파원에 의해 형성된 파형)이 큰 위상차 없이 결합할 수 있는 모서리의 길이에 의존한다. 매우 불규칙한 모서리를 지닌 반사체는 유용한 모서리 회절파를 거의 형성하지 않는다.

자연 결함 반사체는 앞에서 이론적으로 고려한 인공적인 반사체와 여러 가지로 다르다.

자연 결함은 균형 잡힌 형상도 아니고, 표면 또한 매끄럽거나 평면이 아니다. 그러므로 자연 결함을 고려할 때 거울처럼 반사되는 파와 산란되는 파를 구분하는 것은 불가능하고 그들은 서로 간섭을 일으킨다. 따라서 자연 결함에 의한 반사파의 신호는 약간의 탐촉자 위치가 이동될 지라도 진폭은 상당히 요동치는 결과를 일으키게 된다.

때때로 자연결함은 초음파에 대해 반투명하지만, 일반적으로 균열과 관련된 산화물의 특성 때문에 알루미늄보다 강에서 초음파 반투명 현상이 덜 일어난다. 만일 균열에 공기가 차 있고, 외부 압력 때문에 균열이 밀착되었다면 부분적으로 초음파를 통과시키게 된다.

물결 모양 표면은 강한 거울 반사를 방해하지만, 표면 거칠기는 오직 파장의 1/10 이상일 경우에 반사율에 불리하게 영향을 미친다. 만일 게재물(inclusion)과 같은 결함의 기계적 물성이 경계면에서 급격히 변하는 것이 아니라 점차적으로 변화한다면, 이러한 특성은 반사율에 불리하게 작용할 수도 있다. 주물에서의 기공은 또한 강한 흡수체로서 작용될 수도 있고, 그것은 뒷면 반사 신호에 대한 그림자 효과에 의해서만 검출될 수도 있다.

규칙적으로 고르지 않은 표면(예를 들어 1/4 파장보다 더 깊은 밀링 가공 표면(milling grooves))은 광학적 그레이팅 작용과 같은 방식(보강 간섭에 의한 빔 형성)으로 강한 측면 방향의 반사를 만들어내기도 한다. 이러한 간섭현상은 펄스 길이에 의존하기 때문에 더 짧은 펄스의 사용은 이러한 현상을 피하도록 한다.

본 절의 주제는 음장의 간섭으로 장애물의 특성을 평가하고자 하였으나, 일반적인 완결된 의미로 고려할 수 없다. 하지만, 만일 장애물 형상이 해석적으로 표현될 수 있다면, 어떤 주어진 장애물에 의해 만들어지는 교란된 음장과 반사 신호를 계산하는 역 과제는 유한요소 방법에 의해 어떤 범위에 대해 해결 될 수 있다. 물론 이러한 계산에 있어서 모든 파동 형식과 모드 변환을 포함하여 음향의 종합적인 이론이 적용되어야 한다. 하지만 지금까지의 컴퓨터를 이용한 계산 과제의 해는 상대적으로 단순한 형상의 반사체에 대해서만 얻을 수 있다.

2.6 고체에서 초음파의 감쇠

2.6.1 흡수와 산란

감쇠가 없다고 가정한 이상적인 재료에서 음압은 오직 빔의 퍼짐에 의해서만 감소한다. 따라서 평면파의 음압은 감소하지 않으며, 구면파 또는 탐촉자에 의해 형성된 원거리 음장의 음압은 거리에 반비례하여 감소하며($p \propto 1/z$), 원통면 파의 원거리음장에서 음압은 거리의 제곱근에 반비례하여 감소한다($p \propto 1/\sqrt{z}$). 하지만, 자연 재료에서는 흡수와 산란에 의해 음압을 약하게 한다.

산란은 재료가 엄밀하게 균질하지 않기 때문에 일어난다. 밀도와 음속이 다른 두 재료가 마주할 때 급작스러운 음향임피던스의 변화가 있는 경계면을 지니게 된다. 이러한 비균질은 외부 게재물 또는 기공일 수가 있으며, 이러한 것들은 재료의 자연적이거나 의도된 결함 또는 관련 재료의 실제 결함일 수가 있다. 또한 주물과 같이 탄성적으로 완전히 다른 페라이트와 그레파이트 결정립의 복합체를 이루어서 본질적으로 비균질한 재료가 있다. 강철, 황동과 같이 합금 재료에서 다른 조직의 결정과 구성 성분들이 섞인다. 단일한 형식의 결정만이 존재할지라도, 결정립이 임의적 방향으로 놓여있고 관련된 결정이 다른 방향에서 다른 탄성 특성과 다른 음속을 가진다면 재료는 여전히 음향적으로 비균질한 것이며, 이를 이방성이라고 한다. 파장에 비교될만한 매우 조대한 결정립을 가진 재료에서 산란은 기하학적으로 가시화될 수 있다. 기울어진 경계면에서 파동은 반사파와 투과파로 나뉜다. 이러한 과정을 다음 결정에 대해 반복하면 원래의 음향 빔은 일정하게 부분적 파동으로 나누어지고, 이들은 길고 복잡한 경로를 따라 점차적으로 열로 전환된다.

재료평가에 사용되는 주파수 범위에서 결정립의 크기는 일반적으로 파장보다 작다. 이러한 조건에서는 앞에서 설명한 기하학적인 분할과 달리 자동차 전조등 빛이 안개 속에서 작은 물방울에 의해 산란되는 것과 같은 산란이 일어난다. 결정립의 크기가 파장의 1/1,000에서 1/100 정도일 때에는 산란은 무시할만하다. 하지만 결정립의 크기가 증가할수록 결정립의 크기의 세제곱에 비례하여 감쇠가 증가한다. 이와 같이 산란은 결정립의 크기와 파장(또는 주파수)에 의존한다.

두 번째 감쇠의 원인은 음향 에너지가 직접적으로 열로 전환되는 흡수로 여러 가지 과정이 관여될 수 있다[30, 31]. 플라스틱, 고무와 같은 비탄성 재료는 주로 탄성 이력현상(hysteresis)이 파동 흡수의 가장 큰 원인이다. 탄성 이력현상이란 탄성 한계 내의 응력을 가하였다 제거할 때 응력-변형 곡선이 그림 2-42와 같이 어떠한 루프를 형성하는 현상을 말한다. 이러한 탄성 이력현상에 의해 에너지 소비가 따른다. 따라서 탄성 이력현상을 지닌 재료에서 초음파에 의한 입자 진동은 진동을 할 때마다 에너지를 소비할 것이므로 흡수에 의한 초음파 에너지 감쇠는 주파수에 비례하는 관계를 갖는다.

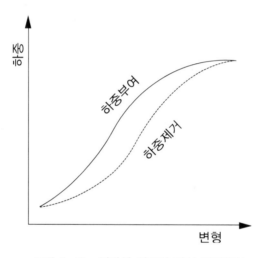

그림 2-42 **점탄성 재료의 탄성 이력곡선**

산란과 흡수는 파동 에너지를 약하게 하는 원인이지만 재료평가에 있어 약간 다른 방법으로 실질적인 제한을 준다. 흡수는 파동의 투과 에너지 및 결함과 뒷면 반사 신호를 약하게 한다. 이러한 효과에 내응하기 위해서는 송신 펄스 전압과 증폭률(게인)을 증가시키거나, 더 낮은 주파수를 사용하여 더 낮은 흡수가 일어나도록 할 수 있다. 하지만 산란은 펄스-반사법에서 결함과 뒷면 반사 신호를 줄일 뿐만 아니라 부수적으로 다른 도달시간을 지닌 많은 반사 신호를 만들어낸다. 이러한 반사 신호를 임상에코(grass 또는 hash라고도 함. 학술적으로는 grain noise라고 함)라 하며, 이러한 신호 때문에 진짜 결함 반사 신호를 식별하지 못할 수 있다. 산란은 자동차 운전자가 안개 속에서 전조등 불빛이 흩어져서 앞을 명확하게 볼 수 없는 효과에 비유될 수 있다. 이러한 산란에 의한 감쇠는 펄스 전압이나 증폭률(게인)을 올리면 임상에코도

동시에 증가하기 때문에 이러한 방법으로 대응할 수 없다. 단지 해결할 수 있는 방법은 산란이 덜 일어나도록 하기 위해 주파수를 낮추고, 펄스 길이(또는 펄스 폭)를 증가시키는 것이다. 이러한 경우 작은 결함 검출 한계는 자연적으로 증가된다.

이외의 금속재료 내에서 초음파 감쇠를 일으키는 요인으로는 다음과 같은 것들이 있다.

- 전위 이동(dislocation movement)
- 열탄성 감폭(thermoelastic damping)
- 강자성체의 자벽 이동(magnetic domain wall movement)
- 잔류응력으로 인한 음장의 산란

2.6.2 감쇠계수

그림 2-13에 나타낸 것과 같이 매질을 진행하는 평면파가 앞에서 언급한 산란과 흡수에 의해 감쇠가 일어나는 경우, 평면파의 음압 $p(z)$ 는 계산의 편리성을 위하여 지수함수를 도입하여 다음과 같이 표현한다.

$$p(z) = p_0 e^{-\alpha z} \tag{2-55}$$

여기서 p_0 는 초기 위치에서 음압이고, z 는 파의 전파 거리이며, α 는 감쇠계수이다. 다른 많은 다른 문헌들에서 일반적으로 감쇠 계수는 음압에 대해서가 아니라 에너지의 양을 나타내는 파동의 세기(intensity)에 대해서 나타낸다. 앞에서와 같이 평면파의 파동의 세기 $I(z)$ 는 다음과 같이 쓸 수 있다.

$$I(z) = I_0 e^{-\alpha_I z} \tag{2-56}$$

여기서 I_0 는 초기 위치에서 파동의 세기이고, α_I 는 초음파 세기에 대한 감쇠계수이다. 파동의 세기는 음압의 제곱에 비례하므로, 음압과 파동의 세기에 대한 감쇠계수는 다음과 같은 관계를 갖는다.

$$e^{-\alpha_I z} = e^{-2\alpha z} \qquad \alpha_I = 2\alpha \tag{2-56}$$

2.6.3 금속 조직에서 산란에 의한 감쇠계수

금속에서 초음파의 감쇠는 결정립에 의한 산란과 내부 마찰에 의한 흡수에 의해 일어나지만 산란에 의한 감쇠가 지배적이다. 특히 다결정체 금속에서 초음파의 감쇠는 금속 조직을 이루고 있는 결정립의 평균크기($\overline{D}$)와 파장(λ)의 비에 따라 다음과 같이 3 영역으로 구분하고 각 영역 대한 감쇠계수(α)는 주파수(f)와 결정립의 평균크기에 의존한다.

- Rayleigh 산란: ($\overline{D} << \lambda$), $\alpha \propto \overline{D}^3 f^4$
- stochastic 산란: ($\overline{D} \approx \lambda$), $\alpha \propto \overline{D}f^2$
- diffusive 산란: ($\overline{D} >> \lambda$), $\alpha \propto \overline{D}^{-1}$

일반적으로 많은 금속재료의 결정립의 크기는 수십 μm 정도로 재료평가에 사용하는 초음파의 파장에 비해 작은 경우가 대부분이다. 이러한 경우의 재료 내에서 파동의 감쇠는 탄성 이력과 Rayleigh 산란의 합으로 다음과 같이 표현할 수 있다[32].

$$\alpha = B_1 f + A_4 \overline{D}^3 f^4 \tag{2-57}$$

위 식에서 첫 번째 항은 탄성 이력(hysteresis)에 의한 감쇠이고, 두 번째 항은 Rayleigh 산란에 의한 것이다. 여기에서 산란에 의한 감쇠가 주파수의 4제곱에 비례하므로 초음파를 이용하는 경우에는 두 번째 항이 감쇠에 주된 영향을 주게 된다.

결정립의 크기가 파장과 엇비슷한 정도를 갖는 조대한 조직을 갖는 재료(주강품이나 주철품)의 경우에는 stochastic 산란 영역의 산란이 일어난다. 이러한 산란은 각 결정립에서 초음파 공진이 일으켜 전파를 방해하게 되는데 이러한 공진이 통계적으로 일어나기 때문에 붙여진 이름이다[33]. 이러한 산란 영역에서는 결정립의 공진이 주된 원인이기 때문에 탄성 이력에 의한 감쇠는 크게 나타나지 않아 감쇠계수는 다음과 같이 표현된다[33].

$$\alpha = A_2 \overline{D} f^2 \tag{2-58}$$

Rayleigh 산란과 stochastic 산란 영역을 구분하는 경계는 Lifshits and Parkhomovskii에 의해 제시되었으며, 그 경계는 $\lambda_B = 2\pi\overline{D}$ 이다[32]. 하지만 실제 재료의 경우 결정립의 크기가

하나가 아니라 일정 범위의 분포를 가지기 때문에 학술적으로 제시한 값을 적용하는 것이 용이하지 않다.

결정립의 크기가 파장에 비해 매우 클 때에는 결정입계는 파동을 부분적으로 반사시키는 거울로서 작용하는 산란이 일어난다. 이러한 경우 산란에 의한 감쇠는 주파수에 무관하며 오직 결정립의 크기에 반비례한다. 하지만 재료에서의 탄성 이력과 열탄성 감쇠가 존재할 수 있기 때문에 감쇠계수는 다음과 같이 표현된다.

$$\alpha = B_1 f + B_2 f^2 + \frac{A_0}{D} \tag{2-59}$$

여기서 첫 번째 항은 탄성 이력에 의한 감쇠이고, 두 번째 항은 열탄성 감폭에 의한 감쇠이며, 세 번째 항이 결정립에 의한 감쇠이다.

2.6.4 감쇠에 의한 파형의 왜곡

앞에서 언급한 바와 같이 diffusive 산란을 제외하고는 모든 산란과 흡수 및 그 외의 감쇠 인자에 의한 파동의 감쇠는 주파수에 의존하며, 일반적으로 주파수가 증가함에 따라 감쇠도 증가한다. 재료평가에 사용되는 초음파는 여러 주파수 성분을 지니는 펄스 형태의 파동을 사용하기 때문에 매질에서 전파한 초음파의 경우 전파거리가 증가할수록 높은 주파수 성분은 더 많이 감쇠되어 낮은 주파수 성분만 있는 파형으로 변화되게 된다. 그림 2-43은 같은 탐촉자를 가지고서 감쇠 특성이 다른 두 재료의 뒷면 반사 신호의 파형과 주파수 스펙트럼을 나타낸 것이다. 감쇠가 심한 재료의 뒷면 반사 신호의 파형은 감쇠가 적은 재료의 뒷면 반사 신호와 다른 파형을 보이고 있으며, 주파수 스펙트럼에서도 고주파 성분이 많이 사라져 있음을 볼 수 있다. 이러한 현상은 감쇠는 높은 주파수일수록 더 심하게 감쇠되기 때문에 나타나는 현상이다.

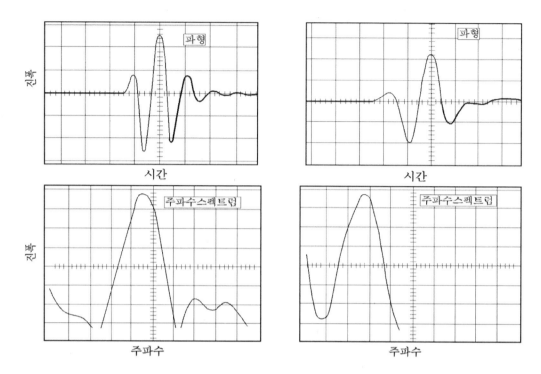

그림 2-43 감쇠가 다른 두 재료의 뒷면 반사 신호의 파형과 주파수 스펙트럼
왼쪽-낮은 감쇠 재료의 뒷면 반사 신호와 스펙트럼
오른쪽-높은 감쇠 재료의 뒷면 반사 신호와 스펙트럼

2.6.5 감쇠 계수의 측정 방법

많은 과학적인 연구들은 상대적인 감쇠 측정을 사용하여 수행되어 왔다. 물론 절대적인 감쇠 측정을 수반한 과학적인 일 외의 부수적인 것이다. 하지만 상대적 감쇠와 겉보기 감쇠는 어떤 공학적인 분야에서 채택된 유용한 방법일지라도 큰 오차를 이끌 수 있는 방법론을 나타내는 용어이다. American Society for Testing and Materials(ASTM)은 수침식에 의한 종파의 겉보기 감쇠를 측정하는 방법에 대한 표준을 ASTM E664로 제정하였다. 이 표준은 정성적인 결과보다 더 정확한 값을 원하는 진지한 실험자에 의해 사용될 수 없다. 하지만 현장에서는 절대적인 감쇠보다는 상대적 감쇠 또는 겉보기 감쇠 측정이 용이한 방법이기는 하다.

그림 2-44는 일정한 두께를 지닌 감쇠가 다른 두 시편에서 뒷면 다중 반사 신호를 나타낸 것이다. 감쇠가 심할수록 뒷면 다중 반사 신호의 진폭은 반사 횟수가 반복됨에 따라 더 빨리

감소하며, 산란에 의한 감쇠가 지배적인 경우에는 송신 펄스와 첫 번째 뒷면 반사 신호 사이에 임상에코 신호가 잡음신호처럼 나타난다.

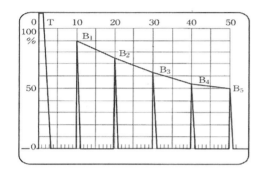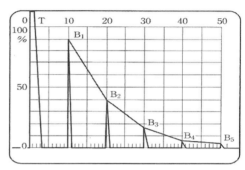

그림 2-44 감쇠가 다른 두 재료의 뒷면 다중 반사 신호

ASTM E664에서 제시하고 있는 겉보기 감쇠는 다음과 같이 측정하여 결정된다.

$$\alpha_{appa} = \frac{20\log(B_n / B_m)}{2(n-m)d}$$

(2-60)

여기서 B_n 과 B_m 은 각각 n 과 m 번째 뒷면 반사 신호이고, d 는 재료의 두께이다. 위의 식에서 분자는 dB이고 분사는 재료 두께인 길이 단위를 가지므로, 겉보기 감쇠계수의 단위는 dB/m(또는 dB/cm, dB/mm)가 된다.

일반적으로 감쇠가 적은 금속 재료의 감쇠계수를 간단히 측정하는 방법으로 일정한 두께의 평행한 면을 갖는 검사 대상체를 이용한다. 이 경우 시험편의 두께는 사용하는 초음파 탐촉자의 근거리음장 거리의 1.6배 이상이 되어야 하며, 첫 번째 뒷면 에코와 두 번째 뒷면 에코의 신호 진폭을 측정하여 이를 비교함으로써 재료의 감쇠계수를 구한다. 즉, 첫 번째 뒷면 에코와 두 번째 뒷면 에코는 초음파 진행 거리가 두 배 차이가 나기 때문에, 만일 재료에 의한 초음파 감쇠가 없다면, 빔 퍼짐에 의하여 두 에코는 6 dB 차이를 날 것이다. 따라서 재료의 감쇠계수는 다음과 같이 구할 수 있다.

$$\alpha = \frac{20\log(B_1 / B_2) - 6[\text{dB}]}{2 \times d} \ [\text{dB/m}]$$

(2-61)

여기서 B_1 과 B_2 는 각각 첫 번째와 두 번째 뒷면 에코의 높이이고, d 는 재료의 두께로 단위는 m이다. 식 (2-61)의 관계로부터 감쇠계수를 구할 수 있지만, 실제로 초음파 탐상기를 사용하여 감쇠계수를 측정하는 예를 아래에 나타내었다.

예 4) 두께가 100 mm인 재료에서 첫 번째 뒷면 신호와 두 번째 뒷면 신호를 각각 전체화면 높이의 80%(또는 100%)에 맞추고 탐상기의 게인 값을 각각 읽는다. 이 때 읽은 값의 차이가 8 dB 였다면, 감쇠계수는 다음과 같이 구해진다.

$$\alpha = \frac{8[\text{dB}] - 6[\text{dB}]}{2 \times 100\text{mm}} = 0.01 \ [\text{dB/mm}] \ = 10[\text{dB/m}]$$

표 2-3은 여러 재료에서 상온일 때 2 MHz 종파의 감쇠를 나타낸 것으로 재료에 따라 감쇠 정도가 다름을 볼 수 있다.

표 2-3 여러 재료에서 상온일 때 2 MHz의 종파의 감쇠[34]

감쇠 정도(dB/m)	낮은 감쇠(~ 10)	중간 감쇠(10~100)	높은 감쇠(100~)
재 료	주물: 순 알루미늄과 마그네슘 및 저 합금 알루미늄과 마그네슘 가공품: 철강, 알루미늄, 마그네슘, 니켈, 실버, 티타늄, 텅스텐(모든 순재료와 합금) 비금속: 유리, 도자기	**흡수가 더 큰 재료** 플라스틱 폴리스틸렌, Perspex, 고무, PVC, 합성수지 **산란이 더 큰 재료** 알루미늄과 마그네슘 합금의 주물 주철, 저합금강, 고품질 주강 가공품: 구리, 아연, 황동, 청동, 납, 스텔라이트, 소결 금속	충전재를 지닌 플라스틱과 고무, 가황처리 고무, 목재 주철, 고합금강, 저강도 주철, 구리 주물, 아연, 황동, 청동 비금속: 기공성 세라믹, 암석
시험 가능 최대 두께	1~10 m	0.1~1 m	0~0.1 m 자주 시험되지 않음

참고문헌

[1] https://en.wikipedia.org/wiki/Huygens%E2%80%93Fresnel_principle, 2017. 10.

[2] http://en.wikipedia.org/wiki/Sound_pressure, 2014. 2.

[3] J. Krautkramer and H. Krautkramer, "Ultrasonic Testing of Materials", 4th fully rev. ed, Springer-Verlag, 1990, 561.

[4] 이정기, 박익근, "위상배열 초음파탐상검사기술 입문", 2장, 노드미디어, 2014.

[5] Bergmann, L., Der Ultraschall, 6. Aulf. Stuttgart: Herzel, 1954.

[6] D. Royer and D. Clorennec, "An improved approximation for the Rayleigh wave equatuion", Ultrasonics 46, 2007, 23-24.

[7] P. C. Vinh and P. G. Malischewsky, "An improved approximation of Bergmann's form for the Rayleigh wave velocity", Ultrasonics 47, 2007, 49-54.

[8] S. Sajauskas, Z. Navickas, and D. Karaliene, "Propagation properties of longitudinal surface acoustic waves(creeping waves) on the cylindrical convex surface", Ultragarsas(Ultrasound), Vol. 65, No. 4, 2010, 35-39.

[9] Stoneley, R., "Elastic waves at the surface of separation of two solids", Proc. Royal Soc. London, A 106, 1924, 416-428.

[10] H. Lamb, "On Waves in an Elastic Plate", Proc. Roy. Soc. London, Ser. A 93, 1917, 114-128.

[11] L. E. Kinsler, A. R. Frey, A. B. Coppens and J. V. Sanders, "Fundamentals of Acoustics", 3rd ed., Chap 8, John Wiley & Sons, 1982.

[12] "American Society for Nondestructive Testing. Nondestructive Testing Handbook". 2nd edition. Vo.7, Ultrasonic Testing, Columbus, OH: American Society for Nondestructive Testing, 1991, 284-297.

[13] Krautramer, J., and H. Krautkramer. "Ultrasonic Testing of Materials". 4th fully rev. ed., 99, Springer-Verlag, 1990, 194-195, 201 and 493.

[14] DGZfP [German Society for Non-Destructive Testing]. Ultrasonic Inspection Training Manual Level Ⅲ-Engineers. 1992, http://www.dgzfp.de/en.

[15] Schelengermann, U. "Sound field structure of plane ultrasonic sources with forcusing lenses.", Acustica, vol. 30, no.6, 1974, 291-300.

[16] Schelengermann, U. "The characterization of focusing ultrasonic transducers by means of single frequency analysis", Materials Evaluation, vol. 38, no. 12, Dec. 1980, 73-79.

[17] Wüstenberg, H., E. Schenk, W. Möhrle, and E. Neumann. "Comparison of the performances of probes with different focusing techniques and experiences", 10th WCNDT proceedings, vol.7, 563-567.

[18] Wüstenberg, H., J. Kutzner, and W. Möhrle. "Focusing probes for the improvement of flaw size in thich-walled reactor components", [In German.] Materialprüfung, vol. 18, no.5 May 1976, 152-161.

[19] Schelengermann, U., "The characterization of focusing ultrasonic transducers by means of single frequency analysis", Materials Evaluation, vol. 38, no. 12, Dec. 1980, 73-79.

[20] O'Neil, H. T. "Theory of focusing radiators", J. Acoust. Soc. Am. 21, 1949, 516-526.

[21] Wustenberg, H., E. Schenk, W. Mohrle, and E. Neumann, "Comparision of the performances of probes with different focusing techniques and experiences", 10th WCNDT Proceedings, vol.7, 563-567.

[22] Singh, G. P., Rose, J. L, "A simple model for computing ultrasonic beam behaviour of broad band transducers", Material Evaluation Vol. 40, 1982, 880-885.

[23] Heyman, J. S., "Phase insensitive acoustoelectric transducer", J. Acoust. Soc. Am., 64, 1978, 243-249.

[24] Filipczynski, L., "Measurement of a plane wave on a free surface of a disc in solid medium", Proc. of Vibration Problems 2, 1961. 41-56.

[25] Crostack, H.-A., Roye, W., "Verbesserung der Ultraschallprüfung von Gußteilen", Fehleranalyse mit der Mehrfrequenztechnik, 3rd Europ. Conf. NDT, Florence, Vol. 4, 1984, 11-19.

[26] I. N. Ermolov, "The reflection of ultrasonic waves from targets of simple geometry", Non Destructive Testing, Vol. 5, 1972, 87-91.

[27] H. Wüstenberg, E. Mundry, "Properties of cylindrical boreholes as reference defects in

ultrasonic inspection", Non Destructive Testing, Vol. 4, 1971, 260-265.

[28] I. N. Ermolov, "The reflection of ultrasonic waves from artificial targets for 초음파 발생과 수신 방법H-08", 1973.

[29] Schlengermann, U. and Wielpütz, U., "Beitrag zur Ersatzfehlerößenbestimmung beim Ultraschallprüfen nach der Tandemmethode", Schweinßen u. Schneiden 26, 1974, 169-172.

[30] Mason, W. P., Thurston, R. N. (Ed.), "Physical Acoustics, principles and methods", Vol. 16, Academic Press, New York, 1982.

[31] Mason, W. P., "Physical Acoustics and properties of solids", New York, Van Nostrand, 1958.

[32] E. P. Papadakis, "Ultrasonic Attenuation Caused by Scattering", Physical Acoustics, principles and methods, Vol. 4B, Chap. 15, ed. Mason, W. P., Academic Press, New York, 1968.

[33] H. A. Weidenmüller, Stochastic scattering, NATO ASI Series Vol. 370, 1999, 343-353.

[34] J. Krautkramer and H. Krautkramer, "Ultrasonic Testing of Materials", 4th fully rev. ed, Springer-Verlag, 1990, 111.

MEMO

3. 초음파 발생과 수신 방법

지금까지 초음파 발생에 대한 어떠한 고려 없이 여러 재료에서 초음파의 전파와 그 특성에 대해서만 알아보았다. 단지 초음파 발생을 하는 발생원의 면은 재료 표면에 접촉되어 가진되고, 초음파 발생원과 같은 접촉면을 가지는 마이크로폰에 입사되는 초음파의 음압을 측정하여 검출할 수 있는 것으로 가정하였다. 재료 평가에서 이와 같이 초음파 발생과 수신을 하는 장치를 탐촉자(probe) 또는 변환기(transducer)라고 한다. 본 장에서는 초음파를 발생과 수신을 하는 탐촉자에 대해 설명하고자 한다.

3.1 압전 재료에 의한 초음파 발생과 수신

3.1.1 압전 재료의 특성

압전 재료는 외력에 의해 변형이 일어났을 때 표면에 전하가 몰려 양 표면에 전압이 형성되는 특성을 갖는다. 이러한 것을 **압전 효과**라고 하며, 1880년에 Pierre Curie와 그의 형인 Paul Jacques Curie에 의해 발견되었다[1]. 그리고 1881년에 Gabriel Lippmann에 의해 압전 재료의 표면에 전압을 걸면 변형이 일어난다는 것을 수학적으로 추론하였고[2], Curie 형제는 이를 바로 확인하였다. 이와 같이 압전 재료에 전압을 걸었을 때 변형이 일어나는 현상은 **역압전효과**(inverse piezoelectric effect)에 의한 것이라 한다. 지금은 압전 효과는 주로 측정에 사용되고, 역압전 효과는 기계적 압력, 변형, 진동을 만드는 데 사용한다.

압전 재료의 양 표면에 금속 박막을 입혀진 판에 파동에 의해 변화하는 응력이 작용하면 압전 재료 판은 파동에 따라 변화되는 전압과 그에 상응하는 전류가 생성되고, 압전 재료 양 표면의 금속 박막에 교류 전압을 인가하면 압전 재료는 인가된 교류 전압의 주파수에 따라 진동을 할 것이다. 즉, 압전 효과는 압전 효과는 압전 재료가 초음파를 수신하여 전기적인 신호를 만들어 내는 수신자 역할을 하게하고, 역압전 효과는 압전 재료가 초음파를 발생하도록 하는 송신자 역할을 하게 한다. 하지만, 지금은 압전효과와 역압전효과를 통틀어 압전효과(또는 압전 현상)라고 말하기도 한다.

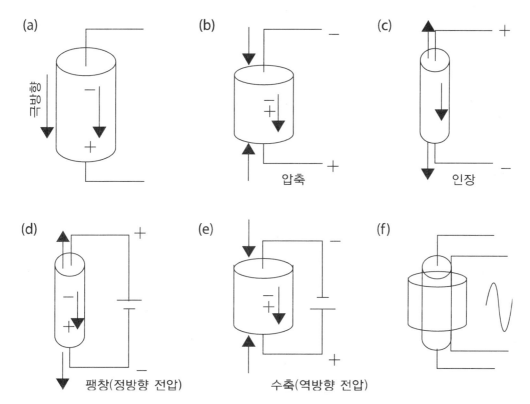

그림 3-1 압전 현상: 평형 상태의 극 방향(a)와 압축(b)와 인장(c) 상태에서 걸리는 전압.
역압전 현상: 극 방향과 같은 방향(d)와 반대 방향(e)와 교류 전압을 걸었을 때 일어나는 변형

이러한 압전 현상에 의한 압전 판의 변형은 두께의 변화로만 제한되지는 않는다. 고체의 탄성 특성의 결과로서 두께의 변화는 항상 다른 두 좌표축의 반대 방향으로 변화를 이끌어 내게 된다. 그림 3-2는 압전 판에 전압을 걸었을 때 압전 판의 기본적인 변형을 나타낸 것으로 전극에 전압을 걸었을 때 (a)는 두 전극 양면이 서로 반대 방향으로 움직이는 변형을 일으키는 것이고, (b)는 전극이 입혀진 면이 찌그러지는 변형을 일으키는 것이며, (c)는 두께 방향의 변형을 일으키는 것이다. 이러한 전극 방향과 변형 방향의 차이에 대해 (a)는 Y-cut, (b)는 Y-Z cut, (c)는 X-cut으로 구분한다.

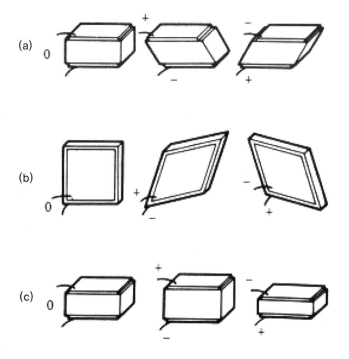

그림 3-2   압전 판의 기본적인 변형; (a) 두께-전단 변형(Y-cut 진동자)
(b) 면-전단 변형(YZ-cut 진동자), (c) 두께 변형(X-cut 진동자)

압전 재료들은 다음과 같은 압전 특성 인자에 의해 그 특성을 나타낸다.

(1) 압전 계수(piezoelectric modulus)

두께 방향의 변형이 일어나는(X-cut) 압전 판 양 표면에 일정 전압 V_t를 인가하였을 때를 생각하자, 이러한 경우 두께 변형량 Δx_t가 있었다면 변형량과 인가된 전압 사이에는 다음과 같은 관계가 있다.

$$\Delta x_t = d_{33} V_t \tag{3-1}$$

여기서 d_{33}를 **압전 계수**(piezoelectric modulus)라고 하며, 단위는 m/V(또는 C/N= As/N)이다. 압전 계수 d_{33}는 일정 전압에 대해 변형량의 크기를 결정하는 비례상수로서, d_{33} 값이 클수록 더 큰 진폭의 진동을 일으킬 수 있으므로 초음파의 송신 효율과 관련된 다.

(2) 압전 변형 상수(piezoelectric deformation constant)

압전 판이 외력을 받아 두께 변형량 Δx_r가 만들어 졌을 때, 압전 판 양면에 걸리는 전압 V_r은 다음과 같은 관계를 갖는다.

$$V_r = h_{33}\Delta x_r \tag{3-2}$$

여기서 h_{33}를 압전 변형 상수(piezoelectric deformation constant)라고 하며, 단위는 V/m(또는 N/C=N/As)이다. 압전 변형 상수는 h_{33}는 일정한 변형량에 대해 압전 판 양 표면에 걸리는 전압의 크기를 결정하는 비례상수로서, 이 값이 클수록 더 큰 출력 전압을 만들어 내므로, 초음파의 수신 효율과 관련된다.

(3) 압전 압력 상수(piezoelectric deformation constant)

압전 판의 변형이 일어나려면 외부에서 압전판에 압력이 가해져야 한다. 특히 초음파와 같은 높은 주파수의 진동의 경우 변형량보다는 압력의 변화에 더 관심을 가진다. 두께가 d인 압전 판에 압력 p_x에 의해 변형이 일어났을 때, 압전 판 양면에 걸리는 전압 V_r은 다음과 같은 관계를 갖는다.

$$V_r = g_{33}dp_x \tag{3-3}$$

여기서 g_{33}를 압전 압력 상수(piezoelectric deformation constant)라고 하며, 단위는 Vm/N(또는 m^2/As)이다. 압전 압력 상수 g_{33}는 일정한 두께를 갖는 압전 판에서 가해지는 압력에 의해 형성되는 전압의 크기를 결정하는 비례상수로서 이 값이 클수록 더 큰 출력 전압을 만들어 내므로 수신 효율과 관련이 된다.

(4) 전기-기계 결합 인자(electro-mechanical coupling factor)

송신 압전 판의 변형량 Δx_t이 수신 압전 판의 변형량 Δx_r로 전환된다고 가정하면, $\Delta x_t = \Delta x_r$이 되므로, 송신 압전 판에 인가된 전압 V_t에 대한 수신 압전 판에 생성되는 전압 V_r의 비는 다음과 같은 관계를 갖는다.

$$V_r / V_t = d_{33} h_{33} = k_{33}^2 \qquad\qquad (3-4)$$

여기서 k_{33}는 두께 방향 진동과 두께 방향의 전압에 대한 것으로 전기-기계 결합 인자라고 한다. 얇은 판의 경우 두께 방향과 가로 방향 진동 간의 결합을 무시할 수 있기 때문에 일반적으로 k_{33}를 k_t로 나타내기도 한다.

(5) 압전 재료의 다른 특성

압전 재료가 초음파 탐촉자의 진동자로서 역할을 할 때, 앞에서 소개한 여러 가지 압전 상수 외에도 **기계적 Q 인자**(mechanical Q factor: 일반적으로 **Q 값**이라고 함)와 **음향임피던스**는 진동자의 특성을 나타내는 중요한 물성 값이다. 기계적 Q 인자는 판이 진동 회로의 일부분으로 공진점에서 진동할 때 진폭을 측정하는 것이다. Q 값은 재료에서 진동에 의해 소모되는 에너지가 작을수록 더 큰 값을 갖는다. 즉 Q 값이 클수록 에너지 손실이 작기 때문에 진동은 더 오래 지속될 수 있다.

수정과 같은 원래 자연적인 결정의 재료들은 일반적으로 매우 큰 Q 값을 가지며 변화되지 않는다. 하지만 PZT와 같은 세라믹 재료들은 조성 성분을 변화시킴에 의해 Q 값을 변화시킬 수 있고, 상용 압전 재료의 Q 값은 10~1,000 사이의 값을 갖는다.

재료의 밀도와 음속의 곱에 의해 정해지는 음향임피던스는 두 매질의 경계면에서 파동의 반사와 투과를 결정한다. 두 다른 재료의 음향임피던스가 같다면 두 재료 사이로 음향 에너지는 모두 전달되므로, 송·수신 탐촉자와 검사하려는 재료 사이의 음향임피던스를 최적으로 맞추어 주는 것이 더 좋다. 표 3-1은 상용의 압전 재료의 압전 특성과 음향 특성을 나열한 것이다.

오늘날 재료 평가용 초음파 탐촉자에 가장 많이 사용되는 압전 재료는 압전 세라믹으로, 티탄산 바륨(barium titanate: $BaTiO_3$), 지르콘 티탄산 납(lead zirconate titanate: PZT), 니오비움산 납(lead metaniobate: $PbNb_2O_6$) 등이 있다. PZT와 티탄산 바륨(barium titanate)은 비교적 높은 압전계수(d_{33}) 값을 가지지만 음향임피던스 값도 커서 액체로 초음파를 송신하는 것뿐만 아니라 고체에 대해 액체로 음향 결합할 때 불리한 점이 있다.

표 3-1 각종 압전 재료의 물성 상수

표시기호(단위)	$BaTiO_3$ SonoxP1[4]	$PbNb_2O_6$ K-83[3]	PZT-401 (hard)[1]	PZT-5A1 (soft)[1]	PZT-5H1[1]
ρ (g/cm3)	5.7	4.6	7.72	7.75	7.4
Z_{ac} (106 Rayl)	–	24	33	29	–
d_{33} (10-12 C/N)	135	56	307	400	620
g_{33} (10-3 Vm/N)	14	34	26.3	25.7	20.6
k_t	0.45	0.41	0.42	0.45	0.50
유전상수(K)	1,150	185	1,320	1,800	3,400
기계적 Q 값	310	700	575	60	65
큐리 온도(℃)	115	200	325	370	195

표시기호(단위)	PVDF[2]	Quartz[5]	Li_2SO_4[5]	$LiNbO_3$[6]	PMN/PT[7]
ρ (g/cm3)	1.8	2.65	2.06	4.65	8.00
Z_{ac} (106 Rayl)	2.5	15.2	11.2	32~34	28
d_{33} (10-12 C/N)	13-22	2.3	15	6.0	1,300-2,300
g_{33} (10-3 Vm/N)	140-220	57	156	2.3	–
k_t	0.1-0.15	0.1	0.38	0.17	0.54-0.59
유전상수(K)	12	4.5	10.3	30	4,000-7,500
기계적 Q 값	3~10	>104	>1,000	>10,000	80
큐리 온도(℃)	175-	576	130	1,150	143

1) Morgan advanced materials Data sheet, www.morganadvancedmaterials.com

2) Piezotech S.A.S. Piezoelectric Films Technical Information, www.piezotech.fr

3) Piezo Technologies Datasheet, www.piezotechnologies.com

4) CeramTec SonoxP1 LF, http://piesomat.org/materials/51

5) J. Krautkramer & H. Krautkramer, "ultrasonic Testing of Materials," 4th fully revised ed. Springer-Verlag, 1990

6) Inrad datasheet Lithium Niobate

7) MorganTech PMN-PT28, http://piesomat.org/materials/93, and TRS Technologies, http://www.trstechnologies.com/Materials/High-Performance-PMN-PT-Piezoelectric-Single-Crystal

니오비움산 납(lead metaniobate)은 매우 낮은 Q 값을 지니기 때문에 감폭을 위한 후면재를 별도로 사용하지 않더라도 비교적 짧은 펄스를 만드는데 유리한 압전 재료이다. 수정(quartz), 황산 리튬(lithium sulfate, Li_2SO_4), 니오비움산 리튬(lithium niobate: $LiNbO_3$), 탄탈산 리튬(lithium tantalite: $LiTaO_3$), 산화 아연(zinc oxide: ZnO), 아이오딕산(iodic acid: HIO_3)과 같은 단결정 재료들이 재료평가에 드물게 사용되기도 한다. 가장 오래된 압전 재료인 수정은 낮은 감도($k_t = 0.1$)를 갖기 때문에 최근 잘 사용되지 않는다.

니오비움산 리튬(lithium niobate)과 황산 리튬(lithium sulfate)이 전기-기계 결합계수가 비교적 커서 높은 감도의 탐촉자를 만들 수 있을 것이다. 황산 리튬(lithum sulfate)은 물에 녹기 때문에 수침법에 사용할 경우 냉간 경화 레진을 사용하여 완전한 방수를 하여야 한다. 하지만 만일 탐촉자가 검사 대상체에 직접 접촉하여 시험을 수행한다면 레진 표면이 손상될 수 있고, 내부의 압전 재료(황산 리튬)는 물에 의해 파손될 수 있기 때문에 여러 층으로 방수를 한다.

그리고 니오비움산 리튬은 압전 성질을 잃어버리는 큐리 온도가 1,150℃로 높기 때문에 고온의 표면에서 사용이 가능하여 나트륨 냉각 원자로 부품을 검사하는 데 사용할 수 있으나, 밀봉하여 650℃ 이상의 산화 방지를 하여야 한다[3]. 그리고 매우 낮은 전기-기계 결함 상수($k_t \approx 0.03$)를 갖기 때문에 감도가 나쁘고 Q값이 매우 커서 짧은 펄스를 만들어 사용하는 데에는 매우 불리하다.

그리고 PVDF(Polyvinyliden Fluoride)는 포장재로 사용되었던 플라스틱 필름이다. 이러한 재료의 압전 특성은 1969년 이래로 Kawai[4], Sussner[5], Ohigashi[6]에 의해 알려져 왔다. 5~100 μm 두께 범위의 얇은 필름을 늘인 후에 고전압으로 분극화 하면, 플라스틱 재료의 임의적으로 분포되어 있던 분자 사슬이 정렬을 하여 압전 특성을 지니게 된다. PVDF는 매우 낮은 전기-기계 결합 상수($k_t = 0.12$) 값을 가지지만 음향임피던스와 기계적 Q 값이 낮은 값을 갖기 때문에 관심이 가는 재료이다. 이러한 특성 때문에 후면재를 사용하지 않더라도 감폭이 큰 높은 주파수를 만들어 내기가 수월하다. 하지만 다른 압전 재료들이 깨지기 쉬운 세라믹 또는 결정인데 반하여 PVDF의 주된 장점은 필름이라는 것이다.

마지막으로 최근 사용되기 시작한 압전복합재료(piezocomposite)가 있다. 압전복합재료의 개발은 1980년대 중반에 미국에서 유방암과 같은 기존의 초음파 진단기로 검출이 어려운 암 진단을 위해 초음파 영상의 분해능을 개량하기 위해 개발되었다. 상용화되고 있는 복합압전소자는 그림 3-3에 나타낸 것과 같이 1-3 구조와 2-2 구조가 있으나, 초음파 탐촉자로 사용되는 복합압전소자는 1-3 구조를 채택하고 있다. 이러한 압전복합재료는 기존의 PZT 또는 세라믹 압전 재료를 다이싱(dicing)하고 그 틈을 폴리머로 채우거나, 또는 압전 세라믹 봉을 균일하게 배치하고 폴리머로 고정시키는 방법으로 만든다.

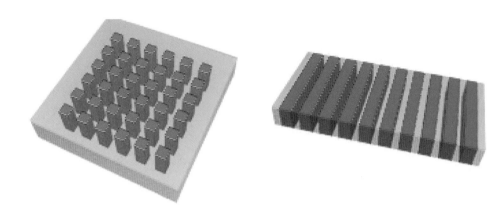

그림 3-3　압전복합재료의 구조, (a)1-3 구조, (b)2-2 구조

이렇게 폴리머 레진과 조합된 압전복합재료는 원래의 PZT보다 $d_{33} \times g_{33}$ 값이 더 큰 값을 갖는다. 이것은 기존의 PZT에 비하여 송·수신 효율이 높다는 것을 의미한다. 표 3-2는 PZT와 폴리머 레진의 조합에 따른 복합압전소자의 $d_{33} \times g_{33}$ 값을 나타낸 것이다[7].

표 3-2　PZT와 폴리머 레진의 조합에 따른 압전복합재료의 $d_{33} \times g_{33}$ 값

1-3 PZT-폴리머 모체 조합	d33g33(10^{-15} N/m)
PZT + silicon rubber	190,400
PZT rods + spurs epoxy	46,950
PZT rods + polyurethane	73,100
PZT rods + REN epoxy	23,500

3.1.2 초음파 송신자와 수신자로서 압전 재료 판

앞 절에서 설명한 내용은 오직 압전판이 정적 상태에 있거나 두께의 변화가 판의 관성을 무시할 수 있을 정도로 아주 천천히 일어날 때만 타당하다. 압전 특성과 상관없이 판은 질량과 스프링이 결합된 고전적인 진동계와 같이 기계적으로 진동할 수 있다.

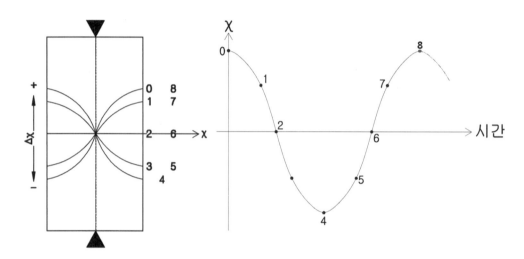

그림 3-4   판의 기본적인 두께 진동, 0-8로 표시된 부위는 같은 시간 간격으로 나타낸 입자의 변위임
(실제 움직임과는 90도 돌려진 것임)

그림 3-4에서와 같이 모서리를 단단하게 고정시킨 판에서 기본(또는 첫 번째 조화파) 진동을 한다고 생각하자. 두 표면의 입자들은 동시에 안쪽 또는 바깥쪽으로 진동을 하지만 판의 중앙면에 있는 입자들은 정지해 있다. 만일 0에서 8까지 표면 입자의 움직임을 90도 돌려 그린다면, 두 반대 방향으로 진행하는 파동이 중첩되어 형성되는 정상파임을 알 수 있다. 즉, 판에서 두께 진동은 한쪽 표면에서 반대 위상으로 반사된 평면파가 다른 표면에서 또 위상 반전 되어 반사된다. 그래서 두께를 왕복하면서 한 파장의 위상 차와 같은 위상 변화가 일어나 같은 위상으로 중첩되게 된다. 따라서 두께 진동의 경우에는 판 두께가 반파장에 해당하는 진동을 하게 되는데 이를 **두께 공진**이라고 하며, 다음과 같이 표현할 수 있다.

$$d = \frac{\lambda}{2} = \frac{c}{2f_0} \qquad (3-5)$$

여기서 d 는 판의 두께이고, λ 는 파장이며, c 는 판에서의 음속이고, f_0 는 기본 공진주파수이다.

따라서 판의 기본 공진주파수는 다음과 같다.

$$f_0 = \frac{c}{2d}$$

(3-6)

위의 관계로부터 두께 공진에 의해 초음파를 만들 때, 주파수가 높을수록 판의 두께는 얇아져야 함을 알 수 있다. PZT($c = 4{,}270$ m/s)로 1 MHz의 초음파를 만들 때 판의 두께는 약 2.14 mm이나, 10 MHz의 초음파를 만들 때 판의 두께는 0.21 mm로 얇아져야 한다. 따라서 세라믹 재료로 100 MHz 이상의 아주 높은 주파수의 초음파를 만들기 위해서는 두께가 0.02 mm 이하로 만들어져야 하는데 PZT는 세라믹 재료이기 때문에 이렇게 얇게 만드는 것은 제조 공정 상 어려워 이러한 높은 주파수를 내기 위한 압전 재료는 박막 제조 기술을 사용한다.

3.1.3 압전 소자에 인가하는 펄스

펄스-반사법에서 펄스의 길이는 표면 근처 결함을 검출하지 못하게 할 수 있어서 펄스의 유지 시간을 짧게 하는 것이 바람직하다. 이러한 펄스는 높은 주파수에서 구성할 수 있을지 모른다. 하지만 대부분의 재료에서 주파수가 증가함에 따라 감쇠도 증가함으로써 이러한 장점이 상쇄된다. 그러므로 진동 횟수가 최소인 너무 높지 않은 주파수에서 펄스를 만들고 송신할 필요가 있다. 그것은 소위 충격 펄스(shock pulse)라고 하는 완전히 비주기적인 신호가 바람직할 수 있다.

모든 펄스는 무한히 진동하는 모든 주파수의 진동이 부분적으로 더해지는 **푸리에 급수**(Fourier series)에 의한 사인 함수로서 표현할 수 있으며, 주파수 대역폭을 갖는다. 펄스의 이전과 이후는 부분적으로 더해지는 모든 진동에 의해 상쇄된다. 펄스의 폭이 짧아질수록 주목할 만한 진폭을 지닌 주파수 대역폭은 증가한다. 만일 대역폭에 있는 어떤 주파수가 기계적 또는 전기적인 시스템에 의해 송신 펄스에서 억제된다면, 송신 과정은 펄스를 일그러뜨리고 길어지게 한다. 펄스의 일그러짐이 없이 펄스 지속시간 T 와 주파수 대역폭 BW 는 다음과 같은 규칙을 갖는다.

$$BW = 1/T \qquad\qquad (3-7)$$

만일 대역폭이 0.18 MHz일 때 일그러지지 않은 펄스 지속 시간은 1/0.18=5.5 μs가 된다. 예를 들어 중심 주파수가 1 MHz이라면 약 5번의 진동을 갖는 펄스 신호를 송출할 것이다. 하지만 이러한 규칙이 대역폭이 넓을수록 오차가 커지는 경향이 있다.

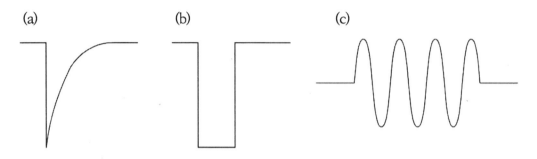

그림 3-5   **초음파 발생을 위해 압전 판에 인가하는 전기적 펄스의 형태**
(a)스파이크 펄스(spike pulse), (b)사각형 펄스(square pulse), (c)톤-버스트
(tone-burst)

압전 판에서 초음파를 발생시키기 위하여 인가되는 전기 펄스는 그림 3-5에 나타낸 바와 같이 순간적으로 전압을 인가하였다가 끊어주는 (a) 스파이크 펄스(spike pulse)와 인가 전압을 압전 판의 고유진동에 맞추어 한번만 전압 극성을 바꾸어 주는 (b) 사각형 펄스(square pulse)와 인가 전압을 여러 번 진동(일반적으로 압전판의 기본진동수)하게 한 (c) 톤-버스트(tone-burst)가 있다. 각각의 인가 전압에 의해 발생되는 초음파는 약간씩 다른 특성을 지닌다. 일반적으로 초음파 탐촉자는 압전 재료 판에서 검사 대상체와 접촉되는 면으로 음향 에너지를 방출하고, 그 반대 면에는 후면재를 두어 압전 판의 진동을 억지시키고 뒤쪽으로 방출하는 음향 에너지를 흡수하여 압전판에서 만들어지는 초음파 펄스의 진동의 김폭을 일으킨나.

이와 같이 탐촉자의 압전 재료 판에 전기적인 펄스를 인가하는 것은 그네를 흔드는 것에 비유할 수 있다. 먼저 스파이크 펄스를 인가하는 것은 그네를 당겼다가 그냥 놓는 경우로 생각할 수 있다. 이러한 경우 그네는 자체의 고유 진동수에 의해 흔들리듯이 압전 판도 자체의 고유 진동에 의해 진동을 하다가 감폭되어 정지할 것이다. 그리고 압전 판에 사각형 펄스를 인가하는 것은 그네를 당겼다가 다시 미는 경우에 비유할 수 있다. 이러한 경우 그네는 그냥 놓는 경우에 비하여 더 큰 폭으로 흔들리고, 정지할 때까지의 진동하는 시간은 그냥 놓았을 때보다는 더 길어질 것이다. 이와 같이 압전 판에 사각형 펄스를 인가하면 스파이크 펄스를 인가할 때 보다 큰 진폭의 초음파가 만들어 질 것이며, 진동 지속 시간(펄스 폭)도 약간은 더 길어지게 될 것이다. 이러한 사각형 펄스를 인가할 때에는 전기펄스의 폭을 압전 판의 고유 진동주기의 1/2이 되도록 하는 것이 중요하다. 마지막으로 톤-버스트 전압을 인가하는 것은 그네의 흔들림에 따라 힘을 가하는 것에 비유할 수 있다. 그네의 흔들림에 맞추어 주기적인 힘을 가하면 그네의 흔들림 폭은 점차적으로 증가하며 진동 지속시간도 증가하는 것과 같이 톤-버스트 전압을 인가하면 진폭이 큰 초음파를 만들어 내고 진동 지속 시간(펄스 폭)도 길어지게 될 것이다.

따라서 높은 분해능이 요구되는 경우(두께 측정 또는 얇은 재료 평가 등)에는 스파이크 펄스를 인가하는 것이 좋으나, 펄스 에너지가 제일 적기 때문에 감쇠가 심한 재료에서는 멀리까지 진행시키지 못하는 단점이 있다. 만일 재료의 감쇠나 대상체가 커서 멀리까지 초음파를 보내야 하는 경우에는 높은 에너지를 지닌 초음파 펄스를 만들어 내는 것이 유리할 수 있으므로, 이러한 경우에는 사각형 펄스 또는 때에 따라서 톤-버스트를 인가한다. 그러나 특히 톤-버스트를 인가하는 경우에는 펄스 폭이 매우 길어지기 때문에 분해능이 저하되는 단점이 있다.

3.2 다른 방법에 의한 초음파 발생과 수신

압전 재료를 사용한 초음파 탐촉자로 초음파를 송·수신을 하는 것 이외에, 다른 물리적인 특성을 이용하여 초음파를 송·수신 할 수 있다. 비록 압전 효과를 이용한 방법에 비하여 약한 신호를 만들어 낼지라도 특별한 경우에 재료평가를 하는 데 많은 이득을 제공하기도 한다.

다른 물리적 특성을 이용하여 초음파를 만들어 내는 방법은 여러 가지가 있으나, 원리적으로 검사 대상체와 기계적인 접촉이 필요 없는 전자기장을 이용하여 초음파를 만들어내는 것을 생각할 수 있다. 이 방법을 사용할 때, 전자기적인 에너지를 음향 에너지로 전환하거나 음향 에너지에서 전자기적인 신호로 전환하는 것은 검사 대상체의 표면에서 일어난다. 검사 대상체와 결합시켜야 하는 압전형 탐촉자에 비하여, 이러한 방법은 검사 대상체의 표면이 에너지를 변환시키는 탐촉자의 일부가 된다. 그래서 이러한 방법을 직접법이라고 불리며, 또한 접촉매질을 필요로 하지 않기 때문에 건식법이라고도 한다.

접촉매질의 사용은 여러 가지 폐해가 수반될 수 있다. 접촉매질 층에 의한 두 경계면에서 반사된 파동의 간섭에 의해서 투과율은 상당한 범위까지 두께에 의존하며, 만일 접촉매질 층의 두께가 1/4 파장이라면 투과율은 0으로 접근한다. 결과적으로 접촉매질 층의 두께는 최소화 되도록 하고 일정하게 유지시킬 필요가 있다. 만일 자동 검사 설비와 같이 검사를 빠른 속도로 수행할 경우 접촉매질의 두께를 일정하게 유지시키기가 어렵다. 그리고 고온의 대상체를 검사할 때 적용 가능한 접촉매질을 찾기도 어렵다. 마지막으로 탐촉자를 접촉시켜 사용할 경우 마모에 의해 닳는 것을 피할 수 없다.

이상적인 방법은 미모 손상뿐만 이니라 표면파의 결합에 내한 불확실성을 회피하도록, 접촉 매질을 사용하지 않고, 탐촉자는 검사 대상체의 표면에서 적당한 거리를 두도록 하는 것이다. 이러한 방법은 고온 표면에도 적용이 가능하고, 과열로부터 탐촉자를 보호해야 하는 문제도 심각하지 않게 된다.

3.2.1 기계적 방법(mechanical methods)

이 방법은 접촉이 되기는 하지만 접촉매질을 사용하지 않는 직접적 방법으로 검사 대상체에 기계적인 충격을 주는 타음법(tapping technique)이나 마찰에 의해 음향을 만들어 낸다. 일반적으로 검사 대상체의 공진을 이용하는 경우가 많으며, 때에 따라서는 가청음 영역을 관심 영역으로 할 경우도 있다.

일반적으로 타음법에 의해 만들어지는 음향의 주파수 스펙트럼 범위는 검사 대상체의 재료와 형상과 크기에 의존하며, 100 kHz에서 1 MHz 범위가 가장 효과적으로 활용된다. 이러한 방법은 주물, 콘크리트와 같은 재료평가에 사용될 수 있으며, 콘크리트 시험에는 전기-기계적 망치가 음향 발생 장치로 사용된다.

3.2.2 정전기적 방법(electrostatic methods)

충전된 축전기(콘덴서)의 두 전극판 사이에는 정전기력이 작용한다. 이러한 효과는 검사 대상체에 직접적으로 음파를 만들어 내거나 송신 센서를 구축하는 데 사용될 수 있다. 금속 표면에서 일정한 거리에 전극을 고정 시키고 전극과 금속 표면에 교류를 인가하면, 금속 표면은 정전기력을 받아 인가된 교류 신호의 주파수로서 진동하게 된다. 따라서 금속 내부로 음파를 만들어내게 된다. 이러한 힘은 표면에 수직한 방향으로 작용하기 때문에 표면에 수직한 방향으로 전파하는 종파를 만들어내기가 더 수월하다.

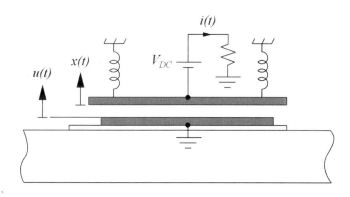

그림 3-6 정전기력에 의한 축전기형 음향 센서의 구조

역으로 일정한 전하량으로 충전된 축전기의 한 전극은 고정시키고 다른 한쪽은 검사 대상체 표면에 접촉시키면 표면의 진동에 의해 두 전극의 거리가 변화되어 두 전극 사이의 전압이 변화되게 된다. 이러한 원리를 이용하여 음향 수신 센서로 사용할 수 있다. 그러나 이러한 방법에 의해 만들어지는 초음파의 진폭은 매우 작고, 금속 표면을 전극으로 사용하는 것은 현장에서는 효과적이지 않기 때문에 실험실에서 매우 정교한 실험을 요구할 경우에 주로 사용 되곤 한다.

3.2.3 전자기적 방법(electro-magnetic methods)

전자기적인 방법에 의해 초음파를 발생하고 수신하는 탐촉자를 전자기 음향 탐촉자(EMAT: Electro-Magnetic Acoustic Transducer)라고 하며, 로렌츠 법칙을 이용하는 것과 자기 변형 효과를 이용하는 방법이 있다. 이들은 모두 접촉매질 없이도 초음파를 송수신 할 수 있다는 장점을 지닌다.

3.2.3.1 로렌츠 힘(Lorentz force)를 이용하는 방법

이 방법은 전자기 유도 방법이라고도 하며, 로렌츠 힘을 이용하는 것이다. 로렌츠 힘 $\mathbf{F}$ 는 전기장과 자기장 내에 있는 전하 q 가 받는 힘을 말하는 것으로 다음과 같이 표현된다.

$$\vec{F} = q(\vec{E} + \vec{v} \times \vec{B}) \tag{3-8}$$

여기서 $\vec{E}$와 $\vec{B}$는 각각 전기장과 자기장을 나타내며, $\vec{v}$는 전하가 움직이는 속도이다. 위의 식에서 전하는 전기장에 의해 힘을 받을 뿐만 아니라 전하가 어떤 속도로 자기장 내에서 움직일 때에도 힘을 받는 것을 말한다. 따라서 자기장 내의 도선에 전류(전하의 이동)가 흐르면 이러한 힘을 받는 것이다.

그림 3-7(a)에서 처럼 도체 표면 위에 도선을 두고 변화되는 전류를 흐르게 하면 도체에는 유도 전류가 형성된다. 여기에 그림 3-7(b)와 같이 자기장 B_0 를 가해주면 도체에서 유도된 전류는 로렌츠 힘 $\mathbf{F}$를 받게 되어 유도 전류가 흐르는 입자를 움직이게 한다. 따라서 도선에 순간적인 펄스 전류나 교류 전류를 흘려주면 이에 대응되는 유도 전류가 도체에 형성되고, 이 유도 전류는 로렌츠 힘을 받아 진동을 하게 되어 초음파를 발생시킨다.

또 그림 3-7(c)와 같이 초음파에 의해 속도 v 로 움직이는 입자 내의 양자와 전자는 로렌츠 힘에 의해 원래의 움직임 방향과 수직하게 서로 반대로 움직여 전류를 형성하여 주변의 자기장을 변화시켜 표면 위에 있는 도선에 유도 전류를 만들어 전압(V)을 형성한다.

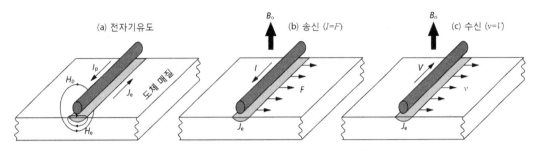

그림 3-7 전자기 음향 탐촉자의 송수신 원리
(a) 전자기 유도에 의해 형성된 유도 전류, (b) 자기장 내의 유도전류에 작용하는 로렌츠 힘,
(c) 입자의 움직임에 의해 유도되는 도선의 전압

이러한 EMAT는 자기장의 방향과 전류의 흐름을 조절함으로써 종파와 횡파 등을 선택적으로 발생시킬 수 있는 장점을 지닌다. 그림 3-8은 영구 자석에 의해 형성되는 자기장의 방향과 전류의 방향을 조절하는 코일의 배치에 따라 발생되는 초음파의 종류를 나타낸 것이다. 먼저 (a)는 자기장을 표면에 수직한 방향으로 형성시키고, 전류를 맴돌이 형식으로 흐르게 한 것으로, 이 경우 표면에 평행하고 코일의 중심에서 반지름 방향으로 진동하며 표면에 수직하게 전파하는 횡파를 만들어 낸다. (b)는 자극을 반으로 나누어 자기장을 표면에 수직한 방향으로 형성시키고, 사각형 코일에 의해 각 자극에 대응되는 전류의 방향이 서로 반대가 되도록 한 것이다. 이 경우 표면에 유도된 전류의 로렌츠 힘은 표면에 평행하며 모두 같은 방향으로 받으므로, 진동 방향이 모두 한 방향으로 표면에 평행하게 진동하며 표면에 수직한 방향으로 전파하는 횡파를 만들어 낸다. (c)는 표면과 평행한 자기장을 형성하게 하고 이 자기장 내의 전류를 한 방향으로 흐르게 한 것이다. 이 경우 표면에 형성되는 유도 전류는 표면에 수직한 방향으로 힘을 받으므로, 입자의 진동과 전파방향이 모두 표면에 수직한 종파를 만들어 낸다. (d)는 표면에 수직한 방향의 자기장을 형성시키고, meander 코일에 의해 일정한 간격으로 서로 반대 방향의 전류가 흐르도록 배치한 것이다. 이 경우에는 표면에 대해 일정한 각도를 갖고 전파하는 수직 횡파나 레일리 파(Rayleigh wave)를 발생시킬 수 있다. 또한 판재에서 판파(Lamb wave)를 만드는 데 이 방법을 사용하기도 한다. 마지막으로 (e)는 표면에 수직한 방향의 자기장을 형성하는 영구자석을 일정한 간격으로 자극을 바꾸어 배치하고, 전류는 자극의 변화 방향을

가로질러 모두 한 방향으로 흐르게 한 것이다. 이 경우의 입자는 표면에 평행한 방향을 가지며, 표면에 대해 일정한 각도를 갖고 전파하는 수평 횡파를 만들어 낸다.

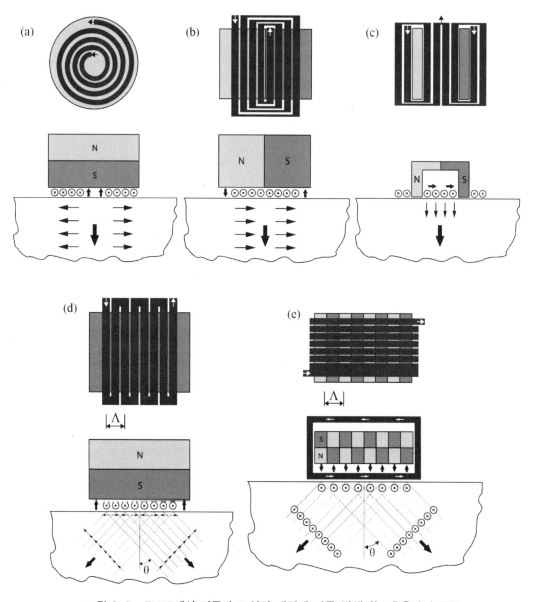

그림 3-8 EMAT에서 자극과 도선의 배치에 따른 발생되는 초음파의 종류

그림 3-8의 (d)와 (e)에서 발생된 수평 또는 수직 횡파의 진행 각도 θ는 규칙적으로 배치되는 도선(d) 또는 자극(e)의 피치 Λ와 다음과 같은 관계를 갖는다.

$$\sin\theta = \frac{\lambda}{\Lambda} \qquad\qquad (3-9)$$

실제로 EMAT는 전자기 유도를 이용하기 때문에 검사 대상체와 탐촉자의 거리가 증가하면 영구자석과 전류가 흐르는 코일에 의한 자기장의 크기가 거리에 따라 변화되고, 코일의 인덕턴스 또한 거리에 따라 변화된다. 따라서 거리가 증가하면 음압이 감소하여 실제로 탐촉자와 검사 대상체 표면과의 최대 간극은 1 mm 정도 이다. 또한 자기장 방향과 전류 방향(코일) 배치에 따라 발생되는 초음파 종류도 다를 뿐만 아니라, 초음파의 지향성도 압전형 탐촉자와는 다르므로 반사체의 위치 결정에 주의하여야 한다.

EMAT를 사용하는 경우, 접촉매질은 필요 없으나, 검사 대상체가 도체일 때 효과적이다. 만일 대상체가 도체가 아닌 경우에는 전자기 유도를 일으킬 수 있는 도체를 검사 대상체 표면에 접합시켜 사용하여야 한다. 또한 유도 전류의 침투 깊이는 주파수가 높아질수록 줄어들기 때문에 발생되는 초음파의 진폭도 주파수가 증가함에 따라 균일하게 감소한다.

EMAT를 사용할 때, 전기적 에너지에서 음향 에너지로 전환되는 **에너지 전환 효율**은 자기장의 세기 1 테슬러(10 kG) 당 약 10^{-3}정도로 매우 낮은 값을 갖기 때문에 작은 결함 검출에 대한 감도는 너무 낮지만 두께 측정에 대해서는 충분하다. 그리고 고온 대상체에 적용이 가능하기는 하지만 자기장을 형성하는 자석은 온도가 증가함에 따라 자기장의 세기가 감소하고 큐리 온도 이상에서는 영구 자석의 성질을 잃기 때문에 사용 온도의 제한이 따른다.

3.2.3.2 자기 변형 효과(magnetostrictive effects)를 이용하는 방법

앞에서 소개한 전자기적인 방법 외에 자기적인 효과를 이용하는 방법이 있다. 자성체 특히 강자성체는 그림 3-9에 나타낸 것과 같이 작은 자석에 해당하는 자구(magnetic domain)들이

그림 3-9 **자성체의 자구를 나타낸 조직 사진**

임의적인 방향으로 분포되어 있다. 이러한 자성체에 외부 자기장을 가하면 그림 3-10과 같이 외부 자기장과 같은 방향의 자구는 성장하고 다른 방향의 자구는 축소되어 자화된다.

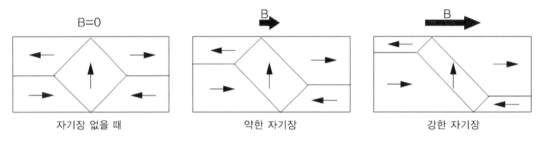

자기장 없을 때   약한 자기장   강한 자기장

그림 3-10   **외부 자기장에 의한 자성체의 자구의 변화(자화 과정)**

강자성체가 자화되면 그림 3-11과 같이 크기가 변화하는 현상이 나타나는데 이러한 현상을 **자기 변형(magnetostriction)**이라고 한다. 이러한 현상은 1842년 James Joule에 의해 철(iron)에서 처음 발견되었다[8]. 자기 변형의 크기는 원래의 길이에 대해 자화 상태에서 변화된 변형량의 비로 나타내는데, 특히 **자기 포화 상태에서 원래의 길이에 대한 변형량의 비를 자기변형 계수(magnetostrictive coefficient)**라고 한다. 표 3-3은 강자성체에 대한 자기변형 계수를 나타낸 것이다.

자기변형 재료에 의한 초음파 수신은 자기 변형의 역인 자기탄성 효과(magnetoelastic effects) 또는 Villari 효과를 이용한다. 이것은 강자성체에 기계적인 응력이 가해지면 재료의 자화율의 변화를 일으키는 것을 말한다. 즉 자화된 자기변형 재료가 초음파에 의해 탄성 응력을 받으면 재료의 자속 밀도를 변화시켜, 재료 표면에 놓인 코일에 유도 전압을 형성한다.

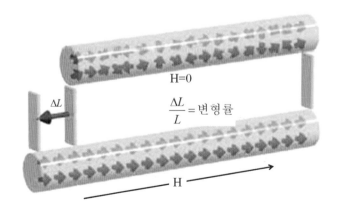

그림 3-11   **강자성체를 자화시켰을 때 자기변형 효과에 의한 변형의 예**

표 3-3 강자성 재료에 대한 자기변형 계수

재료	자기 변형 계수(μm/m)
Nickel	-28
49Co,49Fe,2V	-65
Iron	$+5$
50Ni,50Fe	$+28$
87Fe,13Al	$+30$
95Ni,5Fe	-35
Cobalt	-50
$CoFe_2O_4$	-250

따라서 수신을 하기 위해서는 강자성체가 반드시 외부의 자기장에 의해 사전에 자화되어 있어야 한다. 또한 자기변형 곡선이 가장 심하게 변화되는 부분에서 동작하도록 하는 것이 필요하다. 이러한 효과도 표피효과에 의해 표면으로만 제한되며, 자화 방향은 초음파에 의해 형성되는 응력 방향과 일치시켜야 한다. 만일 강자성체의 표면에 균열이 있다면 균열에 수직한 방향으로 자화시켰을 때, 균열에서 누설되는 자기장이 형성된다. 따라서 초음파가 균열 근처에 도달한다면, 자기 탄성 효과에 의해 주어진 초음파와 같은 주파수로 누설 자속도 변조될 것이므로 유도 코일에 의해 검출할 수 있다.

대부분의 강자성재료를 사용한 자기변형 방법은 자기유도 방법에 의한 EMAT에 비하여 더 강한 신호를 만들어 낸다. 하지만 대상재료가 강자성체이어야 효과적이고, 자기변형 곡선이 심하게 변화되는 영역에서 사용되도록 하기 위해서는 비교적 강한 자석에 의한 자화가 요구된다. 만일 대상체가 비자성체이거나 상자성체인 경우에는 표면에 강자성체를 접합시켜 초음파를 송수신하도록 하는 것이 필요하다.

3.2.4 레이저에 의한 초음파 발생과 수신

고체 표면에 레이저를 비추면 여러 가지 물리적 현상이 나타난다[9]. 비추어 주는 레이저의 세기가 약할 때에는 검사 대상체의 온도가 올라가고 이로 인하여 열파와 초음파가 발생되고,

반도체의 경우에는 전류가 발생되기도 한다. 세기가 강한 레이저를 금속 표면에 비추면 표면에서 융발(ablation)이 일어나 플라즈마를 형성하면서 표면에 수직한 방향으로 강한 초음파를 발생시킬 수 있다[10]. 발생되는 음향 펄스는 입사하는 레이저 광의 형상에 밀접하게 대응된다. 레이저 펄스의 폭은 의해 음파의 주파수 스펙트럼에 영향을 미친다[9]. 즉, 레이저 펄스 폭이 작아질수록 높은 주파수의 초음파를 발생시킬 수 있다.

발생되는 종파의 초음파 진폭과 레이저 광의 에너지와의 관계는 에너지가 낮은 영역(열탄성 영역)에서는 선형적인 관계를 가지나, 에너지가 높아지면서 표면에 플라즈마 층을 형성하여 음압을 상당히 증가시킨다. 이러한 영역은 레이저 펄스의 에너지가 약 0.3~1.0 J일 때 나타나며, 재료평가에 많이 사용된다. 기본적으로 레이저 펄스는 모든 형식의 파동을 만들어 내지만, 입사 레이저의 특징에 따라 특정 형식의 파동을 더 잘 만들어지기도 한다. 예를 들어 종파는 표면에 플라즈마가 형성되도록 할 때 잘 만들어진다. 만일 표면파를 생성하려면 레이저 펄스는 표면파의 파장보다 작은 길이에 걸쳐서만 비추어지도록 한다.

이와 같은 레이저 펄스를 사용하여 초음파를 발생시키는 방법의 장점의 하나는 약 10 m까지 먼 거리에서도 초음파를 발생시킬 수 있다는 것이다. 또한 빛의 속도는 초음파 속도에 비하여 매우 빠르기 때문에 빛이 비춰진 표면의 모든 부분은 실제로 동시에 가진 되는 것이라고 할 수 있다. 따라서 생성되는 초음파 펄스와 그의 지향성은 입사되는 빛의 각도와 무관하다. 하지만 레이저 펄스에 의한 초음파 발생은 표면의 온도를 상승시키거나 표면을 플라즈마로 만들어 손상 시킬 수 있기 때문에 이러한 영향에 민감한 대상체에 대해서는 사용을 제한하여야 한다.

초음파를 수신하는 데 있어 레이저를 이용하는 방법으로는 표면에서 빛의 반사를 이용하는 것과 초음파가 진행하는 투명한 재료의 굴절률 변화를 이용하는 방법과 표면에서 반사된 빛과 원래 비추어진 빛과의 간섭을 이용하는 방법이 있다.

그림 3-12와 같이 검사 대상체 표면에 비친 빛은 표면의 운동에 따라 반사각을 변화시킴으로써 한정된 수신 영역을 지닌 광전 소자에 두달되는 광량이 줄어들어 낮은 전압의 신호를 발생시킬 것이다. 이러한 방법으로 레일리 파를 가시화 할 수 있다[11]. 즉, 표면파가 지나가는 검사 대상체 표면에 비추어진 레이저 광은 표면의 운동에 의해 반사 방향을 변화시켜 광전 소자에 도달하는 광량이 변화되어 광전 소자의 출력 신호가 변화된다. 따라서 이러한 원리로 표면파의 상태를 나타낼 수 있다. 이러한 방법은 표면이 광학적으로 반사가 잘 되어야 한다. 만일 표면이 거칠면 반사된 빛은 소위 스페클-패턴(speckle pattern)이라고 하는 불규칙하게 분포되는 밝은 점들이 나타나게 된다.

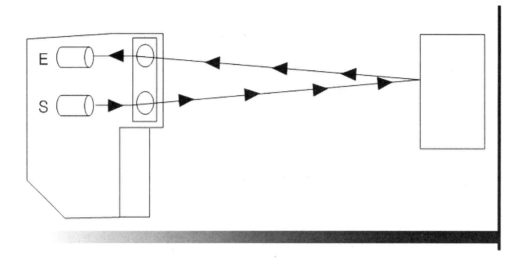

그림 3-12　광전 소자에 의한 표면 진동의 검출 원리

투명한 재료에서 초음파 빔이 지나가면 초음파 진동에 의해 밀도의 변화가 생겨 굴절률이 변화된다. 이러한 매질에 빛을 비추면 굴절률 변화에 따라 빛은 간섭무늬를 만드는데 이러한 것을 영상화하는 기법을 Schlieren 기법이라고 한다. 그림 3-13은 1 MHz의 집속된 초음파 빔에 대한 Schlieren 영상이다[12].

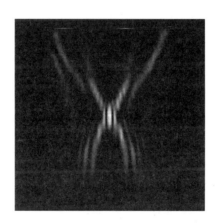

그림 3-13　1 MHz의 집속 초음파 탐촉자에서 발생한 초음파 빔의 Schlieren 영상[12]

앞에서 설명한 방법보다 10배 이상 더 높은 감도를 갖는 광학적인 방법이 있다. 이것은 Michelson 간섭계와 같은 광학적 간섭계를 이용하는 방법이다. Michelson 간섭계는 그림 3-14에 나타낸 것과 같이 빔 분리기에 의해 입사 광을 나누어 하나는 고정된 거울에서 반사시키

고 다른 하나는 초음파에 의해 움직이는 검사 대상체 표면에 반사된 빛을 중첩시켜 간섭무늬를 관찰하는 방법이다. 적절하게 중첩시키기 위해서는 각 빔의 파면이 정확하게 같은 형태가 되도록 해야 한다. 그러나 이러한 조건은 검사 대상체 표면이 기울어져 있거나 매끄럽지 않다면 획득하기가 매우 어렵다. 이러한 단점을 회피하기 위한 다른 형식의 간섭계가 발전되어 왔으며, 그림 3-15는 이러한 간섭계 중 heterodyne 간섭계의 구조를 나타낸 것이다.

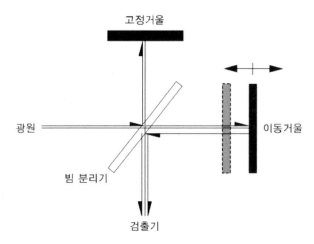

그림 3-14 마이켈슨(Michelson) 간섭계의 구조

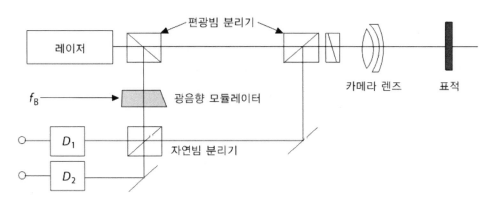

그림 3-15 마이켈슨(Michelson) 간섭계의 단점을 보완한 다른 간섭계의 예(heterodyne 간섭계)

최근 레이저로 초음파를 발생시키고 레이저 간섭계를 사용하여 초음파를 수신하는 이동 가능한 측정 시스템이 상용화 되어 있다. 이러한 시스템은 10 m의 먼 거리에서도 적용이 가능하며, 광섬유를 이용하면 더 먼 거리도 적용할 수 있다. 하지만 광학 시스템의 부피가 커서

기계적인 스캔 장치가 검사 대상체 근처에 설치되어야 한다. 광학적 시스템의 장점은 표면의 질이 그리 높지 않더라도 높은 분해능을 지닌 비접촉식 시험이 가능하다는 것이다. 그래서 고온의 잉곳(red-hot ingot) 표면에도 적용할 수 있다.

참고문헌

[1] Mehta, Mehta Neeraj, "Textbook of Engineering Physics Part II", Chap. 5, PHI Learning Pvt. Ltd, 2013.

[2] Lippmann, G. "Principe de la conservation de l'électricité". Annales de chimie et de physique (in French). 24: 145, 1881.

[3] J. Podgorski, "Piezokeramischer elektroakusticher Wandler", DE Pat. 2 646 389, 1976.

[4] H. Kawai, "The Piezoelectricity of PVDF", Jap. J. Appl. Phys. 8, 1969, 975.

[5] H. Sussner, "Ursache und Anwendung des starken piezoelektrischen Effekts in dem Hochpolymer PVF2(polyvinyliden fluoride)", Diss. Max-Plank-Inst. Für Festkörperforschung und Centre de Recherche sur les Très Basses Températures, C.N.R.S. Grenoble, 1976.

[6] H. Ohigashi, "Electromechanical properties of polarized polyvinylidene fluoride films as studied by the piezoelectric resonance method", J. Appl. Phys., 47, 1976, 949-955.

[7] 이정기, 박익근, "위상배열 초음파 탐상 기술 입문", 노드미디어, 2014.

[8] Richard S. C. Cobbold, "Foundation of Biochemical Ultrasound", Chap 6, Oxford University Press, 2006.

[9] C. B. Scruby, R. J. Dewhurst, D. A. Hutchins and S. B. Palmer, Research Techniques in Nondestructive Testing, ed. R. S. Sharpe, Academic Press, Vol. 5 Ch. 8, 1982.

[10] R. J. Dewhurst, S. B. Palmer and C. B. Scruby, "Quantitative measurements of laser-generated acoustic waveforms", J. Appl. Physics. Vol. 53, 1982, 4046-4071.

[11] R. Adler, A. Korpel and P. Desmares, "An instrument for making surface waves visible", IEEE Trans., SU-15, 1968, 157-161.

[12] https://en.wikipedia.org/wiki/Schlieren_imaging, Jan, 2019.

4. 초음파 탐상 장비와 압전형 탐촉자

초음파탐상검사는 원재료 또는 최종 제품을 대상으로 사용 중에 발생될 수 있는 위험 요소를 검출하기 위하여 수행하는 다용도의 비파괴검사법이다. 비파괴검사를 수행하기 위해서는 에너지원, 검출장, 상호 작용에 의한 검출장의 변화, 검출기, 영상 표시 등 모두 5가지 기본 요소를 갖추어야 한다. 그림 4-1은 비파괴검사의 5 가지 기본 요소를 개략적으로 나타낸 것이다.

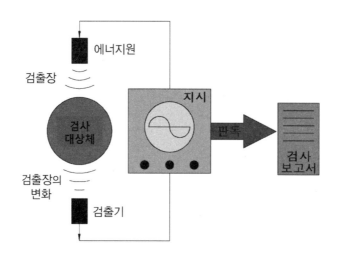

그림 4-1   비파괴검사의 기본 요소

초음파탐상검사에서 첫 번째 요소인 에너지원은 일상적으로 전기적인 펄스를 톤-버스트나 펄스 파의 초음파로 변환시키는 초음파 탐촉자이다. 이러한 초음파 탐촉자로는 압전 재료를 사용한 압전형 탐촉자가 가장 많이 사용되고 있다.

두 번째 요소인 대상 탐색은 압전형 탐촉자에서 발생되는 초음파다. 초음파는 불연속이나 이상 부위의 존재를 찾기 위해 검사 대상체 내로 침투된다. 일반적으로 불충분한 재료 두께, 균열과 기공의 존재, 또는 적층 구조(laminated structure)의 층간 접합 불량 등이 바람직하지 않은 조건일 수 있다. 이러한 조건들은 대상을 만드는 원재료에 존재할 수도 있고, 또는 제조 과정에서 만들어질 수도 있다. 또한 부식, 과부하 또는 주기적인 부하와 같은 사용 중 결함을 발생시킬 수 있는 인자들이 검사 대상체 또는 전체 설비의 유용성을 저하시킬 수 있다.

세 번째 요소는 검사 대상체를 통과하는 초음파를 변화시키는 재료의 특성이다. 초음파는 재료 내의 입자를 기계적으로 진동시키므로, 검사 대상체 내에서 기계적으로 연속성의 변화가 있다면 초음파의 진행에 변화를 일으킨다. 작은 반사체가 많은 경우에는 초음파는 여러 방향으로 산란된다. 철강재 내부에 균열이 있는 경우, 균열 표면에서 밀도의 급격한 변화가 있을 것이다. 균열 내부에는 강재보다 밀도가 매우 적은 공기가 채워져 있기 때문에, 균열 표면에 수직하게 입사되는 초음파는 완전한 반사를 일으킬 것이다.

네 번째 요소는 대상을 탐색하여 일어난 변화를 기록 또는 감지할 수 있는 민감한 검출기이다. 그러한 변화에는 파동 복사 또는 기대되지 않은 파동 세기의 변화가 수반된다. 초음파탐상검사에서 탐촉자는 초음파 발생뿐만 아니라 수신자 역할도 수행하고, 초음파 펄스의 세기나 빔의 방향의 변화를 확인하려고 검사 대상체 외부 표면 전반을 탐상한다.

마지막으로 초음파탐상검사에서 다섯 번째 요소는 지시를 나타내어 판독할 수 있도록 하는 화면이다. 기본적인 초음파탐상 장비는 수신 탐촉자에 의해 검출된 초음파 펄스의 진폭이 시간에 따라 어떻게 변화하는지를 나타낸다. 보다 더 복잡하고 정교한 장비는 많은 수신 탐촉자에 의한 이와 같은 정보를 모아서 검사 대상체의 단면 또는 전체 부피를 통해 음향적인 특성이 어떻게 변화되었는가를 그래픽화된 화면에 나타내기도 한다.

4.1 초음파 탐상기의 기본 구성 요소

초음파 탐상기와 초음파탐상검사 시스템의 하드웨어를 구성하는 방식은 다양하다. 이러한 하드웨어의 전자적 구성품들은 소형화되어 왔으며, 판독을 위하여 검사 시스템과 컴퓨터의 인터페이스 능력을 향상시켜서 초음파탐상검사의 적용 범위를 확장시켜 왔다. 이러한 발전된 기술의 도입함으로써 초음파탐상검사 시스템은 더욱 더 발전하겠지만, 초음파 탐상기와 시스템은 다음과 같은 세 가지의 기본 기능을 갖는다.

① 초음파 탐촉자에서 초음파를 발생되게 하는 전기적인 펄스를 발생하는 기능
② 대상체로부터 수신된 약한 신호를 식별할 수 있도록 증폭하는 기능
③ 수신된 신호에 의한 정보를 의미 있는 수단에 의해 나타내는 기능

위와 같은 기능을 수행하기 위해 각 초음파 탐상기는 펄스 발생기(pulser), 증폭기

(amplifier), 영상 표시 장치(display unit)를 지니며, 장비에 의해 표시되는 정보를 새롭게 하기 위하여 시스템 타이밍(또는 클럭) 회로에 의해 탐촉자에 반복적으로 전기적인 펄스를 인가시키고, 영상 표시 장치를 동기화시킨다. 그림 4-2는 펄스-반사 초음파 탐상기에 대한 구성품들의 연결을 나타낸 구성도이다.

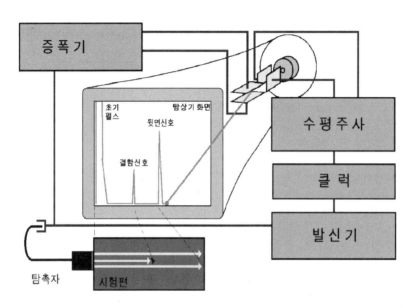

그림 4-2 　CRT(음극선관) 화면에 신호를 표시하는 펄스-반사 초음파 탐상기에 대한 구성도.

4.1.1 펄스 발생기(pulser)

4.1.1.1 펄스 전압(또는 에너지)

타이밍(클럭) 회로가 펄스 발생기를 작동시키면, 대부분의 펄스 발생기는 날카로운 스파이크 펄스를 발생시켜 동축 케이블을 통해 탐촉자에 인가된다. 이러한 전기적 펄스는 100~1,000 V의 높은 전압을 발생시켜 압전형 탐촉자에 인가된다. 최근의 디지털 초음파 탐상기에서는 검사 조건에 맞추어 펄스 전압을 조절할 수도 있다. 일반적으로 압전형 탐촉자에 의해 발생되는 초음파의 진폭은 인가하는 전압에 비례하여 증가한다. 낮은 전압 펄스는 펄스 폭이 짧은 초음파를 발생시켜 인접 결함에 대한 분해능을 향상시킨다. 높은 전압 펄스는 감쇠가 심한 재료에서 더 많이 침투할 수 있는 진폭이 큰 초음파 펄스를 만들어낸다. 세라믹 압전 재료의 압전 특성은 제조 과정에서 가해주었던 분극 전압(poling voltage)에 반대 극성을 갖는 강한 전기장에 의해 극성이 소멸되어 압전 성질을 잃을 수가 있다. 이러한 분극을 소멸시키게 되는 전기장의 세기는 재료와 전기장을 가해주는 시간과 온도에 따라 다르기는 하지만 계속적으로 사용할 경우에는 대략 500~1,000 V/mm 정도가 된다. 주파수가 높은 탐촉자의 경우 압전 판의 두께가 얇기 때문에 높은 전압을 오랜 시간 인가하게 되면 압전 성질을 잃거나 파손될 수가 있다. 따라서 높은 주파수의 탐촉자는 인가 전압을 높지 않게 사용하는 주의가 필요하다.

4.1.1.2 댐핑(damping)

펄스의 전기적인 에너지를 탐촉자로 잘 전송시키기 위해서는 탐촉자와 펄스 발생기 회로 사이의 전기적 임피던스를 맞추어야 한다. 펄스 발생기 회로의 출력 임피던스가 탐촉자의 전기적인 임피던스에 맞추어졌을 때 에너지 전송이 가장 잘된다. 이를 위해 사용되는 보충적인 저항이 사용되는데, 저항 값에 따라 펄스의 감소 정도가 변화하는 데, 이를 댐핑(damping)이라고 한다. 일반적으로 압전형 탐촉자의 전기적인 임피던스 값이 크기 때문에 보충적인 저항 값이 클수록 펄스의 진폭이 증가하고, 펄스 감소 시간이 길어진다. 따라서 불감대가 증가하게 된다.

4.1.1.3 펄스 반복 주파수(PRF: Pulse Repetition Frequency)

펄스반복주파수(PRF)는 1초 동안 전기적인 펄스를 발생 횟수를 나타내는 것으로 탐상 속도에 직접적으로 영향을 준다. 만일 낮은 펄스 반복률일 때 탐촉자 스캔 속도를 빠르게 하면 대상체의 시험 적용 범위의 정도를 떨어뜨리게 될 것이다. 이러한 것은 자동 검사를 위한 초음파 장비에서 탐촉자의 이송 속도를 결정하는 인자가 된다. 즉 최소 펄스 반복 주파수와 탐촉자 이송속도와는 데이터 분해능과는 다음과 같은 관계를 갖는다.

$$PRF_{min} (Hz) = \frac{\text{스캔 속도(Scan Speed) (mm/s)}}{\text{스캔 분해능(Scan Resolution) (mm)}} \qquad (4-1)$$

예를 들어 탐촉자 이송 속도(즉, 스캔 속도)가 최대 300 mm/s인 스캐너를 이용하여, 2 mm 이하의 분해능을 갖는 초음파 탐상 데이터를 획득하고자 한다면, 펄스 반복 주파수는 150 Hz 이상이 되어야 한다. 일반적으로 자동 검사 시스템에서 데이터 취득률에 의해 스캔 분해능이 결정되므로, 초음파 탐상기의 펄스 반복 주파수는 데이터의 신뢰성 확보를 위하여 데이터 취득률보다 크게(일반적으로 3배 이상) 잡는다.

또한 감쇠가 심하지 않으며 크기가 매우 큰 검사 대상체의 경우 펄스 반복 주파수를 너무 높게 하면 탐상면과 뒷면에 의한 다중 반사 신호가 완전히 사라지지 않은 상태에서 탐촉자에서 초음파 펄스가 발생되게 된다. 이러한 경우 다중 반사 신호가 초기 펄스 신호와 첫 번째 뒷면 반사 신호 사이에 위치하여 결함 신호로 오인할 수 있다. 이러한 거짓 결함 신호를 고스트 에코(ghost echo)라고 한다. 이러한 고스트 에코는 펄스 반복 주파수를 높게 할수록 진폭이 증가하기 때문에, 이러한 신호가 화면에서 사라지게 하기 위해서는 펄스 반복 주파수를 낮게 설정하여야 한다.

4.1.1.4 펄스 형식

압전 재료에 인가하는 펄스의 형식은 앞의 3.1.3절에서 이미 설명을 하였다. 많은 초음파 탐상기의 펄스 발생기에서 만들어 내는 전기적인 펄스는 그림 3-5(a)에 나타낸 것과 같은 스파이크 펄스가 대부분이다. 하지만 사각형 펄스(square pulse)를 압전형 탐촉자에 인가하면 보다 높은 진폭의 초음파를 발생시킬 수가 있어 감쇠가 심한 재료에서 효과적인 검사를 수행할 수 있다. 어떤 초음파 탐상기들은 이런 펄스들을 선택적으로 사용할 수 있게 하였다. 사각형 펄스를 인가할 때, 전기적인 펄스 폭은 사용하는 초음파 탐촉자 내의 압전 판의 고유진동 주기의 1/2에 맞추어야 큰 진폭의 초음파 펄스를 만들어낸다. 따라서 전기적인 펄스 폭(PW)은 초음파 탐촉자의 공진주파수(중심주파수: f_0)와 다음과 같은 관계를 갖는다.

$$PW = \frac{1}{2f_0} \tag{4-2}$$

> **예 1**
>
> 중심 주파수가 5 MHz인 초음파 탐촉자에 사각형 펄스를 인가하여 초음파를 발생시키고자 한다. 진폭이 큰 초음파를 발생시키기 위하여, 인가하는 사각형 펄스의 펄스 폭을 얼마로 하여야 하는가?
>
> 식 (4-2)에 의해 펄스 폭(PW)은
>
> $$PW = \frac{1}{2 \times 5\,\text{MHz}} = 0.1\mu s = 100\,\text{ns}$$
>
> 즉, 펄스 폭이 100 ns가 되어야 진폭이 큰 초음파를 발생시킬 수 있다.

4.1.2 증폭기(amplifier)

탐촉자에 도달된 초음파 펄스는 전기적인 신호로 변환되는데 이러한 전기적인 신호는 매우 약하기 때문에 이를 장비 화면에 알아볼 수 있을 정도로 신호를 키우는 기능을 하는 것이 증폭기이다. 이렇게 신호를 키우기 위해 증폭을 하면 신호에 포함된 잡음도 함께 키워지기 때문에 원하는 신호는 키우고 잡음은 억제시켜 신호 대 잡음 비(SNR: Signal to Noise Ratio)를 향상시키기 위한 필터 기능을 포함하고 있다. 또한 임상에코와 같은 잡음이 나타나지 않도록 하는 배제(rejection) 기능을 갖추고 있다.

4.1.2.1 게인(gain)

초음파 탐상기에서 신호의 증폭은 게인(gain, 증폭률)에 의해 조절된다. 신호의 증폭률은 상대적인 값으로 표현하는데 단순히 선형적인 관계인 %로 나타내거나, 또는 대수적 관계에 의한 dB로 나타낸다. 많은 초음파 탐상기에서 게인은 dB로 표현하고 있으며, 상용로그 함수에 의해 다음과 같이 정의된다.

$$\mathrm{dB} \equiv 20\log_{10}\frac{A}{A_0} \qquad\qquad (4\text{-}3)$$

여기서 A_0는 기준 신호 진폭이고, A는 비교하는 신호의 진폭이다.

위의 dB를 나타내는 식의 상용로그에 의해 10배의 증폭률은 20 dB이고, 100배의 증폭은 40 dB이며, 신호를 1/10과 1/100로 줄어든 것은 각각 -20 dB와 -40 dB이다. 여기에서 값이 양수(+)이면 1보다 큰 증폭률을 나타내는 것이고, 음수(-)이면 1보다 작은 증폭률을 나타내는 것임을 알 수 있다.

만일 어떤 신호가 2배가 되었다고 하자. 이 때 식 (4-3)에 의해 dB값은 다음과 같이 계산될 것이다.

$$\mathrm{dB} \equiv 20\log_{10} 2 = 20 \times 0.3010 \approx 6\,\mathrm{dB}$$

따라서 6 dB는 신호를 2배 증폭한 것을 나타내는 것이고, -6 dB는 신호를 1/2로 줄이는 것을 말한다. 이러한 관계로부터 dB로 나타낸 값이 몇 배의 증폭인가를 계산하는 방법을 아래의 예에 들어 놓았다.

예 2

18 dB는 몇 배인가?

$18\,\text{dB} = 6\,\text{dB} + 6\,\text{dB} + 6\,\text{dB}$로 표현할 수 있다.

이를 식 (4-3)으로 풀어 쓰면 다음과 같다.

$$6\,\text{dB} + 6\,\text{dB} + 6\,\text{dB} = 20(\log_{10}2 + \log_{10}2 + \log_{10}2)$$
$$= 20\log_{10}(2 \times 2 \times 2) = 20\log_{10}8$$

즉, 상용로그 안의 지수가 8이 되므로, 이는 8배를 의미한다. 따라서 dB에서 덧셈은 증폭 비에서는 곱셈으로 계산하면 된다.

예 3

34 dB는 몇 배인가?

$$34\,\text{dB} = 40\,\text{dB} - 6\,\text{dB} = 20(\log_{10}10^2 - \log_{10}2)$$
$$= 20\log_{10}(100/2) = 20\log_{10}50$$

따라서 증폭 비는 50배가 됨을 의미한다. 여기에서 dB에서 뺄셈은 증폭 비에서는 나눗셈으로 계산됨을 보여 주고 있다.

4.1.2.2 필터(filter)

수신 탐촉자의 수신 신호에는 잡음(noise)도 포함되는데 증폭을 하면 이러한 잡음도 함께 키운다. 필터는 신호에서 잡음은 줄이고, 원하는 신호만을 키워 신호대잡음비(SNR: Signal to Noise Ratio)를 향상시키기 위해 사용한다. 일반적으로 필터는 **탐촉자의 주파수를 중심으로 한 대역 통과 필터(band pass filter)**를 사용한다.

높은 분해능을 위해서는 높은 감폭의 탐촉자와 탐촉자 주파수 근처에서 위상 변화를 일으키지 않도록 하는 광대역 필터를 사용하는 것이 필수적이다. 하지만 필터의 대역폭을 증가시키면 잡음 또한 증가하여 작은 신호의 식별을 어렵게 할 수 있다. 최근 성능이 좋은 초음파 탐상기의 경우에는 필터의 대역폭을 조절하는 기능을 갖추고 있으므로, 펄스의 댐핑을 조절하는 것과 더불어 사용함으로써 분해능을 높이면서도 SNR을 높일 수도 있다.

4.1.2.3 정류기(rectifier)

주 증폭기에 의해 증폭된 신호는 정류기를 통과하게 된다. 최근의 디지털 장비들은 여러 가지 정류 방식을 스위치로 선택하도록 되어 있다. 정류 방식은 전파(Full-wave) 정류와 반파 (hal-wave[+ 또는-]) 정류가 있다. 이러한 것들에 대한 신호의 형태를 그림 4-3에 나타내었다.

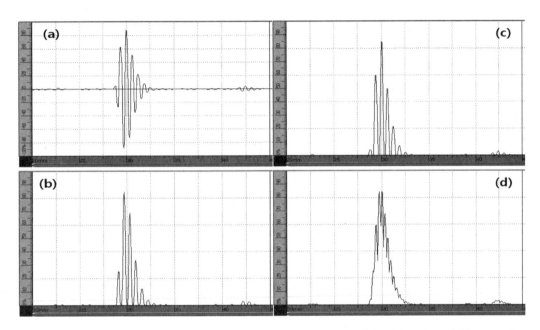

그림 4-3 　신호 정류의 여러 방식. (a) 정류하지 않은 RF 신호, (b) 반파+ 정류 신호(positive) (c) 반파- 정류 신호(negative), (d) 전파 정류 신호(평탄화 처리됨)

정류를 하지 않은 신호를 RF(Radio Frequency)라고 하며, TOFD와 같이 위상을 이용하여야 하는 경우에는 정류하지 않은 신호를 사용한다. 그리고 반파(half-wave) 정류 방식은 신호가 급격하게 상승하기 때문에 신호의 도달 시간 또는 결함의 위치를 정확히 평가할 때 더 좋다. 반사 신호의 위상은 반사체가 주변의 매질보다 음향적으로 부드러운지 단단한지에 따라 변화 되므로, 극성(+ 또는 -)의 선택은 탐촉자와 반사체의 특성에 의존하며 경험적으로 결정하여야 한다. 전파(full-wave) 정류는 위상과 무관하게 표현되기 때문에 진폭만을 가지고 평가할 때 장점이 있다. 실제 많은 장비들은 전파 정류된 신호를 평탄화 처리(smoothing)를 하여 화면에 나타낸다. 이것은 정류한 신호의 진폭만을 평가할 경우 효과적인 표시 방법이다. 이를 위해서 정류된 신호의 포락선은 콘덴서와 차동 회로로 만들어진 또 다른 필터(filter)에 의해 걸러진다.

4.1.2.4 배제(rejection)

산란이 심한 재료의 경우에 결정립 경계면에서 산란되는 임상에코(hash 또는 grass)는 필터를 사용하더라도 제거되지 않는다. 이러한 신호들은 결함 신호의 식별에 혼란을 일으킬 수가 있다. 배제는 이러한 임상에코와 같은 잡음 신호를 화면에 나타나지 않도록 하는 기능이다. 하지만 이 기능이 활성화되어 있으면 신호의 증폭 직선성이 보장되지 않으므로, 장비의 증폭 직선성(vertical linearity)을 점검할 때와 검사 중에 게인 조정을 정확하게 할 필요가 있을 때에는 배제 기능을 작동시키지 않아야 한다.

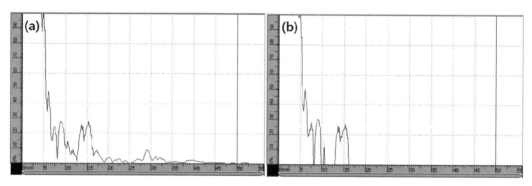

그림 4-4   임상에코를 포함한 반사 신호; 15% 이하의 신호에 대해
(a) 배제 기능이 비활성화 된 신호, (b) 배제 기능이 활성화 된 신호

4.1.3 영상 표시 장치(display unit)

휴대용 초음파 탐상기의 초기 모델부터 사용하여 왔던 영상 표시 장치인 음극선관(CRT: Cathode Ray Tube)은 1990년대부터 LED 또는 LCD로 된 평판 표시장치로 대체되었다. 영상 표시 장치는 수신 신호를 가시적인 영상으로 나타내도록 하는 조절 장치와 스위프 발생기와 결합되어 있다.

증폭기를 거친 수신된 반사 신호는 그 신호를 만드는 반사원의 특징과 위치에 관한 정보를 지닌다. 이러한 정보들을 나타내는 일반적인 영상 표시 방식으로 A-스캔, B-스캔, C-스캔이 있으며, 각 영상 표시 장치는 각각의 특정한 형식의 장치에 포함되어 쓰이고 있다.

4.1.3.1 A-스캔 표시

가장 평범한 영상 표시 방식은 A-스캔 이다. A-스캔 영상에서 수직 축은 신호의 세기(진폭)를 수평 축은 시간을 나타낸다. 따라서 A-스캔 영상은 특정한 기준 점에서 시간이 지남에 따라 진폭의 변화를 나타내는 것이다. 화면 왼쪽의 기준 점은 일반적으로 전기적인 펄스가 탐촉자에 인가되는 순간으로 main bang 또는 초기 펄스(initial pulse) 또는 송신 펄스라고 한다. 그림 4-5는 전형적인 A-스캔 화면을 나타낸 것이다. 화면의 맨 왼쪽에 초기 펄스가 나타나 있다. 초기 펄스의 왼쪽은 탐촉자에 전기적인 펄스가 인가되는 순간에 대응되며, 그 폭은 탐촉자가 진동하는 것에 의해 형성된 것이다. 이 초기 펄스의 폭이 불감대(dead-zone)이다. 화면의 중간에 나타난 신호는 탐촉자에 의해 검출된 반사 신호로 신호의 상대적인 높이로 반사 신호의 세기를 측정하고, 반사 신호의 왼쪽 가장자리(펄스 시작점)가 반사 신호의 도달 시간을 측정한다. 신호가 그림 4-5와 같이 표시될 때 신호를 영상 신호(video signal)라고 한다. 화면의 맨 밑의 수평선은 종종 수평 기준선(horizontal base line)으로 여기고, 재료 평가에서 신호는 이러한 수평 기준선에서 상승하는 지시를 만들어 낸다. 이러한 영상 표시 방식에서 전체 화면은 상대적인 신호의 피크 진폭을 평가하기 위해 사용할 수 있다. RF 신호를 나타내는 A-스캔 표시 방식은 신호의 크기를 음과 양의 피크 진폭으로 나타낸다.

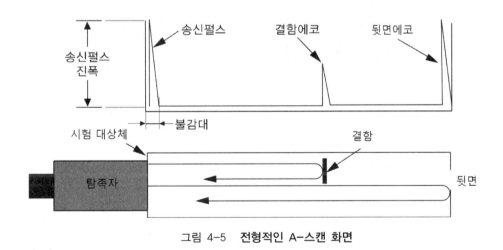

그림 4-5 전형적인 A-스캔 화면

4.1.3.2 B-스캔 표시

B-스캔은 탐촉자의 1차원적인 이동에 따른 초음파 신호의 반응을 나타낸다. 일반적으로 초음파 신호의 도달 시간을 초음파 정보로 사용하고 있어, 결과적으로 검사 대상체와 관련된

반사체의 단면의 형상을 나타내게 된다. 그림 4-6은 내부에 불연속이 있는 계단식 시험편의 B-스캔을 나타낸 것이다.

초음파는 전파 방향과 반사체 표면에 수직하게 되어 있을 때 가장 강하게 반사한다. 그림 4-6에서 가장 왼쪽에 있는 불연속은 초음파 진행 방향과 나란히 놓여 있어 B-스캔 영상에 나타나지 않았다. 그리고 내부 반사체는 진행하는 초음파의 세기를 줄이기 때문에 내부 반사체의 그림자는 연속적인 반사 표면의 영상에서 신호의 손실로서 나타나기도 한다. 그래서 스텝 시험편 표면을 나타내는 선의 연속성이 끊어지게 된다. B-스캔 영상의 탐촉자 이송 방향과 수직한 방향으로 탐촉자를 옮기면서 획득한 B-스캔 영상 정보를 사용하여 3차원 영상을 구성할 수도 있다. 실질적인 작업에서는 일상적으로 특별한 영역이 관심 대상이 되므로, 하나의 B-스캔 결과는 반사체의 위치, 크기, 형상을 결정하는 정보를 충분히 가지고 있다.

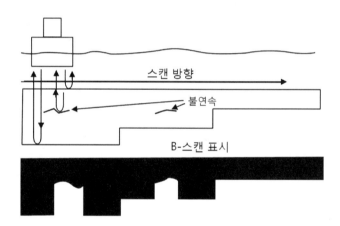

그림 4-6 내부 불연속을 지닌 스텝 시험편의 B-스캔 영상

4.1.3.3 C-스캔 표시

C-스캔은 검사 대상체의 관심 영역에 걸쳐 탐촉자를 2차원적으로 움직이고, 초음파 신호를 탐촉자 이송에 대해 일정한 간격으로 획득하여 2차원 적인 영상을 만든다. 이를 위하여 자동화된 기계적 위치 제어 장치를 사용한다. 수신된 초음파 신호는 색깔 또는 회색조(gray scale)의 농도로 전환된다. A-스캔 데이터를 기반으로 한 평면적인 영상은 각각의 탐촉자의 위치에서 색깔 또는 회색조의 농도를 결정하기 위해 펄스 진폭 또는 도달 시간에 근거한 신호 기준을 사용하여 만들어진다. 이것은 건축물의 평면도와 같은 영상을 생성하며, 검사 대상체 내의 반사체 표면의 형상과 크기와 직접적으로 관련되기 때문에 방사선투과검사 영상과 같이 직관적으로 해석하기가 수월하다. 일반적으로 초음파 신호의 진폭에 의해 형성된 C-스캔 영상은

반사체의 깊이에 대한 정보를 지니지 않으므로, 이를 위하여 A-스캔 신호를 함께 저장하여 사용하기도 한다.

그림 4-7은 신호의 크기가 사전에 설정된 문턱 값을 초과하는 반사체에서 신호의 진폭에 따라 다른 색으로 나타낸 C-스캔 결과와 이러한 결과를 얻을 수 있도록 한 제어장치를 나타낸 것이다. 영상은 반사체의 개략적인 형상과 어떻게 분포되어 있는지를 파악할 수 있게 한다. 이러한 C-스캔 영상 표시의 주된 장점은 B-스캔 화면에서 볼 수 없는 결함의 형상과 관련된 직관적인 정보를 제공한다는 것이다.

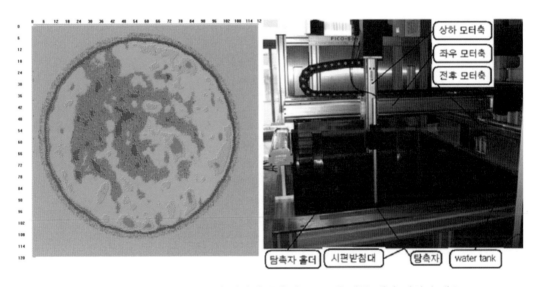

그림 4-7　초음파 C-스캔 영상과 초음파 C-스캔 자동 제어 장치의 개요

C-스캔에서 중요한 점은 같은 깊이에 있는 인접된 반사체를 식별할 수 있는 능력이다. 이것은 시스템의 측면 분해능에 의존하며, 측면 분해능은 관심 깊이에서 초음파 빔의 폭과 스캔 간격(데이터 취득 간격)에 의해 결정된다. 일반적으로 초음파 빔의 폭은 초음파 중심의 음압보다 6 dB(1/2) 떨어진 지점의 간격으로 결정한다. C-스캔영상의 결과가 결함의 실제 크기에 대응되도록 하기 위해서는 초음파 빔의 폭을 작게 하여야 한다. 이를 위하여 집속 탐촉자에 의해 초음파 빔을 집속시키고, 집속 위치 부근의 신호를 수집하여 C-스캔 영상을 구현하여야 한다. 그럼에도 불구하고 실제 C-스캔 영상은 초음파 빔 폭의 영향 때문에 실제 결함의 크기보다 크게 나타나므로, 평저공에 의해 실제 크기를 나타내는 신호의 문턱 값을 결정하는 것이 필요하다.

4.1.4 A-스캔 화면의 가로 축 조절 기능

4.1.4.1 속도(velocity)

초음파탐상검사에서 사용되는 휴대용 초음파 탐상기는 앞에서 설명한 영상 표시 장치 중에서 A-스캔 영상 표시 장치를 채택하고 있다. A-스캔 화면의 수평 축은 시간을 나타내는 것이지만 실제로는 거리가 되도록 하여 신호를 나타나게 한다. 이것은 검사 대상체에서 초음파 전파 속도 값을 시간에 곱해주어 표시하는 것이다. 초음파 속도는 재료에 따라 변화되므로, 검사 대상체 재료 속도 값에 맞도록 설정하여 사용하여야 반사 신호를 만든 반사원의 위치를 정확하게 평가할 수 있다.

4.1.4.2 범위(range)

이것은 A-스캔 화면에 나타난 신호의 가로 축 위치는 반사체의 거리에 대응된다. 따라서 화면의 가로 축 전체는 초음파에 의해 측정할 수 있는 최대 거리를 나타낸다. 이것은 검사 대상체의 크기에 따라 변경시켜야 하기 때문에 이를 조절하는 기능을 지닌다. 이를 범위 조절이라 하며, 범위 조절을 크게 하는 기능과 미세하게 조절하는 기능을 나누어져 있으므로, 작업자가 검사 대상체에 맞추어 조절하여 사용하여야 한다.

4.1.4.3 0점 맞춤(zero offset 또는 P-delay)

탐촉자의 보호막, 접촉매질, 케이블, 웻지(wedge) 등에 의해 탐촉자에 전기적인 펄스가 인가되는 순간과 탐촉자에서 만들어진 초음파가 검사 대상체에 들어가는 순간이 일치되지 않는다. 0점 조절은 이러한 불일치를 보정하기 위해 사용한다.

4.1.4.4 시간 지연(delay)

이것은 화면을 전체적으로 이동 시키는 기능으로 수침법이나 지연 팁을 장착한 탐촉자의 경우 탐촉자 면에서 검사 대상체 탐상면까지 초음파가 진행한 거리(일명 물 거리라고도 함)는 무의미하기 때문에 화면에서 제외시킬 필요가 있다. 그림 4-8은 수침법에서 초기 펄스를 포함한 반사 신호를 얻은 A-스캔 화면과 시간 지연을 조절하여 원래의 A-스캔 신호에서 물 거리에 해당하는 영역을 제외시키고 측정 범위를 더 작게 하였을 때의 A-스캔 신호를 나타낸 것이다. 이와 같이 수침법에서 시간 지연을 조절하여 신호를 표시하면 관심 영역을 더 자세하게 볼 수 있는 장점이 있다.

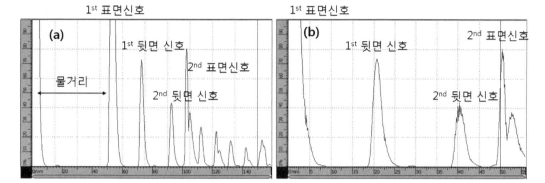

그림 4-8   수침법에서 획득한 A-스캔 화면
(a)초기 펄스를 포함한 신호
(b)시간 지연을 조절하여 물 거리를 제외하고 범위를 조절한 신호

4.2 초음파 탐상 장비의 다른 기능

4.2.1 게이트

결함 판정이 요구되는 펄스-반사법에서, 신호의 진폭은 중요하며, 허용 가능한 결함에서 반사된 신호의 진폭은 일상적으로 어떤 한계를 넘지 않아야 한다. 평행면을 갖는 시험편에서는 뒷면 반사 신호가 나타날 것이나, 어떤 기준 값 이하인 곳은 재료 내부의 큰 불균일성에 의한 그림자 효과에 의해 뒷면 반사 신호가 사라질 수도 있다.

게이트는 설정한 일정 범위에 나타나는 반사 신호의 진폭이 사전에 설정된 기준 값 이상인지 또는 이하인지를 알려 주어서 작업자가 연속적으로 화면을 관찰하는 노고를 덜어 주는 역할을 한다. 특히 자동 검사장치에 사용되는 초음파 탐상 장비에는 이러한 기능이 필수적으로 요구된다. 게이트의 위치와 범위와 문턱 값은 조절할 수 있으며, 여러 개의 게이트를 설정하여 동시에 작동할 수 있는 장비들도 있다.

접촉식 수직 탐상으로 재료의 전체 두께에 있는 결함을 검출하고자 한다면 게이트 시작점은 초기 펄스 바로 뒤에 놓이도록 하고 게이트의 끝은 뒷면 반사 신호 직전에 놓이도록 설정한다. 또한 두 번째 독립적인 게이트를 사용하여 뒷면 반사 신호를 관찰할 수도 있다.

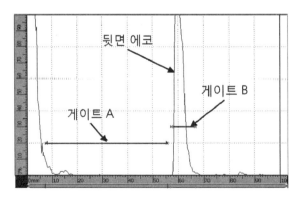

그림 4-9   평행면을 지닌 검사 대상체 전체 두께 내부의 결함 검출을 위한
게이트 A와 뒷면 반사 신호 관찰 게이트 B의 설정

4.2.2 DAC(Distance Amplitude Correction) 및 TCG(Time Corrected Gain) 회로

반사체에 의한 반사 신호의 진폭은 탐촉자에서 반사체와의 거리에 따라 변화되기 때문에 평가 문턱 값을 일정하게 유지할 수 없고 거리에 따라 변화되도록 하여야 한다. 이러한 문제를 해결하기 위한 다음의 두 가지 방법이 있다.

- 스위프 전압에 따라 감소하는 반응 전압에 의해 거리에 의존하는 문턱 값 설정
- 반사 신호의 거리 법칙에 의해 거리에 따른 증폭률을 증가시키는 방법

두 번째 방법은 더 큰 범위의 변화(약 40 dB까지)를 허용하는 장점을 가지며, 이러한 회로를 갖춘 장비는 다음의 두 방법 중 한 방법으로 장비를 조정한다.

(1) 실증적 조절
이 방법은 다른 깊이에 있는 같은 크기의 인공 결함을 지닌 시험편들을 사용하여 반사 신호를 가지고서 조절한다. 시험편들의 각 인공 결함으로부터 얻은 반사 신호의 피크들을 화면 위에 표시한 뒤에 이 반사 신호들에 잘 들어맞도록 조절하여 사용한다. 이 경우 가장 높은 진폭의 반사 신호의 진폭을 화면에 80% 높이가 되도록 하여야 한다. 이 때 DAC 기능을 활성화 시키면 깊이가 다른 인공 결함에 의한 반사 신호의 진폭이 화면에 80% 높이가 되도록 거리에 따라 신호를 증폭하게 된다. 일반적으로 기준 신호 높이는 전체 화면 높이의 80%에 맞추지만, 다른 높이를 사용할 수도 있다.

(2) DGS 방법을 활용한 조절
시간이 변화됨에 따라 신호를 증폭하기 위한 적절한 보정 기능은 사용하는 탐촉자에 대응되는 음장 특성을 사용하여 설정될 수도 있다. 최근 성능이 향상된 탐상기의 경우에는 시험 대상 재료의 감쇠계수, 탐촉자의 주파수 및 유효 지름에 대한 적절한 변수를 선택함으로써 반사 신호에 대한 거리 보상을 자동적으로 수행할 수 있도록 많은 표준 DGS 곡선을 저장(또는 생성)하고 있다. 이러한 경우에는 시간 증가에 따라 연속적으로 증폭률의 변화를 주는 TCG(Time Corrected Gain: 시간 교정 증폭)의 적용도 가능하다.

4.2.3 초음파 두께 측정

펄스-반사 방식에서 반사 신호의 진폭뿐만 아니라 탐촉자로부터 결함 또는 뒷면까지 초음파 노정 시간도 결함의 위치 또는 재료의 두께와 관련되기 때문에 관심 대상이 된다. 일반 초음파 결함 탐상기에 포함된 두께 측정기는 다음과 같은 것을 결정할 수 있는 기능을 제공한다.

- 초기 펄스와 게이트 내의 반사 신호 사이의 초음파 노정 시간
- 두개의 분리된 게이트에 의해 걸린 반사 신호 사이의 초음파 노정 시간
- 시간 지연 팁(delay line) 내의 노정 시간을 사전에 결정하여 교정한 게이트 내의 반사 신호와 초기 펄스 사이의 노정시간

이러한 노정시간을 측정하는 방법의 하나인 적분 방법은 그림 4-10에 나타낸 것과 같이 다중 반사 신호에서 연속적인 두 반사 신호 또는 인위적으로 만들어진 0점과 첫 번째 반사 신호 사이를 측정한다. 이러한 두 측정 점은 사각형 펄스로 전환되고, 두 펄스의 시작 점 사이에서 일정 전압을 걸리게 하여 일정한 전류원을 작동시켜 콘덴서를 충전한다.

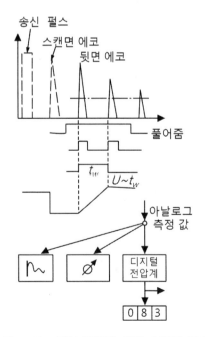

그림 4-10　**적분 방법에 의한 초음파 두께 측정**

따라서 콘덴서에는 두 반사 신호의 노정시간에 비례하는 전압이 걸리게 되며, 비례 상수는 교정하는 과정에서 충전하는 전류를 변화시켜 교정 시험편의 두께와 같은 값이 되도록 한다. 콘덴서의 충전된 전압은 디지털 전압계를 통하여 디지털 신호로 전환시켜 두께 값을 나타나도록 한다. 이러한 적분 방법의 최종 출력 전압은 전기적 저역 통과 필터(low pass filter)에 의해 안정화시켜야 하고, 표시되는 측정값은 시간 평균값이 된다. 하지만 이 방법은 아날로그 신호 처리 과정이기 때문에 전기적인 간섭과 구성품의 전기적인 조건에 민감하다.

위와 같은 적분 방법의 문제점을 해소하기 위하여 디지털 방식에 의한 계수 방법이 있다. 그림 4-11에 나타낸 것과 같이 계측 시작 펄스는 인위적으로 만들고 송신 펄스와 결합시킨다. 계측 멈춤 펄스는 첫 번째 뒷면 반사 신호이다. 계측 시작과 끝 점 사이의 시간이 너무 짧을 수도 있지만 0점 오차를 지닌 모든 문제들이 해소되도록 각각의 측정에 수월하게 부가할 수 있다. 그리고 일정한 주파수의 전기적인 진동자에 의해 발생되는 펄스 신호는 계수 회로에 의해 계측 시작과 끝 점 사이 동안 전기적인 진동자에서 발생된 펄스의 수를 계수하여 이를 디지털 표시장치로 보내지거나 저장 장치에 저장된다.

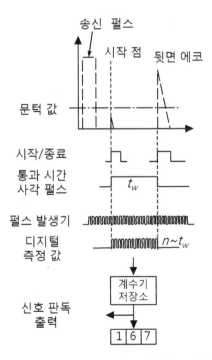

그림 4-11 　계수 방법에 의한 초음파 두께 측정 방법

4.2.4 보조 장치와 기록 방법

펄스-반사법을 이용한 초음파탐상검사에서 만들어지는 의미 있는 모든 데이터들은 원리적으로 현대적인 컴퓨터를 사용하여 전체적으로 기록 관리가 가능하다. 이러한 목적을 위해서 탐촉자 움직임을 이끌어 주는 기계적인 장치에 의한 위치 정보가 초음파 데이터에 부가되어야 한다. 많은 데이터 처리 과정에 의해 실시간으로 프린터로 기록을 보낼 수도 있고, 상당히 복잡한 데이터 평가는 나중에 할 수도 있다. 물론 전체 작업은 매우 종합적일 수 있지만, 데이터를 나중에 평가하는 것은 원자로 검사와 같은 특별한 경우에만 정당화된다.

앞의 영상 표시 장치에서 설명한 A-스캔, B-스캔, C-스캔은 초음파 탐상 결과를 기록하는 방법들이다. 일반적으로 A-스캔은 화면의 신호를 사진기로 찍거나 또는 디지털 장비의 보조적인 기록 장치를 사용하여 기록할 수 있다. 이러한 기록은 탐촉자의 위치 정보가 없기 때문에 매우 낮은 수준의 기록이다. 반면에 B-스캔과 C-스캔은 탐촉자의 위치 정보를 지니고 있으며, 일반적으로 기계적인 장치에 의해 만들어진다.

최근에 초음파 위상배열 초음파 또는 TOFD 기법을 적용하는 자동 검사 장비들이 여러 분야에서 많이 사용되고 있다. 특히 TOFD 기법을 적용한 자동 검사 장비는 용접부 검사에 주로 사용되고 있으며, 위상배열 초음파 기법을 적용한 자동 검사 장비는 배열 탐촉자를 사용하여 기존의 초음파 탐상에 의한 자동 검사 장비에서 채택하였던 여러 개의 탐촉자를 하나의 탐촉자로 대체하거나, 탐촉자 이송을 위한 복잡한 기계장치를 배열 탐촉자의 특성으로 한 방향으로만 이송하도록 단순화 시킬 수 있어서 보급이 확대되고 있다.

디지털 초음파 탐상 장비의 특징

반도체 기술과 LED 또는 LCD와 같은 평판 영상 표시 장치의 발전으로 기존의 CRT 화면을 사용하던 아날로그 초음파 탐상기는 디지털 초음파 탐상기로 전환되었고, 프로세서 반도체의 프로그램 개발 기술도 발전되어 디지털 초음파 탐상기의 기능들이 점차로 향상되어 왔다. 이러한 디지털 장비는 다음과 같은 고유한 특성을 지닌다.

4.3.1 디지타이징에 의한 신호 진폭 오차

디지털 초음파 탐상기는 아날로그·디지털 변환기(ADC: Analog to Digital Converter)를 이용하여 원래의 아날로그 초음파 신호를 일정한 시간 간격으로 데이터를 수집하여 평판 영상표시 장치에 보내어 신호를 나타내게 된다. 이렇게 일정한 시간 간격으로 데이터를 수집하는 과정을 디지타이징(digitizing)이라고 하며, 추출된 데이터의 시간 간격의 역수를 디지타이징 주파수 또는 샘플링 률(sampling rate)이라고 한다.

그림 4-12는 약 2번 반의 진동을 한 RF 신호에 대해 왼쪽은 16개의 데이터를 추출한 것이고 오른쪽은 8개의 데이터를 추출한 것이다. 두 신호에서 16개의 데이터를 추출한 왼쪽은 원래의 신호와 유사하지만 8개의 데이터를 추출한 오른쪽은 원래의 신호와는 다른 진폭의 신호가 만들어 진다. 따라서 신호의 왜곡을 줄이기 위해서는 디지타이징 주파수를 높여야 한다. 그림 4-13은 탐촉자의 중심 주파수와 디지타이징 주파수의 비에 따른 진폭 오차의 크기를 나타낸 그래프이다. 디지타이징 주파수는 원래의 진동 신호의 진동 주기를 훼손하지 않으려면 적어도 탐촉자 중심 주파수의 4배 이상은 되어야 하지만, 이 정도로는 약 5 dB(약 44%) 정도의 진폭 오차를 유발한다. 만일 진폭 오차를 1% 이하로 줄여야 한다면, 디지타이징 주파수는 탐촉자 주파수보다 10배 이상이 되어야 한다. 하지만 디지타이징 주파수를 높이면 파일 크기가 커지며, 데이터 취득 속도는 떨어진다. 현재 ISO 표준에서 디지타이징 주파수는 사용하는 초음파 주파수의 6배 이상이 되어야 한다고 명시하고 있다.

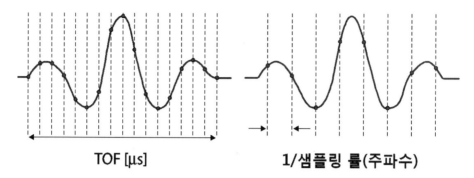

TOF [μs]　　　　　　1/샘플링 률(주파수)

그림 4-12　　RF 신호의 디지타이징 주파수의 예. 같은 RF 신호에 대해 16
개 수집 데이터(왼쪽)와 8개 수집 데이터(오른쪽)

낮은 값의 디지타이징 주파수에 의한 진폭 에러(ε_A)는 다음 공식에 따른다(그림 4-13 참조).

$$\varepsilon_\text{A} = 20 \bullet \log_{10}\left\{\sin\left[\left(0.5 - \frac{f_\text{p}}{f_\text{s}}\right) \bullet 180°\right]\right\} \ [\text{dB}] \tag{4-4}$$

여기서

ε_A = 디지타이징 주파수 값에 의한 진폭 에러　　[dB]

f_p = 탐촉자 주파수　　　　　　　　　　　　　　　[MHz]

f_s = 디지타이징(데이터 수집) 주파수　　　　　　[MHz]

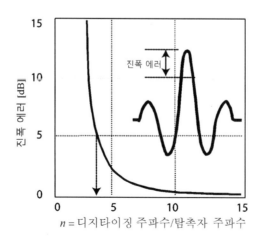

그림 4-13　디지타이징 주파수/탐촉자 주파수 비(n)에 따른 진폭 에러

4.3.2 신호 처리 시간에 의한 응답 속도 지연

CRT 화면을 사용하는 기존의 아날로그 탐상기는 증폭기에 의해 증폭된 신호가 CRT의 전자총 앞의 수직 편향 전극에 인가되어 실시간으로 화면에 신호를 그려주는 반면에, 디지털 초음파 탐상기는 증폭기를 거친 신호를 디지타이징의 신호 처리한 뒤에 화면에 나타나게 한다. 이러한 신호 처리 과정 때문에 약간의 시간 지연이 존재하여 데이터 취득 속도에 영향을 준다. 따라서 신호 처리 속도에 비하여 탐촉자를 너무 빨리 이송 시키는 경우에는 아주 짧은 순간 신호의 변화를 일으키는 상황이 나타나지 않을 수가 있다. 즉 아주 작은 결함이 있는 경우 탐촉자를 너무 빨리 이송하는 경우에는 결함 신호의 진폭이 작아지거나 나타나지 않을 수가 있다.

4.3.3 장비 설정과 A-스캔 데이터의 저장

아날로그 초음파 장비의 경우 많은 탐상 조건에 따라 설정 값들을 변경하여 사용을 해야 한다. 만일 탐상 조건이 바뀌게 되면 기존에 탐상 조건에 의해 장비를 설정한 내용들이 변하기 때문에 다음에 기존에 수행한 조건일지라도 다시 장비를 설정해야 하는 번거로움이 있다. 하지만 디지털 초음파 장비는 내부의 저장 장치에 특정 탐상 조건의 설정 값들을 저장할 수 있기 때문에 탐상 조건에 의해 장비를 설정한 경우에는 이를 저장하여 나중에 같은 검사를 수행할 경우 이를 불러와서 탐상을 할 수 있어 탐상 조건에 장비 설정을 맞추는 번거로움을 피할 수 있다. 또한 이러한 저장 기능은 탐상을 한 A-스캔 결과도 저장이 가능하여 나중에 재 분석하거나 다른 부위의 결과와 비교 분석에 활용할 수 있는 장점을 지닌다.

4.4 압전형 초음파 탐촉자

일반적으로 휴대용 초음파 탐상 장비는 압전형 초음파 탐촉자를 연결하여 사용하도록 되어 있다. 앞에서 압전 효과에 의한 초음파 발생에 대해서는 3장에서 자세하게 설명하였다. 본 절에서는 초음파 탐상에 사용하는 압전형 초음파 탐촉자의 특성과, 종류들을 설명할 것이다.

4.4.1 압전형 초음파 탐촉자의 특성

압전형 초음파 탐촉자는 공칭주파수, 대역폭, 진동자 크기 및 재료, 굴절각과 같은 값들을 탐촉자의 성적서에 표시하고 있으며, 대부분의 탐촉자들은 케이스에 진동자의 크기 및 주파수를 표시한다. 특히 경사각 탐촉자의 경우 철강에서 굴절각을 표시하고, 집속 탐촉자의 경우에 물에서 집속 거리를 표시하고 있다. 대부분의 압전형 탐촉자의 경우 두께 공진에 의한 초음파를 만들어 내는데, 이러한 경우 압전 재료의 두께와 발생되는 초음파 사이의 관계는 앞의 2장의 식 (2-8)과 같다. 하지만 우리가 사용하는 초음파는 연속적으로 진동하는 것이 아니라 순간적인 진동을 하는 펄스를 사용하기 때문에, 실제로 탐촉자의 성능은 그림 4-14와 같은 특정한 반사원에 의한 RF 신호의 시간 응답 특성과 그림 4-15와 같은 주파수 스펙트럼에 의해 평가된다.

4.4.1.1 RF 신호의 시간 응답 특성

- **피크-피크 진폭(V_{pp}).** RF신호의 가상 높은 신폭 값과 가장 낮은 진폭 값의 최대 편차(volt 또는%).

- **펄스 폭 또는 파형길이($\Delta \tau_{-20dB}$):** + 신호의 최대 진폭과 + 신호의 최저 진폭 크기의 10%(- 20dB)가 되는 지점 내의 파형 지속 시간.

- **피크 수(PN: Peak Number):** 펄스 폭(또는 파형 길이) 내에 있는 음과 양 피크의 개수.

- **진동 횟수(CN: Cycle Number):** 펄스 폭 내의 진동 횟수 또는 파장의 수(피크 수의 1/2임).

- **감폭 인자(damping factor: k_A):** + 신호의 최대 피크 진폭과 다음 번 + 신호의 피크 진폭 사이의 비율(또는 − 신호의 최대 피크 진폭과 다음 번 −신호의 피크 진폭 사이의 비율).

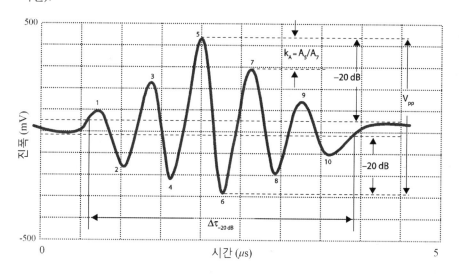

그림 4-14 　 RF 신호의 특성: (a) V_{pp} =700 mV, (b) $\Delta \tau_{-20\,dB}$ =3.25 μ s
(c)피크 수 PN=10, (d)CN=5, (e)감폭 인자 k_A =1.4

4.4.1.2 RF 신호의 주파수 스펙트럼

그림 4-14와 같은 펄스 형태의 RF 신호는 FFT(Fast Fourier Transform)를 이용하여 주파수 스펙트럼을 구할 수 있으며, 이것은 탐촉자의 주파수 응답 특성으로 여길 수 있다. 이러한 주파수 스펙트럼에서 다음과 같은 값들에 의해 RF 신호의 특징을 나타낸다.

- **피크 주파수(f_p):** FFT에 의한 주파수 스펙트럼에서 최대값을 갖는 주파수.

- **낮은 쪽 주파수($f_{L-6\,dB}$):** 피크 주파수의 진폭 크기에 대해 -6dB 진폭 크기를 갖는 지점의 낮은 쪽의 주파수 값.

- **높은 쪽 주파수($f_{U-6\,dB}$):** 피크 주파수의 진폭 크기에 대해 -6dB 진폭 크기를 갖는 지점의 높은 쪽의 주파수 값.

- **중심주파수**(f_c): 낮은 쪽 주파수와 높은 쪽 주파수의 대수 평균 또는 기하 평균 주파수.

$$f_c = \frac{(f_{\text{L-6\,dB}} + f_{\text{U-6\,dB}})}{2} \quad \text{또는} \quad f_c = \sqrt{(f_{\text{L-6\,dB}} \times f_{\text{U-6\,dB}})} \tag{4-5}$$

- **대역폭**(band width: $BW_{\text{rel.}}$): 높은 쪽 주파수와 낮은 쪽 주파수에 의한 주파수 범위.

$$BW_{\text{rel.}}[\%] = \frac{(f_{\text{U-6\,dB}} - f_{\text{L-6\,dB}})}{f_c} \bullet 100 \tag{4-6}$$

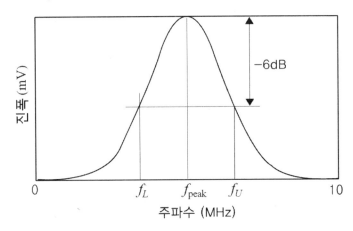

그림 4-15 **초음파 탐촉자에서 발생된 펄스 신호의 주파수 응답 특성**

4.4.2 대역폭(진폭 감소 정도)에 의한 탐촉자 분류

초음파 탐촉자는 주파수 대역폭에 의해 아래와 같이 분류할 수 있다.

- 협 대역(narrow bandwidth) (15~30%) 결함 검출이 가장 좋음
- 중간 대역(middle bandwidth) (31~75%) 결함 검출과 크기 산정용
- 광대역(broad[또는 wide] bandwidth)(76~110%) 결함 크기 산정용

이러한 분류는 페라이트계 재료와 기타 다른 재료들에 대한 일반적인 지침이다. 실질적인 지침은 균열의 3차원적 형상과 방향에 의존한다. 이러한 지침은 평면 수직 입사에 대해서는

잘 맞으나, 오스테나이트계 재료의 결함 검출과 오스테나이트계 또는 이종금속 재료에서 분기 균열의 크기 산정에 대해서는 일반적으로 맞지 않는다.

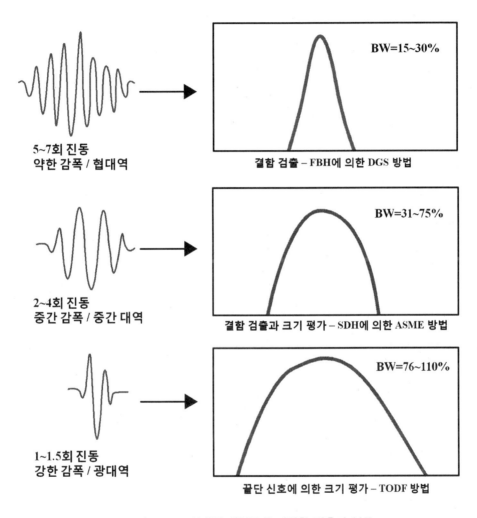

그림 4-16 상대적 대역폭에 기반한 탐촉자 분류

펄스 형상(유지 시간)은 축 방향 분해능에(고정된 각도와 고정된 위치에서 탐촉자를 사용할 때) 직접적인 영향을 미친다. 축 방향 분해능은 초음파가 Δz 의 초음파 경로를 지날 때 초음파 축 상에 놓여 있는 인접한 두 개의 결함을 분해할 수 있는 능력이다. 축 방향 분해능이 좋으려면, 반사원은 피크와 골 사이의 값을 6 dB 이상으로 분리된 피크 진폭을 만들어야 한다. 일반적으로 위상배열 탐촉자는 광대역 특성을 지니며, 복합압전소자 재료는 우수한 광대역 특성을 제공한다. 또한 복합압전소자재료는 높은 초음파 출력과 우수한 결함 검출 능력을 제공하여 최선의 절충점을 만든다. 축 방향 분해능은 다음과 같은 관계로 나타낼 수 있다.

$$\Delta z = \frac{v[\text{mm}/\mu s] \times \Delta \tau_{\text{-20 dB}}[\mu s]}{2} \qquad (4-7)$$

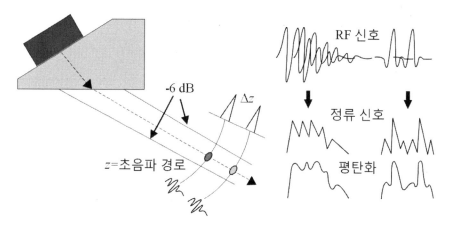

그림 4-17   축 방향 분해능: 원리(왼쪽), 나쁜 분해능과 좋은 분해능(오른쪽)

탐촉자 특성과 시험편 특성에 관한 부가적인 정보는 참고문헌 1~4에서 찾아 볼 수 있다.

4.4.3 압전형 초음파 탐촉자의 종류

4.4.3.1 단일 진동자 수직 탐촉자

탐촉자 면에 수직한 방향으로 초음파를 내보내는 단일 진동자 탐촉자에 의해 발생된 초음파는 검사 대상체 표면에 수직한 방향으로 전파한다. 이러한 수직 탐촉자는 접촉식과 수침식이 있으며, 접촉식은 진동자의 형태가 원형인 것과 사각형인 것과 진동자의 한쪽 변의 길이가 긴 페인트 붓형이 있다. 그리고 수침식 탐촉자는 집속형과 일반형이 있다. 수직 탐촉자는 그림 4-18에 나타낸 바와 같이 진동자, 보호막, 후면재로 구성되고, 전기적인 임피던스 정합 소자와 이들을 감싸고 있는 케이스에 케이블을 연결하는 커넥터가 부착되어 있다.

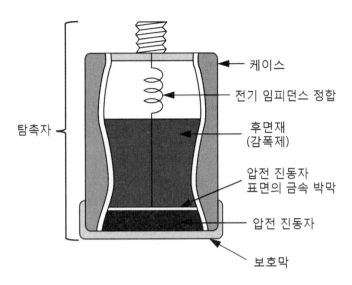

그림 4-18 접촉식 수직 탐촉자의 내부 구조

탐촉자의 가장 중요한 부분은 진동을 일으키는 압전 재료이다. 압전 재료의 두께는 발생되는 초음파의 주파수를 결정하며, 양면은 전극으로 작용하도록 금속박막이 입혀져 있다. 금속 박막은 진동을 간섭하지 않도록 가능한 얇게 입히며, 박막을 입히는 방법은 은 유화액을 페인팅하여 고온으로 가열하거나 금·니켈과 같은 금속을 화학적으로 용착시키거나, 진공에서 증착하거나 전도성 페인트를 살포(spray)하는 방법 등 세라믹 재료에 따라 다르게 적용한다.

그리고 압전 재료 뒤쪽으로는 후면재가 있다. 이것은 압전 재료의 뒤쪽으로 복사되는 초음파 에너지를 흡수하고 펄스의 잔향을 억제하기 위해 강하게 감폭하는 역할을 한다. 또한 후면재는 사용하는 도중에 압전 재료가 외부 압력이나 기계적인 충격을 견디도록 하는 지지대 역할을 한다. 후면재의 음향임피던스는 요구된 감폭의 정도에 따라 선택되어야 하는데, 최대의 감폭을 얻으려면 후면재의 음향임피던스가 압전 재료의 음향임피던스와 같아야 한다. 이러한 경우 뒤쪽으로 방출되는 음향 에너지는 후면재에서 모두 흡수하게 된다. 그리고 후면재로 들어간 음향 에너지가 뒤쪽에서 일어나는 반사를 억지시키기 위해서는 충분히 높은 감쇠와 두께를 가져야 한다. 이를 위하여 에폭시 레진과 텅스텐 분말을 섞어서 사용하는 것이 좋다.

탐촉자가 검사 대상체와 접촉되는 부분은 압전 재료를 보호하기 위한 보호 층이 있으며, 이것은 압전 재료 보호는 물론 검사 대상체와 압전 재료와의 음향임피던스를 맞추어 초음파 에너지가 더 많이 전달되도록 하는 역할도 한다.

보호막은 단단한 면과 부드러운 면으로 구분되는데, 단단한 면 보호막은 마모를 견디도록 하기 위하여 압전 재료에 산화알루미늄, 사파이어, 탄화붕소(B_4C)와 같은 재료를 얇고 단단한 층으로 하여 접합시킨다. 단단한 금속 표면에서 사용할 때 보호 층은 음향 결합에 큰 변화를 주어서 감도의 변화를 크게 일으키므로 두께를 파장의 1/10 이하가 되도록 한다. 따라서 높은 주파수 탐촉자의 보호 층은 매우 얇아지며 깨지기도 쉽다. 부드러운 면 음향 결합 탐촉자의 보호 층은 에폭시 레진과 같은 부드러운 재료를 사용하며, 이러한 탐촉자는 검사 대상체와 직접 접촉하지 않는 수침식 탐촉자에 적절하다. 이러한 경우 보호 층의 음향임피던스는 물과 압전 재료의 음향임피던스 사이에 오도록 하는 것이 좋으며, 이 때 두께가 1/4 파장일 때 탐촉자에서 만들어진 음향 에너지가 가장 크게 물로 방출된다. 하지만 어떠한 압전 재료는 수용성인 것도 있고 내부로 수분이 흡수되게 되면 접합부의 접합력을 떨어뜨리기 때문에 완전한 방수가 되도록 만들어져야 한다.

압전 재료와 보호막과 후면재의 접합은 매우 중요하다. 접합은 에폭시 접합, 납땜 또는 얇은 액체 층에 의해 이루어지는데, 모든 경우 표면은 아주 평평하여야 하며 접합 층이 음향임피던스를 변화시킬 수 있으므로 최대한 얇게 하는 것이 필요하다.

거친 표면 위에서 접촉식 시험을 할 때 높은 분해능은 포기하여야 하고, 압전 재료를 보호하기 위하여 교환 가능한 얇은 보호 필름을 사용한다. 높은 음향 흡수를 가지는 보호 필름은 얇은 두께로 흡수에 의한 감도의 영향은 크지 않고, 필름 내에서 다중 반사에 의한 펄스 폭을 길게 하는 것을 방지한다. 또한 보호 필름의 사용은 액체 접촉매질의 층의 변화가 감도에 크게 영향을 주지 않으며, 탐촉자 접촉 압력을 작게 할 수 있어서 더 쉽게 이동 시킬 수 있는 장점이 있다.

상용화 된 초음파 탐촉자의 압전 진동자의 지름은 대체로 5~40 mm 사이의 크기를 갖는다. 큰 지름의 탐촉자 전체 면적을 균질하게 접촉시킬 수 있는 평평한 표면의 대상체들은 거의 없다. 따라서 작은 지름의 탐촉자를 사용하는 경우가 많다. 지름이 작은 탐촉자는 낮은 주파수에서 지향성이 좋지 않고 표면파와 횡파 발생을 증가시킨다. 이러한 현상은 간섭 펄스를 만들어 종파 반사 신호에 혼란을 일으킬 수가 있고 또한 감도가 낮아지는 단점을 갖는다.

큰 검사 대상체의 스캔은 빔 폭이 큰 페인트 붓 형태의 탐촉자를 사용할 수 있다. 이러한 탐촉자는 폭이 100 mm인 것도 있다. 알루미늄에서 폭이 75 mm이고 주파수가 10 MHz인 탐촉자를 사용하여 표면에서 2 mm에서 12 mm 깊이에 있는 지름 1.6 mm인 평저공(FBH: Flat-Bottomed Hole)을 검출도 가능하다. 하지만 이렇게 폭이 넓은 탐촉자를 사용하는 경우 모든 곳의 감도를 일정하게 획득하기가 어려우며, 반사체의 정확한 위치를 지정할 수 없다. 이러한 단점은 진동자를 잘게 나누어 각각을 따로따로 가진하는 배열 탐촉자를 사용하여 해결할 수 있다.

배열 탐촉자는 고정된 위치에서 연속적으로 각각의 진동소자 또는 몇 개의 진동소자를 그룹으로 가진하여 100 mm 이상의 탐촉자 전체 폭에 대해 빔 폭을 좁게 향상시켜 공간 분해능을 좋게 할 수 있다. 배열 탐촉자는 가진하는 위상을 변화시키기 때문에 위상 배열(phased array) 탐촉자라고 한다. 위상 배열 탐촉자는 가진하는 진동소자의 개수를 조절하고 가진 순간을 조절하여 근거리 음장 거리를 변화시킬 수 있을 뿐 아니라, 초음파를 집속도 가능하며 집속 위치도 조절 가능하다. 또한 진동소자를 가진 시간을 조절함으로써 대상체에 각도를 갖고 입사 시킬 수 있고, 또 입사각을 원하는 데로 변화시킬 수 있는 장점을 지닌다.

집속탐촉자는 탐촉자 압전 판 전면에 음향렌즈를 장착하거나 압전 판을 곡면으로 만들어 음향 에너지를 특정 지점에 집속을 시킨다. 일반적으로 집속 탐촉자는 수침식 탐촉자에 주로 채용하고 있으며, 그림 4-19에 나타낸 것과 같이 선 집속을 하는 원통면 집속과 점 집속을 구면 집속이 있다. 이러한 집속 탐촉자는 집속 위치에서 빔 폭을 협소하게 함으로써 측면 분해능(lateral resolution)을 향상시킨다.

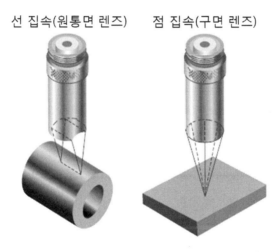

선 집속(원통면 렌즈)   점 집속(구면 렌즈)

그림 4-19 **집속 탐촉자의 집속 방식; 왼쪽-선 집속, 오른쪽-점 집속**

점 집속을 하는 원형 탐촉자의 집속 음장에 대해서는 2.4.4절에서 이미 설명하였다. 집속 탐촉자의 집속 깊이(집속 길이)는 물에서 평가하여 표시하도록 되어 있다. 하지만 수침식 집속 탐촉자는 물속에 잠겨 있는 검사 대상체 내부를 평가하는 데 사용되므로 검사 대상체 내의 집속 점의 위치를 파악하는 것이 필요하다. 대부분의 고체 재료에서 초음파(종파) 속도는 물에서 초음파 속도보다 크기 때문에 고체 재료에서 집속되는 위치는 탐촉자 쪽으로 가까워진다. 그림 4-20과 같이 집속 깊이가 F 인 집속 탐촉자를 사용하여 검사 대상체 표면까지의 물 거리(WP)를 두고 수침식 탐상을 수행할 때 검사 대상체 표면에서 집속 점까지의 거리 MP 는 다음과 같다.

$$MP = \frac{c_{water}}{c_{metal}}(F - WP)$$ (4-8)

여기서 c_{water} 와 c_{metal} 은 각각 물과 금속에서 초음파 속도이다.

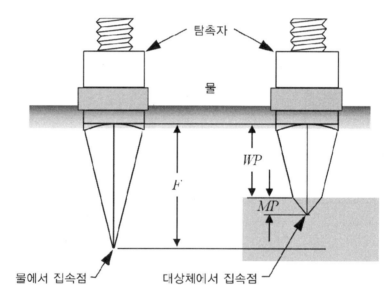

물에서 집속점   대상체에서 집속점

그림 4-20   **검사 대상체 내에서 집속 위치의 변화**

4.4.3.2 2-진동자 수직 탐촉자 [송수신(TR) 탐촉자]

단일 진동자 수직 탐촉자를 사용할 때, 송신 펄스에 기인하는 불감대 때문에 가까운 표면 분해능이 종종 만족스럽지 못한 경우가 있다. 큰 송신 펄스를 더 작은 표면 반사 신호로 대체하기 위해 Perspex® 지연 웻지를 사용하더라도 표면 반사파는 한정된 표면 근처 범위를 가리게 된다. 이와 같은 상황을 극복하기 위하여 두 개의 진동자를 사용한 2-진동자 탐촉자 또는 송수신(TR: Transmitter Receiver) 탐촉자라고 불리는 탐촉자를 사용한다. 일반적으로 반원 또는 사각형 형태의 진동자를 지연 웻지(delay line)에 부착시키고, 전기적 및 음향적으로 서로를 매우 세심하게 차폐시킨다.

그림 4-21은 2-진동자(송수신) 탐촉자의 내부 구조를 나타낸 것으로, 한 개의 진동자에서 발생된 초음파가 지연 웻지를 통과한 뒤에 검사 대상체에서 왕복한 뒤에 다른 진동자로 들어가는 초음파는 V 형상의 경로를 거치기 때문에 실제 검사 대상체에서 초음파가 진행한 거리는 두께의 2배보다 훨씬 길게 된다. 이러한 **경로에 의한 오차**는 두께 측정을 할 때 보상되어야 한다.

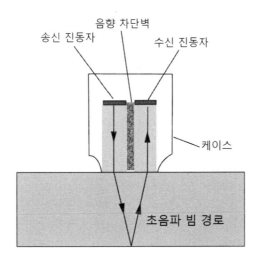

그림 4-21   **2-진동자(송수신) 탐촉자의 구조**

탐촉자 중앙의 음향 차단벽은 초음파 감쇠를 매우 크게 하여야 하므로, 일반적으로 코르크 또는 스티로폼과 같은 다공성 재료를 사용하여 완전한 음향 차단을 한다. 부가적으로 진동자 근처는 전기적인 상호 혼선을 방지하기 위해 전기적으로도 차폐되어야 한다. 이상적으로 설계된 경우에 초음파 빔은 오직 검사 대상체의 경로에 의해서만 수신 진동자에 도달되어야 하나, 접촉면을 통해 약간의 에너지가 직접 전달되기 때문에 실제로 잔류되는 상호 결합을 완전하게 제거할 수는 없다. 따라서 2-진동자(송수신) 탐촉자의 실제적인 품질은 표면 반사 신호의 상호 혼선의 범위에 의존하며, 좋은 탐촉자는 얇은 판에서 표면 반사 신호가 뒷면 반사 신호보다 40~60 dB 이하의 범위가 되도록 한다.

표준형 경사각 탐촉자의 불감대는 종종 너무 길기 때문에 경사각 분할형(송수신) 탐촉자를 사용할 때가 있다. 종파 경사각 탐촉자에 대해서 송수신 원리는 큰 이득이 있고, 크리핑 파

(creeping wave) 기법의 사용은 오직 2-진동자(송수신) 탐촉자로서만 가능하다.

분할형 수직 탐촉자는 저장탱크 바닥판과 같이 뒷면 부식 표면을 갖는 판의 잔여 두께 측정을 비롯하여 두께 측정에 많이 사용된다. 또한 이러한 탐촉자는 표준형 단일 진동자 수직 탐촉자로 찾기 불가능한 튜브의 피팅 부식을 검출하는 데 사용될 수 있다. 획득 가능한 분해능의 예로서 평탄한 표면에서 1.2 mm 아래에 있는 지름 0.4 mm의 평저공(FBH: Flat Bottom Hole)을 10 MHz 분할형 수직 탐촉자로 검출할 수 있었다.

2-진동자 탐촉자의 성능은 최대 감도의 거리 또는 집중 거리에 중요한 영향을 주는 **루프 각도(roof angle)**에 의존한다. 이 각도는 12°까지 사용되지만 더 큰 각도는 표면 반사 신호의 상호 혼선이 증가한다. 2-진동자 탐촉자의 전기적인 정합은 송신 진동자와 수신 진동자 모두와 단일 진동자 사이의 정합을 절충하는 것이 더 이상 필요 없기 때문에 원리적으로 단일 진동자의 전기적 정합과는 다르다. 2-진동자 탐촉자에서 각각의 진동자는 분리하여 음향정합이 되도록 하고, 최적의 성능을 획득하기 위하여 다른 종류의 압전 재료를 사용할 수 있다.

4.4.3.3 단일 진동자 경사각 탐촉자

고체 매질에서 어떤 입사각으로 종파를 입사시키면 굴절을 일으켜 종파가 굴절각을 갖고 경사지게 들어가고 모드 변환에 의해 횡파도 다른 굴절각으로 들어간다. 종파 임계각 이상의 입사각으로 종파를 입사시키는 경우에는 고체 매질에는 횡파만 경사지게 굴절되어 들어가게 된다. 예를 들어 물에서 철강 재료(용접구조용강)로 종파를 입사시킬 때 입사각이 0°에서 약 27° 사이에서 철강 재료로 굴절되는 파가 존재한다. 물에서 철강 재료(용접구조용)로 0°에서 14.5° 사이의 입사각으로 입사할 때, 굴절되는 파는 종파가 강하게 굴절되며, 그 이상의 각도에서는 횡파가 강하게 굴절된다. 물에서 종파 탐촉자를 움직여서 입사각의 연속적인 변화를 만들 수는 있지만 실제 현장에서 사용하는 것은 적절하지 않다.

일반적으로 현장에서 사용되는 경사각 탐촉자는 그림 4-22과 같이 일정한 각도를 갖는 쐐기 형태의 웻지(wedge)에 종파를 발생시키는 압전판을 부착하여 웻지와 시험편의 접촉면에서 굴절에 의해 초음파 빔이 들어가도록 되어 있다. 때때로 교체 가능한 웻지에 수직 탐촉자를 장착하여 사용하기도 하는데, 이 경우 웻지를 교체할 때 충분한 접촉매질을 탐촉자와 웻지가 접촉되는 면에 적용하여 밀착시켜야 신호의 왜곡을 막을 수 있다. 이러한 웻지를 사용하는 경사각 탐촉자는 일반적으로 모드 변환에 의해 검사할 재료에서 횡파를 굴절시키도록 구성된다.

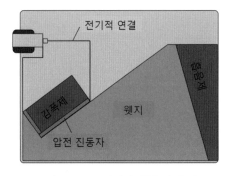

그림 4-22 **경사각 탐촉자의 구조**

그림 4-23 **수직 탐촉자와 교체형 웻지**

만일 웻지에서 음속보다 검사할 재료에서 음속이 크다면, 재료에서 초음파는 90°까지 굴절이 가능하다. 예를 들어 횡파의 속도가 3,240 m/s인 철강 재료에서 종파의 속도가 2,730 m/s인 아크릴레진(Perspex®)이나 2,350m/s인 폴리스틸렌(Rexolite®)은 매우 적절한 웻지 재료이다. 하지만 구리(횡파 속도=2,260 m/s)나 회주철(횡파 속도=2,220 m/s)은 아크릴레진이나 폴리스틸렌을 사용할 경우 90도의 굴절각을 만들 수가 없다. 이러한 재료에 대해서 큰 굴절각을 만들려면 나일론이나 테프론(1,350 m/s)으로 된 웻지를 사용하는 것이 적절할 수 있다.

경사각 탐촉자 제작과 관련된 문제 중 하나는 접촉면에서 에너지의 일부분을 반사시켜 투과 에너지를 감소시킨다. 횡파를 굴절시키는 경사각 탐촉자에서 만일 접촉하는 두 매질의 음향임피던스(웻지에서는 종파, 재료에서는 횡파)가 같다면 투과에너지가 가장 크게 된다. 이러한 이유로 인하여 Perspex®·알루미늄 조합이 Perspex®·철강 조합보다 더 좋으며, 철강에 대해 납과 같은 웻지 재료의 사용은 이론적으로 더 좋다. 하지만 사용할 수밖에 없는 액체 접촉매질은 납과 철강에 비해 매우 낮은 음향임피던스를 지니기 때문에, 액체 접촉매질의 영향으로 인하여 납과 철강만의 음향임피던스 차이가 적다는 장점을 유지하지 못한다. 부가적으로 무거운 재료와 함께 플라스틱을 끼워 넣는 것은 균일한 품질을 갖게 제작하는 것을 어렵게 한다.

또 다른 문제는 접촉면에서 웻지 내로 반사가 일어나는 것이다. 웻지 내로 반사된 파는 여러 번 반사되어 진동자로 되돌아 와서 불감대를 길게 만드는 원인이 된다. 이러한 문제를 회피하기 위하여 Perspex®과 같은 초음파 흡수가 높은 재료를 사용한다. 부가적으로 검사 대상체와 접촉되는 면을 제외한 웻지의 모든 면은 에폭시 레진이나 경질고무를 사용하여 음향 에너지를 흡수하는 층을 만든다. 그리고 초음파가 웻지에서 반사되어 진행하는 방향에 있는 표면은 톱니 모양의 형상을 갖게 하거나 흡수 매질을 채워 넣는 구멍을 갖도록 하여 흡수뿐만 아니라 산란 (또는 다른 방향으로 반사)이 일어나도록 하여 진동자로 되돌아가는 초음파의 세기를 최대한 약하게 하도록 한다.

어떤 검사는 횡파의 각도를 연속적으로 변화시키는 것이 바람직할 때가 있다. 그림 4-24는 검사 대상체로 굴절되어 입사되는 횡파의 각도를 연속적으로 변화시킬 수 있는 방법을 나타낸 것이다. 그림 4-24(a)는 두 개의 wedge를 사용하는 것으로 진동자를 지닌 웻지는 다른 웻지(검사 대상체와 접촉된 웻지)에서 회전된다[5]. 검사 대상체와 접촉된 웻지는 각도가 변화되도록 만들어 놓아 그 위의 진동자가 장착된 웻지를 회전시켜 굴절각을 변화시킨다. 이 경우에는 각도뿐만 아니라 입사면도 변화된다.

그림 4-24(b)는 플라스틱 시험편의 구멍에 반원통 형태의 회전 가능한 별도의 플라스틱을 장착하고 이 회전 가능한 플라스틱 평면에 진동자를 고정시키는 것이다. 진동자가 고정된 반원통의 플리스틱을 회전시키면 각도가 변화될 뿐만 아니라 입사점도 이동된다. 그림 4-24(c)는 입사점을 중심으로 한 원통면을 따라 진동자를 장착한 것을 회전시키는 것이다. 이것의 장점은 각도가 변화하더라도 입사점이 고정된다는 것이다. 최근에는 위상배열 초음파 응용기술의 보급으로 배열 탐촉자를 사용하여 검사 대상체에 입사되는 각도를 조절할 수 있게 되었다.

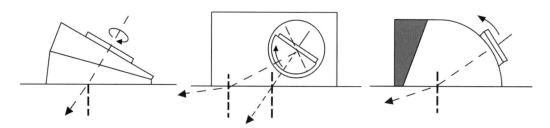

그림 4-24 연속적으로 각도를 변화시키는 경사각 탐촉자의 개요도

4.4.4 특수 초음파 탐촉자

4.4.4.1 바퀴형 탐촉자

그림 4-25는 바퀴형 탐촉자의 구조를 간략하게 나타낸 것이다. 초음파를 발생시키는 탐촉자(또는 진동자)는 회전축에 고정되어 있고, 바퀴 형태로 감싸게 한 후 사이에 물 또는 기름과 같은 액체 매질을 채워 넣어 검사 대상체에서 바퀴가 접촉되는 부위로 초음파를 입사시킨다. 바퀴 내에서 초음파 전달을 위해 물 또는 액체를 사용하기 때문에 일종의 수침법을 수행하는 탐촉자이다. 또한 바퀴형 탐촉자는 일반적인 접촉식 검사에 비하여 검사 대상체 표면 또는

탐촉자에 손상을 주지 않으며, 이동하더라도 비교적 안정적인 음향 결합을 유지하여 연속적인 검사를 수행하는 경우에 효과적이다. 따라서 비행기 날개와 같은 큰 면적의 대상체 검사에 많이 활용하고 있다.

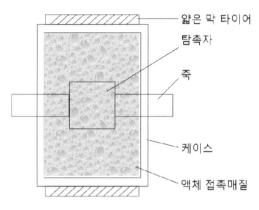

얇은 막 타이어
탐촉자
축
케이스
액체 접촉매질

그림 4-25 **바퀴형 탐촉자**

4.4.4.2 고온용 탐촉자

표준형 탐촉자는 -20℃~60℃의 온도 범위에서 문제없이 사용할 수 있으며, 고온일지라도 수냉을 하면서 순간적으로 사용하면 손상이 일어나지 않을 것이다. 하지만 높은 온도에서 검사 시간을 지속시키기 위해서는 압전소자, 접착제, 후면재, 보호막을 포함하여 특별한 재료가 탐촉자 제조에 사용될 수 있다.

압전 세라믹 재료 중에서 니오비움산 납(lead metaniobate: $PbNb_2O_6$)은 300℃까지 니오비움산 리듐(lithium niobate: $LiNbO_3$)은 1,000℃까지 사용할 수 있다. 후면재에 대해 소결 금속이 제안되었고, 이러한 소결 금속은 필요에 따라 속도와 음향임피던스 모두를 조절 가능하다. 또한 열팽창의 온도 저항성이 세라믹 진동자의 것과 잘 맞추어져야 한다.

지연 웻지로 사용되는 재료는 내열성 폴리아미드(polyamide, 400℃ 까지)나, 소결 금속(800℃ 까지)이나, 석영 유리(quartz glass, 1,200℃ 까지)일 수 있다. 때때로 내열성 재료로 지연 웻지를 만들고 순환하는 물 또는 공기로 탐촉자의 나머지를 냉각하도록 하는 것도 가능하다. 두께 측정을 위해서 석영 유리 지연 웻지를 사용한 송수신(TR) 탐촉자는 600℃의 표면에서 5초 동안 측정하고 그 후 물로 냉각하는 방식으로 사용하여 왔다.

250℃까지 사용 가능한 진동자 접합제는 상용화 되어 있고, 더 높은 온도에서 사용할 수 있는 접합제도 있다. 하지만 접합 두께가 너무 두꺼워지고 높은 감쇠가 일어나기 때문에 접합의

질은 나빠진다. 높은 온도에서 접촉을 만드는 다른 방법은 진동자, 지연 웻지, 후면재를 나사와 스프링을 사용하여 압착하는 것이다.

4.4.4.3 공기 결합 탐촉자

어떠한 초음파탐상검사는 탐촉자를 검사 대상체에 접촉시킬 때 어떠한 액체도 사용할 수 없는 경우가 발생한다. 이러한 경우 탐촉자와 검사 대상체 사이에 합성 고무를 덮어서 건조한 결합을 만들 수 있다. 이러한 검사는 액체에 의한 화학적 오염이 유발되는 검사 대상체에 국소적인 검사를 할 수 있게 한다.

이와 같이 건조한 음향 결합에 의한 초음파탐상검사 방법은 공기 결합 탐촉자를 사용하는 것이다. 이 방법에 의한 검사는 물로 음향 결합되는 탐촉자와 같이 투과법으로 검사하도록 탐촉자를 배치할 수 있다. 하지만 공기의 낮은 밀도와 낮은 음향임피던스로 인하여 공기 중에서 상대적으로 짧은 파장을 얻을 수 있으나, 검사 대상체로 투과가 매우 작아지는 단점이 있다. 이러한 단점 때문에, 일반적으로 상대적으로 낮은 주파수 200 kHz~400 kHz(최대 1 MHz)를 사용하며, 검사 대상체 표면에 물과 같은 액체가 접촉되는 경우 급격히 전파되는 에너지가 감소하는 판파를 효과적으로 만들어 낼 수 있다.

공기 결합 탐촉자에 의한 전형적인 검사 대상은 다음과 같은 것들이 있다.

- honeycombs 구조를 갖는 비행기 날개
- 태양전지 판
- form sandwich 판넬(단열재로 사용되는)
- 코르크가 덥혀진 honeycombs 구조물
- 항공기 브레이크 디스크
- 목재 제품
- 복합재료 판

위와 같은 대상체들은 금속재료에 비해 음향임피던스가 낮은 재료들이고, 주로 판 형태의 대상들이다. 즉 공기 결합 탐촉자는 공기를 통해 초음파를 입사시켜야 하므로 비교적 음향임피던스가 낮은 재료가 유리하며, 비교적 파장이 긴 낮은 주파수를 사용한 판파를 주로 적용한다.

4.4.4.4 배열 탐촉자

배열 탐촉자는 오래 전부터 의료용 초음파 진단기에서 주로 사용되어 왔으나, 최근 복합압전소자 제조기술의 발전과 위상배열 초음파 기술이 도입되어 사용되게 됨으로써 산업용 배열 탐촉자의 보급이 급격히 증가하고 있다. 배열탐촉자는 여러 개의 진동소자를 1차원 또는 2차원으로 배열된 것으로 각각의 진동소자를 가진하는 시간을 조절하여 초음파 빔의 방향을 임의적으로 조절하고, 초음파 에너지를 원하는 위치에(근거리 음장 내에서) 집속시킬 수 있는 장점을 갖는다.

그림 4-26은 현재 상용화된 배열 탐촉자의 진동소자 배열의 형식을 나타낸 것이다.

그림 4-26   진동소자 배열 방식에 의한 배열 탐촉자의 종류

4.5   음향 결합과 접촉매질

4.5.1 표면 전처리 및 조건

초음파탐상검사에서 검사 대상체 표면의 형상과 거칠기는 결정적으로 중요하다. 한편으로 이러한 요인은 적용하는 방법의 감도에 제한을 주기 때문에 표면을 먼저 처리하도록 하며, 다른 한편으로는 탐촉자를 검사 대상체 표면에 직접 접촉하여 연속적이고 정례적인 검사를 하는 경우에 탐촉자 마모에 중요한 영향을 미친다. 따라서 표면 조건은 초음파탐상검사의 경제적인 영향을 준다.

모든 방법은 신뢰성과 일관성을 위하여 균일한 표면 조건을 갖추어야 한다. 얇은 막의 접촉매질을 도포한 시험편 표면에서 탐촉자를 직접 접촉하여 검사하는 직접 접촉법의 경우에, 외부 입자나 층은 액체 막의 두께를 변화시켜 위치에 따라서 투과 특성이 달라지기 때문에 매우 큰 방해가 된다. 따라서 표면의 먼지, 모래, 들뜬 스케일 등은 헝겊과 솜 부스러기 및 강철 브러쉬 등을 사용하여 제거되어야 한다. 특별히 초음파 투과를 방해하는 공기층을 형성하는 페인트 또는 부식의 들뜬 층을 제거하기 위해서는 스크레이퍼를 사용하는 것이 더 효과적이다. 어떤 경우에는 끌이나 그라인더(연마 또는 사포 디스크 장착)를 사용할 수도 있다. 연마 디스크를 장착하여 연마할 때, 접촉 상태가 변화되거나 나빠지는 국부적인 표면 패임이 만들어지지 않도록 주의 깊게 수행되어야 한다. 만일 자동화된 검사와 같이 넓은 면적의 검사를 수행할 경우에는 모래 또는 강구를 사용한 블라스팅에 의한 표면 전 처리가 가장 좋은 방법이다. 얇은 산화 층이나 평평한 도장과 같이 균일하고 강하게 접합되어 있는 막은 검사에 간섭을 일으키지 않을 수도 있으므로, 종종 평평하지 않게 세척되는 표면보다 더 좋다.

표면이 기계적으로 다듬어 질 수 있는 부위는 불규칙한 윤곽을 지닌 높은 표면 품질보다 균일하게 휘어진 형상을 얻는 것이 중요하다. 파장의 1/10 이하(대략 0.1 mm 부근 또는 이하)의 표면 거칠기는 감도에 크게 영향을 주지 않기 때문에 일상적으로 사용되는 검사 주파수에서 높은 표면 품질은 덜 중요하다. 반면에, 광택이 나는 평탄한 표면이 탐촉자를 흡착시켜 달라붙게 하여 쉽게 미끄러지지 않게 하기 때문에 종종 검사하기 곤란한 경우가 있다. 더 나아가서 매끄러운 표면인 경우에, 반사 신호는 액체의 접촉매질이 협소한 틈새(coupling gap)로 빠져

나온 후에 천천히 최댓값에 도달한다. 그러므로 접촉식 탐상에서 평탄한 표면은 반사 신호의 재현성으로 보아 더 좋을 수 있다. 많은 표준에서 검사 대상체의 표면 가공의 정도는 10 $\mu m \sim 400 \mu m$ 사이로 명시하고 있다.

탐촉자 설계는 검사 대상체의 표면과 결합되는 상태에 많은 영향을 받는다. 금속 재료 대상체의 검사에 주로 사용되는 단단한 표면의 탐촉자는 접촉매질 두께의 변화에 따라 반사 신호 진폭도 상당한 정도의 변화를 일으킨다. 부드러운 결합 표면을 사용한 탐촉자는 단단한 표면 탐촉자에 비해 접촉매질 틈새 변화에 대해 덜 민감하므로, 거친 표면의 검사에 더 좋다. 하지만 기본적인 감도는 더 낮으며 반사 신호는 반사 잔향 때문에 넓어진다. 실리콘 고무와 같은 얇은 플라스틱의 부드러운 층이 검사 대상체 표면에 영구적으로 접착되어 있는 경우 오직 약간의 접촉매질만 사용하거나 또는 접촉매질을 사용하지 않는 건조된 음향 결합으로도 쉽게 탐상할 수 있다.

파장의 1/10 이상의 표면 거칠기는 음향 결합을 현저하게 악화시킨다. 초음파 주빔 방향의 음압은 줄어들고, 측면으로 산란이 크게 일어난다. 이것은 초음파가 진행하는 방향의 정확도를 떨어뜨려서, 초음파 빔 방향의 결함의 검출에 측면 반사의 위험이 증가한다. 즉, 측면에 있는 반사체를 초음파 빔 방향에 있는 것으로 오인하는 결과를 가져올 수 있다. 균일한 형태의 표면 거칠기는 그레이팅에 의한 보강 간섭을 일으켜 특정한 각도에서 음압을 증폭시킬 가능성이 있어 결함 위치의 오차를 유발시킬 수 있다. 마지막으로 아주 거친 표면은 젖빛 유리에 비친 빛의 흩어짐과 같이 빔 퍼짐과 산란을 일으켜 초음파 빔을 흩어지게 하여 결함의 위치를 판정하는 것을 불가능하게 한다.

불규칙하고 매끄럽지 못한 표면(탐촉자 크기 정도의 물결 무늬 같은)의 경우 접촉매질 층에 의해 위치에 따라 초음파 빔 방향을 변화시키거나 집속 또는 퍼지게 하므로, 접촉매질 층은 초음파 빔에 매우 해로운 영향을 미친다. 이러한 표면의 물결 무늬는 50 X 50 mm 면적에 대해 0.5 mm 이하의 간격이 허용 가능한 조건이다.

이와 비슷한 현상은 회주철(grey cast iron)이나 오스테나이트계 용접부의 열영향부(HAZ)에서 국부적으로 음속이 변화됨에 의해 재료 자체에서 일어날 수도 있다. 그러한 경우 다른 접촉 점에서 많은 다른 빔을 어떤 주어진 지점으로 연속적으로 조사하는 방법이 적용될 수도 있다. 이것은 탐촉자가 다른 접촉 점에서 표적을 놓치지 않도록 빔 방향을 변화시켜야 한다. 통계적으로 분포된 형편에 맞는 음향 결합은 간섭하는 배경 신호에 대항하여 개별적인 결함을 뚜렷하게 만들어야 한다. 부드러운 플라스틱 보호막을 지니며 접촉매질을 충분히 공급하는 탐촉자는 이동과 약간의 기울임을 동시에 수행할 수 있다. 이렇게 하는 동안 반사 신호가 지속적으로 나타난다면 아마도 실제 결함을 지시하는 것일 수 있으므로, 더 만족스러운 검사를 위해 표면을 국부적으로 다듬어 접촉을 좋게 할 필요가 있다.

4.5.2 접촉매질 사용 목적과 갖추어야 할 요건

진공에서도 전파하는 빛과 다르게 초음파는 매질이 있어야 전파한다. 따라서 초음파 탐촉자에서 발생되는 초음파를 검사 대상체로 들어가도록 하고 검사 대상체에서 반사된 신호를 초음파 탐촉자로 되돌아오도록 하기 위해서는 탐촉자와 검사 대상체 사이에 전달 매질이 있어야 한다. 만일 초음파 탐촉자와 검사 대상체 사이에 공기와 같은 가스가 채워져 있다면 탐촉자와 공기 층의 경계면에서 거의 모든 에너지가 반사되기 때문에 검사 대상체에 도달되는 에너지는 거의 없게 된다. 따라서 탐촉자와 검사 대상체 사이의 공기 층을 제거하고 탐촉자의 이동을 수월하게 할 수 있도록 탐촉자와 검사 대상체 사이에 전송 매질로서 액체를 주로 사용하는데, 이를 접촉매질(couplant)이라고 한다.

일반적으로 접촉매질은 탐촉자에서 검사 대상체로 음향 에너지 전달 효율을 향상시키기 위해 사용하는 것으로 검사 대상체 표면과 탐촉자 사이에 사용된다. 특히 불규칙한 표면의 검사 대상체의 경우 접촉매질은 탐촉자와 검사 대상체 사이의 틈새를 채움으로써 공기 층을 없애고 음향적으로 결합되도록 하는 역할을 한다. 이러한 접촉매질은 다음의 요건을 만족하는 액체, 젤과 같은 반액체, 풀, 고체 등 다양한 것들을 사용할 수 있다.

- 탐촉자와 검사 대상체 표면 사이의 공기 층을 제거하고 두 표면 모두를 충분히 젖게 할 수 있어야 한다.
- 쉽게 적용할 수 있어야 한다.
- 고체가 아닌 경우에 기포나 고체 입자가 없고 균질해야 한다.
- 탐촉자와 검사 대상체에 손상을 주지 않아야 한다.
- 검사 대상체 표면에 머무르는 성질이 있어야 하나 검사가 완료된 후 쉽게 제거되어야 한다.
- 음향적으로 투과 특성이 좋아야 한다.

접촉식 탐상에서 접촉매질의 선택은 검사 대상체의 표면 조건(매끄러운 표면, 거친 표면)과 표면의 온도와 표면이 놓인 상태(수평, 기울어짐, 수직)와 같은 시험 조건을 우선적으로 고려하여야 한다. 글리세린에 물과 계면 활성제를 섞은 것은 상대적으로 매끄럽고 수평으로 놓인 표면에 종종 사용되며, 약간 거친 표면에는 잘 젖게 하는 물질을 혼합한 경유를 사용한다. 거친 표면과 고온의 표면과 수직으로 놓인 표면에는 중유나 그리스 같은 점성이 큰 접촉매질을 사용한다.

수침식 탐상에서 깨끗하고 기포를 제거한 물을 접촉매질로 사용한다. 금속의 대상체를 물에 넣었을 때 금속 표면이 물에 잘 적셔지게 하고, 기포 형성을 억제시키기 위하여 계면활성제를 첨가하는 경우가 있지만, 많은 계면활성제는 부식 속도를 증가시키는 경향이 있으므로 사용에 유의하여야 한다. 특히 물에서의 음속은 그림 2-10에 나타낸 바와 같이 작은 온도 변화에도 상당한 정도의 변화를 일으키기 때문에, 수침식 경사각 탐상에서 굴절각은 크게 변화된다. 또한 수직탐상일지라도 반사 신호의 위치가 변화될 수 있기 때문에 일정한 온도(21℃, 70℉)로 유지시키는 것이 필요하다.

4.5.3 곡면과 음향 결합

원통형의 검사 대상체의 표면인 곡면에 탐촉자를 접촉시켜 검사할 때, 볼록한 곡면이 오목한 곡면에 비해 탐촉자 접촉을 더 수월하게 할 수 있다. 일반적으로 사용하는 평탄한 면을 갖는 탐촉자를 원통형 대상체 바깥쪽 원주 표면에 접촉시키면 접촉면은 줄어들고, 원통 축의 수직 평면에서 초음파 빔 퍼짐각은 증가한다. 또한 접촉면의 축소는 감도를 저하시킨다. 이러한 감도 저하는 증폭률(게인)을 증가함으로써 보상할 수 있어 결함 검출에는 문제가 없을 수 있으나, DGS 방법에 의한 결함 크기 산정을 어렵게 한다. 탐촉자의 지름이 작을수록 이러한 효과는 작아지지만 더 정확한 측정을 위해서는 비슷한 곡률의 대비 시험편의 인공 결함을 사용하여 장비 교정을 하는 것이 좋다.

만일 플라스틱 웻지가 장착된 경사각 탐촉자를 사용한다면 기름이나 접착제를 사용하여 곡률에 맞는 어댑터를 부착하거나 곡률에 맞게 갈아내어 접촉면을 쉽게 맞출 수가 있다. 교체 가능한 어댑터는 경사각 탐촉자를 더 다양하게 사용할 수 있게 하지만 감도를 약간 저하시키고, 적절하게 갈아 맞춘 접촉면이나 접착시킨 것에 비하여 어댑터에 의한 간섭 반사 신호의 수가 증가하여 불감대가 증가할 수 있다.

그림 4-27(a)와 같이 경사각 탐촉자를 원주 표면에 접촉시켜 초음파를 원주 방향으로 조사할

때 곡률 때문에 탐촉자 앞쪽과 뒤쪽에서 입사되는 입사각이 중심부와 다르게 된다. 따라서 간섭을 일으키는 종파가 생성될 수가 있고, 표면파를 만들기도 한다. 그림 4-27(b)와 같이 경사각 탐촉자에 의해 초음파를 원통의 축 방향으로 조사할 때(예: 배관 원주 용접부 탐상의 경우), 빔의 측면 방향의 퍼짐 각이 증가한다. 지름이 작은 대상체에서 큰 굴절각(70° 이상)을 적용할 경우 탐촉자 앞쪽의 양쪽 측면 방향으로 표면파를 만들어 낼 수도 있다.

위와 같은 교란을 일으키는 파의 생성을 막기 위하여 너무 정확하게 곡률에 맞추는 것이 아니라 접촉면을 더 작게 하는 것이 바람직하다. 이러한 접촉면을 줄이면 빔 퍼짐은 증가하지만 원주 방향을 따라 생성되는 표면파에 의한 교란을 피할 수 있다.

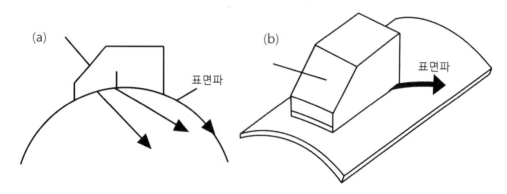

그림 4-27 **곡률을 지닌 대상체에서 경사각 탐촉자의 접촉**
(a) 원주 방향 조사, (b) 축 방향 조사

급격한 곡률을 가진 검사 대상체는 수침법에 의해서 검사되어야 더 좋다. 표면파에 의한 간섭을 피하기 위해서는 근거리 음장 거리 또는 집속점이 표면에 놓이도록 하여야 한다. 곡률을 지닌 표면에 접촉법에 의한 경사각 탐촉자를 사용하는 다른 방법으로 진동자를 그림 4-28과 같이 모자이크 방식으로 배치하여 초음파 빔을 집속시키는 것이다.

만일 원통 내부의 오목한 곡면에 평탄면의 수직 탐촉자를 사용하는 경우, 탐촉자 중심부분이 접촉되지 않거나 접촉매질로 채우기가 어려워 감도가 매우 낮아지게 된다. 이러한 경우 그림 4-28과 같이 여러 개의 진동자를 사용하여 집속되도록 한 탐촉자와 검사 대상체 사이에 곡률에 맞는 어댑터(이것은 렌즈 효과에 의해 곡률을 보상한다)를 특별히 설계하여 사용하는 것이 더 좋다.

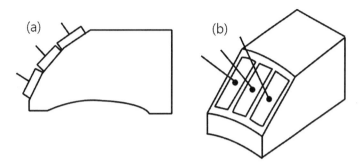

그림 4-28   곡률을 지닌 대상체 표면에 접촉시켜 경사각 탐상을 하는 모자이크 탐촉자
(a)원주 방향 조사, (b)축 방향 조사

4.5.4 고온에서 음향 결합

접촉매질로 거친 표면이나 곡면의 효과를 보상하기 위한 시도는 모든 액체 접촉매질이 검사 대상 재료의 음향임피던스에 비해 매우 낮은 음향임피던스를 갖기 때문에 그다지 바람직스럽지 못하다. 화학적으로 안정된 액체 글리세린은 액체 접촉매질 중에서 높은 음향임피던스를 갖는다. 단연코 가장 일반적으로 사용되는 접촉매질은 기름이며, 일상적으로 중간 점성(SAE 30 등급)의 기름이 접촉식에 사용된다. 매끄러운 표면을 지닌 대상체를 탐상할 때에는 경유와 같은 낮은 점성의 기름을 사용하는 것이 더 좋으며, 거친 표면은 점성이 높은 기름을 사용하는 것이 유용하다.

수직 벽이나 천정의 검사를 위해서는 그리스나 화학적 젤리 같은 흘러내리지 않는 접촉매질을 사용하는 것이 편리하기는 하나, 가격이 비싸고 취급하기가 불편하여 수용성 풀을 사용하기도 한다. 적절한 풀을 사용하였을 때 바짝 말라붙은 잔류물의 제거가 어렵기 때문에, 글리세린 또는 대체품이 빠른 건조를 방지하기 위해 첨가할 수 있다. 금속 표면 위의 물에 의한 부식 작용은 삼중인산나트륨(trisodium phosphate)과 같은 억제제를 첨가함으로써 줄일 수 있다.

접촉매질로 기름을 사용하였을 때, 검사 대상체와 탐촉자와 손의 세척은 어렵지만, 풀을 사용하였을 때 물을 사용하여 쉽게 세척할 수 있다. 그러므로 설탕을 용해한 물을(기름보다 가격이 저렴하기 때문에) 때때로 사용한다. 일반적인 물은 표면을 항상 만족스럽게 적시지 못하는 단점이 있다. 그러나 습윤제(wetting agent)를 첨가함으로써 수평 표면에 만족스러운 층을 형성하게 하거나, 탐촉자와 표면 사이에 일정한 두께를 갖는 물의 흐름을 형성하게 하는 매우 유용한 접촉매질이 된다. 경사각 탐촉자의 경우에 플라스틱 웻지에 작은 구멍을 통하여 접촉부위에 직접적으로 액체를 주입하는 경우도 있다.

놀랍게도 뜨거운 표면에서 물을 접촉매질로 사용할 때 수증기가 발생될지라도 충분한 음향 전달이 여전히 가능하다. 예를 들어 표면 온도가 약 250℃인 뜨거운 금속 판에서 물 분사를 사용하여 투과법에 의한 검사를 할 수 있었으며[6], Holler에 따르면 만일 물이 탐촉자와 판 사이를 빠른 속도로 통과한다면 400℃까지 상당하게 접촉 상태를 향상시킬 수 있음을 보이기도 했다[7-9]. 고온 표면에서 검사하기 위한 다른 해결책은 중공축 내부에 탐촉자를 장착한 금속 바퀴로 높은 압력을 가하여 건조된 결합을 하는 것이다. 곡률을 가진 탐촉자와 축에 지연 시험 편에 대해 특별한 재료를 사용함으로써 초음파 에너지를 접촉 위치에 집속시킬 수 있다.

300℃의 높은 표면 온도의 대상체와 액체 접촉매질에 대해 높은 끓는점을 가진 생증기 (live-steam) 실린더 기름 또는 Shell Nassa oil과 같은 특별한 기름을 사용할 수도 있다. 대략 600℃ 정도의 고온에서는 역청(bitumen), Shell Microgel 그리스, Midland Silicon Ms 550과 같은 풀 같은 재료나 또는 고온 접착 풀 ZGM(GE inspection technology)을 사용하여 만족할만 한 결과를 얻을 수 있다. 후자는 높은 끓는점의 액체에 용해되지 않는 소금 가루를 섞어 만든 것으로 낮은 온도에서는 액체는 접촉매질로서 역할을 하고 높은 온도에서는 소금을 녹인다. 그래서 접촉 순간(약 2~3초가량)을 만들 수 있게 한다. 더 높은 온도에서는 냉각수에 의해 탐촉자의 온도가 상승하는 것을 방지하도록 하는 지연 웻지(delay-line)를 사용한다. 대부분의 경우에는 접촉매질을 사용하지 않고 압력에 의해 음향 결합을 이루게 한다. 압전 재료 탐촉자를 사용할 때 일어나는 어려움은 전자기적 탐촉자 또는 레이저 방법에 의한 초음파 송수신에 영향을 주지 않으므로, 때때로 이러한 방법을 사용하기도 한다.

4.5.5 음향 결합의 점검

검사 대상체 위의 모든 접촉 점에서 균일한 음향 결합은 빠르게 기록하면서 신뢰성 있는 평가를 하기 위하여 매우 중요하다. 때때로 음향 결합의 균일성은 뒷면 반사파에 의해 점검될 수 있고, 또한 경험이 있는 작업자는 화면에 나타나는 작은 임상에코(harsh 또는 glass)의 변화 에 의해 점검할 수도 있다. 이러한 목적을 위해서 항상 화면의 수평기선에는 잡음과 같은 신호 가 나타나도록 한다. 경사각 탐촉자를 사용할 때 약간의 경험을 갖는다면 탐촉자를 이송할 때 미끄럼 저항의 변화로 결합 상태를 판단할 수 있다. 만일 접촉매질이 부족할 경우 이동이 뻑뻑해 지며, 모래 또는 이물질이 존재한다면 탐촉자를 이송할 때 걸리는 느낌을 받는다.

자동 검사의 경우, 위에서 언급한 수동 검사에서 적용된 점검 방법을 더 이상 적용할 수 없기 때문에 다른 방법을 모색하여야 한다. 이를 위한 방법의 하나는 보정 게인 조정 기법에 사용하기 위해 결합 상태를 신호로 보내거나 측정할 수 있는 전기적인 장치를 사용하는 것이다. 이러한 목적을 위해서 뒷면 반사 신호가 비록 결합 상태가 나쁠 때뿐만 아니라 결함이 존재할 때 신호가 줄어들지만 뒷면 반사 신호를 사용한다. 또한 용접 접합부 양쪽에 마주 보고 있는 경사각 탐촉자 사이를 투과한 신호를 측정하는 투과법을 적용할 수도 있다. 이 방법의 목적은 펄스-반사를 수행하는 하나의 탐촉자의 게인을 보정하기 위한 것이다. 투과 신호는 검사하는 탐촉자의 결합 상태에 영향을 받을 수 있으나, 부가적으로 두 번째 탐촉자의 결합 상태와 결함의 존재에 의해서도 영향을 받는다. 이상적인 방법은 검사를 수행하는 탐촉자를 사용하여 접촉면으로 통과하는 음향 에너지를 즉각적으로 측정하는 것이다. 이러한 방법은 수직 탐상을 할 때 지연 웨지를 장착한 탐촉자가 금속 면에 접촉시켰을 때 접촉 점에서 반사되는 신호를 동시에 측정하도록 구성한 동적 수신기를 조합함으로써 가능하다.

Valkenburg[10]의 제안에 따라 금속 판 위의 경사각 탐촉자의 음향 결합 상태는 다른 진동자를 사용하여 판에 수직으로 초음파를 입사시켜 일련의 다중 반사를 만드는 방법으로 점검할 수 있다. 다중 반사 신호의 높이와 다중 반사 횟수는 검사 신호의 go·no-go 지시로서 전환하여 사용될 수 있다. 또한 이러한 다중 반사 신호는 게인 조정을 위한 자동 검사 설비에도 유용하다.

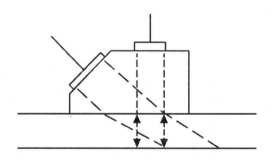

그림 4-29 **수직 진동자를 사용한 판에서 경사각 탐촉자의 음향 결합 상태 점검**

4.5.6 수침법 또는 물 층에 의한 음향 결합

직접 접촉법은 탐촉자의 마모를 유발하고 결합 상태를 항상 일정하게 유지하는 것이 어렵다. 현대적인 압전 세라믹 재료는 직접 접촉하여 사용하기에 상당히 부드러워서 보호막을 가진 탐촉자가 항상 접촉법에 사용된다. 액체 또는 플라스틱의 층은 마모를 줄여주지만 펄스-반사법을 적용할 경우 간섭 반사 신호의 크기가 증가함을 인식하여야 한다. 펄스-반사법에 의한 수직 탐상에서 뒷면 반사 신호의 크기는 음향 결합 층의 두께에 따라 변화된다. 만일 결합 층 내에서 반사되는 신호가 보강 간섭을 일으키면 뒷면 반사 신호는 증가한다.

만일 결합 층의 두께가 두꺼워지면, 표면 반사 신호와 그의 다중 반사 신호는 초기 펄스와 분리된다. 만일 결합 층을 물로 형성한다면 검사 대상체의 뒷면 반사 신호가 나타난 뒤에 두 번째의 표면 반사 신호가 나타나도록 충분한 물 간격(물 거리)을 확보해야 한다. 만일 철강과 물의 경우에 철강과 물의 속도의 비가 4:1 정도이기 때문에 물 거리는 검사 대상체 두께의 1/4보다 크게 하면 된다.

연속적인 자동검사에서 플라스틱 순환 벨트 또는 바퀴형 탐촉자의 사용이 좋은 음향 결합을 제공하는 경우도 있다. 하지만 이러한 방법은 압연 재료 표면에 적용할 경우 스케일 입자에 의한 손상 때문에 종종 수명이 아주 짧아진다. 대안으로 다음과 같은 두 가지 방법이 있다.

① **물을 채워 넣는 틈(water-filled gap)**: 마모의 문제는 없으나, 만일 흡수 층을 부가하지 않고 사용한다면, 틈새에서 일어나는 신호의 간섭 현상 때문에 틈새의 두께가 대단히 중요하다. 일반적으로 반사 신호의 폭이 넓어지는 현상이 일어난다.

② **물 지연 층 또는 수침법**: 탐촉자와 검사 대상체 표면 사이의 다중 반사 신호 때문에 검사 대상체 두께에 따라 물 거리를 조정하여야 한다. 반사 신호의 폭이 넓어지지는 않아서 얇은 두께의 판 검사에 사용하기가 적당하다.

얇은 물 간극에 의한 음향 결합을 사용하여 판재를 펄스-반사법으로 검사할 경우 판재에서 다중 반사 신호를 얻지만 내부 결함에 의한 개별적인 결함 신호는 드러나지 않는다. 그러나 내부 결함이 있는 부위에서의 다중 반사 신호의 길이는 줄어들게 된다. 만일 개별적인 다중 반사 신호를 얻으려면 물 간극이 1/10 mm~1 mm가 되도록 하고 2-진동자(송수신) 탐촉자를 사용하여야 한다. 만일 물 지연 층이 탐촉자 케이스 안에 존재한다면 물 공급에 의한 수압에 의해 탐촉자를 표면에 직접적인 기계적 접촉 없이 미끄러지게 할 수 있는 물 큐션을 형성한다. 연속적인 검사를 위해서는 물공급을 검사 대상체 위쪽에서 하기 보다는 아래쪽에서 하는 것이 물을 항상 채워 놓을 수 있기 때문에 훨씬 더 좋은 방법이다. 물론 기포가 생성되지 않게 하고 이를 제거하는 것이 가장 중요하다.

만일 물이 관에서 높은 압력으로 방출한다면 탐촉자와 검사 대상체의 접촉하지 않는 음향 결합을 100 mm 이상까지도 유지시킬 수 있는 물줄기를 만들어 낸다. 이러한 방법을 분사 기법(squirter technique)이라고 한다. 이 방법은 울퉁불퉁한 표면 또는 검사 대상체의 돌출부에 의해서 빠른 자동 검사를 하는 동안 장치가 손상을 입을 수도 있는 경우에 유용하다. 또한 항공기 날개와 같은 휘어진 대상체 검사나 넓은 대상을 빠르게 자동으로 검사할 때도 유용하다. 가는 분출수가 약 10 mm 정도의 길이일 때 접촉 점에서 일어나는 물 튀김(splashing)이 너무 많은 간섭 반사파를 만들기 때문에 오직 투과법만이 유용하다. 결과적인 높은 잡음 수준은 펄스-반사법의 사용을 못하게 한다. 하지만 물 줄기의 지름이 진동자의 지름보다 약 40% 더 넓다면 약 50 mm의 물 줄기 길이까지 펄스-반사법을 사용할 수 있다. 그러나 펄스-반사법은 과도한 물의 소비 때문에 잘 적용되지 않는다. 바퀴형 탐촉자는 액체 지연 층과 순환 벨트의 효과적인 조합을 이룬 것이다. 탐촉자는 접촉면에서 수 cm 떨어진 축에 고정되어 있다. 만일 횡파를 검사 대상체에 입사하고자 한다면 탐촉자를 기울여 고정시킨다.

검사 대상체를 완전히 물에 담그는 수침법에 의한 음향 결합은 1930년대 투과법과 관련된 초기 시험에 이미 사용되었다. 수침법은 탐촉자의 마모 없이 일정한 음향 결합을 제공하고, 탐촉자를 교체하지 않고 입사각을 조절함으로써 종파와 횡파 어떤 것이든 사용할 수 있기 때문에, 오늘날 자동 검사 시스템에 훨씬 더 선호하게 되었다. 특별히 항공기와 항공 엔진 제조 과정에서 판, 원판, 압출 형상의 검사를 위해 넓게 적용되고 있다. 현대적인 수침식 자동화 장비는 디지털 제어기를 사용하여 검사 대상체와 탐촉자 둘 다의 움직임을 조작한다. 이러한 장비들은 사전에 프로그램 된 마이크로프로세서에 의해 3축 또는 그 이상의 축을 제어할 수 있으며, 또한 초음파 장치의 조절과 데이터 처리 과정을 실행을 포함하기도 한다. 수침법은 때때로 항공기 제작을 위한 철강과 경금속 단조품과 같은 복잡한 부품의 수동 검사에도 사용된다. 이러한 목적을 위해서 원통형 튜브(노즐)를 탐촉자 앞에 장착하여 표면 아래쪽을 잡았을 때 물이 채워지도록 한다. 열린 끝단은 평면 또는 검사 대상체의 형상에 맞도록 형상화 하여 물 층과 초음파 빔의 방향을 쉽게 조정할 수 있도록 한다.

참고문헌

[1] Gruber, J. G.,"Defect identification and sizing by the ultrasonic satellite pulse technicque,"SwRI, USA, 1979.

[2] Chapman, R. K., "Code of Practice on the Assessment of Defect Measurement Errors in the Ultrasonic NDT of Welds," GEGB Report OED/STN/87/20137/R, July 1987.

[3] Gargner, W. E., ed. Improving the Effectiveness and Reliability of Non-Destructive Testing, Chapter 4 and 8, Oxford; New York: Pergamon Press, 1992.

[4] Jacques, F., F. Moreau, and E. Ginzel, "Ultrasonic Backscatter Sizing Using Phased Array - Developments in Tip Diffraction Flaw Sizing," Insight, vol. 45, no. 11 Nov. 2003, 724-728.

[5] Mesh, W. E., "Variable angle ultrasonic transducer," US Pat. 2,602,101, 1950.

[6] J. Krautkramer and H. Krautkramer, "Ultrasonic Testing of Materials," 4th fully revised ed., Springer, 1990.

[7] Höller, P., Dick, W., Lechky, E., "Ultrashallprüfung von Grobblechen im Herstellungsfluß nach einem Impulsechoverfahren," Materialprüfung 7, 1960, 296-303.

[8] Höller, P.,Smit, H., "Zur Ankopplung von Ultrashall über Wasser bei der automatischen Grobblechprüfung im Temperaturbereich 0 bis 400 ℃," Paper Conf. DGZfP, Mainz, 1967.

[9] Kurz, W., Lux, B., "Ultrashall-Ankopplung an heiße Metalle durch Abkühlen der Oberfläche," Arch. Eisenhüttenwes, 39, 1968, 299-306.

[10] Valkenburg van, H. E, "Ultrasonic inspection device," US Pat. 2,667,780 1954. "Transducer control," US Pat. 2651012, 1952.

5. 초음파 탐상 장비의 성능 평가 및 교정

어떤 재료 내에서 전파하는 초음파는 수신된 신호의 특성과 진폭을 측정함으로써 분석된다. 반사체의 위치는 음원으로부터 수신 탐촉자까지 초음파가 진행한 시간과 전파 방향을 파악함으로써 추론할 수 있다. 검사 대상체에서 음속은 반사체의 정확한 위치를 평가하기 위하여 알아야 한다. 대상체의 형상이 복잡할수록 검출된 초음파 신호의 해석은 더 어려워진다. 그러므로 초음파 탐상의 결과를 정확하게 해석하기 위해서는 초음파 탐상 장비의 기본적인 특성과 성능을 알아야 한다.

장비의 교정은 초음파 탐상장비 또는 시스템이 의도한대로 동작하는지를 반복적으로 확인하는 과정으로 탐촉자, 장비, 결합된 상태로 구분하여 수행한다. 교정 주기는 현장 수행의 빈도 상태에 기반하며, 종종 규격에 의해 의무화 된다. 탐촉자는 일반적인 조건과 굴절각, 분해능, 과도한 잔향 잡음의 정도와 같이 명시된 성능 기준에 대한 적합성에 대해 점검하고, 또한 장비의 일반적인 조건도 점검한다. 초음파 장비의 직선성 한계에 대한 적합성은 교정 시험실에서 점검되지만, 때때로 현장 시험 전에 반복적으로 명시한 진폭과 거리 기준에 맞도록 조정한다.

5.1 초음파 탐촉자 성능 점검

일반적으로 탐촉자의 성능 및 특성의 평가는 초음파 에너지의 발생 및 수신에 관련된 것이거나, 검사 유효성과 관련된 실행적 특성의 일부분을 측정하는 것이다. 전자는 시간-응답 특성과 주파수 응답 특성 및 상대 감도, 빔 형상과 같은 탐촉자의 고유한 특성을 평가하는 것으로 실험실에서 이루어진다. 후자는 현장 검사 전, 검사 후, 또는 검사 수행 중에 일상적으로 작업자에 의해 수행되는 것이다. 초음파 탐촉자의 현장 점검은 주로 절차서에 따라 수행되지만, 초음파 탐상기에 연결된 상태에서 점검되는 경우가 일반적이다.

5.2 초음파 탐상기의 성능 평가 방법

초음파 탐상장비의 성능 평가 방법은 전자적인 측정 장비를 사용하는 방법과 사용하지 않는 방법이 있는데, 현장의 일상적인 성능 점검을 하기 위해서는 전자적인 측정 장비 없이 초음파 탐상 보조 장치를 활용하여 현장에서 수행할 수 있어야 한다. 이러한 방법은 KS[1, 3], ISO[2], ASTM[4] 등 국제 표준 및 각국의 표준으로 정립되어 있으며, 많은 절차서에서는 이러한 표준을 기반으로 하여 초음파 탐상장비의 성능 점검을 수행하도록 규정하고 있다. 여기에서는 국제적인 규격인 ISO의 내용을 중심으로 설명할 것이다. 사용자에 의한 초음파 결함 탐상기의 성능 평가는 수직 탐상과 경사각 탐상에 대해 각기 다른 방법으로 평가하도록 규정되어 있다.

5.2.1 수평 직선성(horizontal linearity)

초음파 탐상기 화면에 나타나는 신호의 위치는 초음파가 진행하는 시간에 비례하여야 한다. 이러한 성능은 수평 직선성으로 나타낸다. KS B ISO 18175[1]에서 규정하고 있는 수평 직선성을 평가하는 방법은 다음과 같다.

수평적 한계와 직선성은 불연속의 깊이의 결정이 필요할 때 중요하다. 명시된 최소 궤적 길이는 일상적으로 요구되는 수평적 판독성을 얻기 위해 필요하다. 수평 방향 궤적의 비선형성은 화면에서 직접적으로 읽게 되는 결함 깊이 또는 두께 결정의 정확성에 영향을 준다.

시험편은 수평 방향(스위프) 범위와 관심을 가져야 하는 검사 조건에 대해 여러 개의 서로 간섭되지 않은 다중 뒷면 반사 신호를 만들어 낼 수 있어야 한다. 일반적으로 초음파 전달 특성이 좋고, 평행한 평탄면을 지니며, 명시된 측정(스위프) 범위의 약 1/10의 두께를 갖는 시험편이 적당하다. 접촉식이든 수침식이든 사용되는 접촉매질은 측정 과정 동안 안정적인 지시를 제공하여야 한다.

평가 절차

평행한 면을 지닌 시험편의 한쪽 면에 탐촉자를 위치시켜 뒷면 반사 신호를 얻는다.

이 때 초음파 빔이 지나는 경로 상에 어떠한 인공 결함(또는 자연 결함)이 없어야 한다. 11개의 서로 간섭되지 않는 뒷면 반사 신호가 나타나도록 장비 게인과 스위프-지연(delay) 및 스위프 길이(범위) 조정기를 조절한다. 각각의 뒷면 반사 신호의 진폭은 측정 전에 그 위치에서 전체 화면의 50%가 되도록 맞춘다.

3번째와 9번째 뒷면 반사파의 시작 점(leading edge)을 각각 가로 축 눈금 20%와 80%에 위치하도록(각각의 뒷면 반사 신호의 진폭을 전체 화면의 50%로 하여) 스위프 조정기(범위, 0점 조정 또는 지연)를 조절한다. 3번째와 9번째 뒷면 반사 신호를 앞에서 설명한 바와 같이 정확하게 20%와 80% 가로축 눈금에 위치시킨 후에 다른 다중 반사 신호의 눈금 위치를 읽고 기록한다. 만일 스위프-지연(delay) 기능이 없다면, 0점 조정기를 사용하여 2번째와 8번째 뒷면 반사 신호를 각각 20%와 80% 가로축 눈금에 오도록 맞추고 초기 펄스 시작과 나머지 다중 뒷면 반사 신호의 위치를 읽고 기록한다.

그림 5-1은 수평 직선성 측정값에 의해 구성된 그래프이다. 가로 축은 반복되는 뒷면 반사파의 시작점의 위치이고, 세로축은 반복되는 뒷면 반사 신호의 순번, 즉 몇 번째 뒷면 반사 신호인가를 나타낸 것이다.

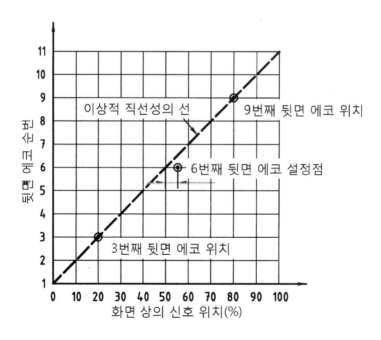

그림 5-1 **수평 직선성 측정을 위한 데이터 구성**

5.2.2 수직 직선성(vertical linearity)

수직 직선성은 증폭기와 정류기의 특성에 의해 정해지는 것으로 화면에 나타나는 신호의 높이가 증폭기에 입력된 게인 값에 맞추어 신호의 진폭에 정확하게 비례하는가를 나타내는 것이다. 하지만 정류기의 특성 때문에 결코 완전한 직선성을 지닐 수가 없다. 따라서 초음파 탐상기에 대한 증폭 직선성은 탐상 감도 부근에서 평가 확인하여 사용하는 것이 좋다.

여기에서는 KS B ISO 18175에서 제시하고 있는 수직 직선성 평가 방법을 소개한다. 수직 직선성 평가 방법은 두 신호의 비율을 평가하는 방법(방법 A)과 입력·출력 감쇠기 기법(방법 B)가 있다. 방법 A는 진폭을 맞추기 위해 사용되는 게인 조정기와 화면 사이의 장비 회로에서 일어나는 비직선성만을 나타나게 한다. 방법 B는 패널 조절에 의해 초기에 설정한대로 일정한 게인에서 수신기·화면 시스템 전체를 평가한다. 이런 차이점 때문에 두 방법은 직선성 범위에 대해 동등한 결과를 나타내지 않을 수도 있다. 더욱이 방법 A는 방법 B에서 보여준 비직선성 응답의 어떠한 형태를 나타내지 않을 수도 있다.

(1) 방법 A

이 방법은 오직 방법 B에서 사용되는 교정된 외부 감쇠기를 적용할 수 없을 때만 사용할 수 있다. 2대 1의 진폭 비를 갖는 두 개의 서로 간섭하지 않는 신호를 만들 수 있는 시험편이 필요하다. 이 신호들은 장비 게인이 변화되는 대로 사용 가능한 화면 높이에 걸쳐서 비교된다. 두 신호의 진폭을 H_A 와 H_B $(H_A > H_B)$로 표시한다. 두 신호는 화면에 순차적으로 나타날 수도 있고, 만일 다중 반사 신호 형태의 일부라면 연속적인 신호가 아닐 수가 있다. 요구 문서에 달리 규정하지 않는 한, 명시된 일상적인 시험 설정에서 그러한 신호를 만들 수 있는 시험편을 사용할 수 있다. 접촉식이든 수침식이든 적용 가능하지만, 만일 한 가지만 선택을 해야 한다면, 쉽게 설치되고 접촉이 안정된 수침식이 더 좋은 방법이다.

절차

시험 데이터를 얻기 위해서, 두 반사 신호의 진폭이 약 2대 1의 비가 되도록 탐촉자를 위치시킨다. H_A 가 전체화면의 10%에서 100%까지 변화될 수 있도록 게인 조정기의 충분한 범위를 결정한다. H_A 와 H_B 가 표 5-1의 조건에 맞을 때까지 장비를 조정하고 탐촉자를 조작한다. 데이터가 가장 쉽게 제공되고 평가되기 때문에 추천 값을 사용하는 것이 바람직하다. 하지만 위치 잡기의 어려움이나 미세 게인 조정의 부족이나 펄스-길이의 조정이 정확한 값을 얻지 못하게 할 수도 있다. 최적의 설정 조건이 되었을 때, 탐촉자를 그 위치에 고정시키고 주의하여 관찰한다. H_A 의 크기가 전체 화면의 10%에서 100%까지 10% 또는 그 이하의 간격으로 게인을 조정하여, H_A 와 H_B 의 값을 읽고 기록한다.

표 5-1 허용 가능한 두 신호의 초기 값의 비가 1.8에서 2.2의 비를 갖는 H_A 와 H_B 를 가지고서 두 개의 신호(비율) 기법을 사용하는 방법 A에 의한 수직 직선성 범위

H_A (전체 화면에 대한 % 진폭)	H_B (전체 화면에 대한 % 진폭)
추 천 값	
60	30
허용 가능한 값	
65	30~36
64	29~36
63	29~35
62	28~34
61	27~34
60	27~33
59	27~33
58	26~32
57	26~32
56	25~31
55	25~31

비고 – 추천되는 설정 값은 그림 5-1의 데이터 그래프에서 직접적으로 수직 직선성 범위를 결정하게 한다.

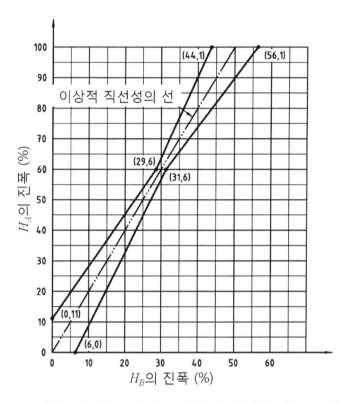

그림 5-2 **방법 A에 의한 수직 직선성 범위 결정을 위한 데이터 구성 그래프**

(2) 방법 B

이 방법은 일반적으로 초음파 탐상장비 공급자에 의해 인증된 다음의 최소 요구 사항을 만족하는 보조적인 외부 감쇠기를 사용하여야 한다.

- 주파수 범위: DC에서 100 MHz
- 감쇠 범위: 0~80 dB(1 dB 간격으로 조절되어야 함)
- 임피던스: 50 또는 75 Ω
- 정확도: 20 dB 간격 당 ±0.2 dB

장비는 수신 신호의 근원과 수신기 입력 단자 사이에 그림 5-3과 같이 감쇠기를 삽입하여 투과 방식으로 작동할 수 있어야 한다. 단일 탐촉자 또는 두 개의 탐촉자 배치를 사용할 수 있다. 감쇠기는 수신기 입력에 감쇠기 및 종단 장치(terminator)와 같은 임피던스를 갖는 동축 케이블을 사용하여 연결한다. 하지만 6 ft(1.8 m)이하의 짧은 길이의 일반적으로 사용되는 낮은 정전 용량 케이블이 시험 주파수 중간 범위에서 사용된다면 그 오차는 무시할만하다. 종단 장치는 동축 커넥터에 비유도성 저항이 장착되고 차폐되어야 한다.

단일 탐촉자 배치에서 펄서는 감쇠기 입력과는 회로적으로 분리되어 있어야 한다. 따라서 입력 비율이 과도한 경우, 펄서를 분리시키고 감쇠기를 보호하기 위하여 감소저항기를 사용하는 것이 바람직할 수 있다. 두 개의 탐촉자를 사용하는 경우, 더 이상의 분리는 필요 없다.

검사 매질에 의한 초음파 경로는 단일 탐촉자 방법인 경우 첫 번째 뒷면 반사 신호 또는 경계면 신호이거나, 두 개 탐촉자 방법인 경우 첫 번째 투과 신호와 같은 원하는 신호에서 초기 펄스(또는 장비의 간섭 신호)를 충분히 분리시켜야 한다. 대부분의 시험 상황에 대해 대상 재료 내에서 초음파 경로는 물의 경우에 2 in.(50 mm), 알루미늄과 같은 금속의 경우에 6 in.(150 mm)가 적당하다.

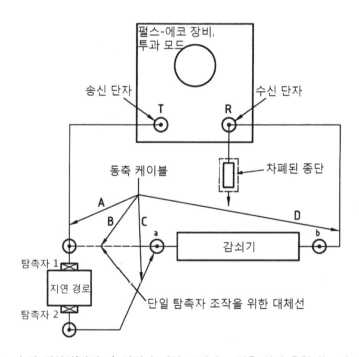

그림 5-3 **수직 직선성(방법 B) 결정과 게인 조정기 교정을 위해 추천되는 시스템 배치도**

절차

외부 감쇠기에서 약 30 dB를 사용하여 판독 오차(즉, 전체 화면의 2% 또는 그 이내) 내에서 전체 화면의 50%의 중심 화면 편향을 만들도록 장비 스위프와 게인 조절기를 조절한다. 전체 화면 편향에 도달될 때까지 1 dB 간격으로 외부 감쇠기의 감쇠 값을 감소시키며, 각 단계에서 신호의 진폭을 전체 화면의 %로서 읽고 기록한다. 다시 전체 화면의 50%가 되도록 외부 감쇠기를 재설정하고 외부 감쇠기 감쇠를 2 dB 간격으로 5 단계(총 10 dB) 증가시킨다. 그러고 나서 신호가 완전히 사라질 때까지 4 dB 간격으로 감쇠 값을 올리고 간 단계에서 신호 진폭을 기록한다.

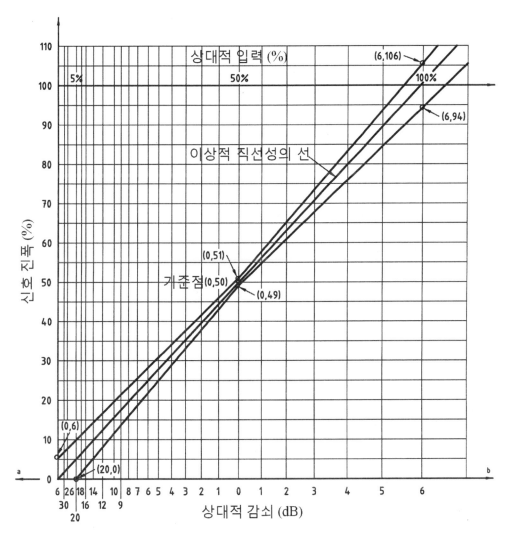

그림 5-4 방법 B(투과 모드)에 의한 수직 직선성의 결정을 위한 데이터 구성 그래프
(X-상대 감쇠율 dB, Y-신호 진폭[% 전체화면], 상대 입력[%], 1-이상적인 직선
성 선, 2-기준점, a-증가, b-감소)

5.2.3 분해능

분해능은 인접된 반사체에 의한 지시를 식별 가능하게 분해하는 능력을 말한다. 이러한 분해능은 펄스 길이에 의존하는 **가까운 표면 분해능, 먼 표면 분해능, 축 방향 분해능**의 세 가지와 초음파 빔 폭에 의존하는 **측면 분해능** 까지 총 네 가지로 구분된다.

펄스 길이에 의존하는 분해능은 초음파가 전파하는 방향 따라 인접한 반사체들이 내부 불연속인지 또는 불연속과 경계면인지를 식별하고 정량화 하는 것이 중요할 때 특별한 의미를 갖는다. KS B ISO 18175에서 **스캔면 쪽의 가까운 표면 분해능**과 **뒷면 쪽의 먼 표면 분해능**의 측정 방법을 명시하고 있다. 때때로 간섭 영역 내에서 신호의(예: 가까운 표면 결함 지시) 수직 직선성이 요구될 수가 있다. 분해능은 장비와 탐촉자와 이들을 연결하는 연결 장치들이 결합된 효과를 포함하므로 사용된 특정 구성품과 검사 조건에 대한 시스템 점검이다.

점검할 장비의 형식 또는 특정 시스템에 대한 주기적인 점검 절차서나 요청 문서에 명시된 구멍의 지름과 분해능 범위에 대응하는 금속 거리를 제공하는 시험편을 선택한다. 비교 평가를 위하여 시험편은 합의된 재료를 사용할 수도 있다. 하지만 만일 특정한 검사 작업에 대한 값이 필요하다면, 시험편은 검사할 재료와 비슷한 초음파 특성을 지닌 재료로 만들어져야 한다. 금속 조직 구조, 윤곽 형상, 표면 조건과 크기와 같은 시험편 특성은 결과에 상당한 영향을 줄 수 있다. 더욱이 탐촉자와 검사 주파수와 작업 조건은 분해능을 결정하는 주요 인자이다. 다음과 같은 시험편을 포함한 다른 많은 종류들이 분해능 측정을 위해 사용되어 왔다.

- ASTM E127에서 규정된 알루미늄 합금 표준 시험편
- ASTM E428에 따라 만들어진 철강 또는 다른 금속 합금 대비 시험편
- 다양한 시험 구멍을 지닌 구입 가능한 분해능 시험편
- 사용자·공급자 요구 조건을 충족하는 특별한 설계에 의한 시험편

알루미늄 제품 검사 또는 비교 시험과 같이 입사면 분해능을 적용할 때마다 이를 결정하기 위해 ASTM 형식의 알루미늄 대비 시험편의 사용을 권장하고 있다. 현재 먼 표면 분해능 시험을 위한 동등한 시험편은 없다. 입사면과 먼 표면 분해능이 특정한 재료와 구멍 크기와 시험 거리에 대해서 결정되어야 할 때, 일상적으로 하나 또는 그 이상의 특별한 시험편이 요구된다. 가능하다면 장비 설정과 시험을 수월하게 하기 위해 하나의 시험편에 요구되는 모든 시험 구멍을 갖추는 것이 바람직하며, 그림 5-5와 같은 형태의 시험 불록이 사용될 수 있다.

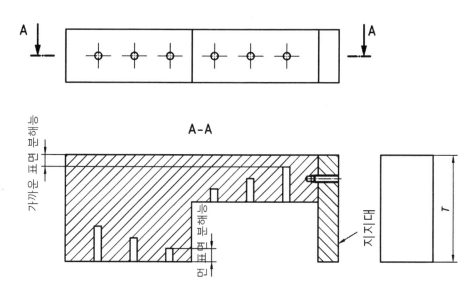

그림 5-5   분해능 시험편으로 제안된 형태(재료, 두께 T, 구멍의 지름)

절차

요구 문서에 의해 시험편, 주파수, 탐촉자, 시험 요구 조건을 결정한다. 사용할 검사 감도를 일상적으로 가장 먼 금속 거리에 대해 진폭을 전체 화면의 80%로 설정할 수 있는 시험 구멍을 지닌 시험편을 선택한다. 이러한 시험편을 사용하여 분해능의 과도한 손실 없이 특정 레벨에 시스템 감도를 설정하기 위해 장비를 조정한다. 적절한 감도·분해능 성능을 얻으려면, 흔히 하나 이상의 게인 조절뿐만 아니라 펄스 길이 조절은 필수적이다. 만일 수침식 검사라면, 탐촉자가 측면적으로 최대 구멍 신호 진폭이 되도록 위치시키고, 표면에 대해 수직으로 정렬되도록 확인한다.

비록 설명한 바와 같이 더 높은 게인이 요구될지라도 경계면 피크를 제외하고 더 낮은 게인은 사용하지 않을 수도 있다. 입사면 또는 뒷면에 대한 분해능은 각각 가까운 표면 분해능과 면 표면 분해능이라고 하고 다음과 같이 결정된다. 설정된 감도를 사용하여 지시가 최적화되도록 탐촉자를 각각의 지정된 구멍에 순차적으로 맞추도록 한다.(만일 필요하다면 감도를 줄여서) 경계면 신호가 최대가 되도록 탐촉자가 정렬되었는지를 확인한다. 요구되는 시험 구멍에 대한 지시의 피크가 전체화면의 80% 이상이 아니면, 진폭이 전체 화면의 80%가 될 때까지 필요한 만큼 감도를 증가시킨다.

다른 언급이 없는 한, 시험 구멍 신호가 사라지도록 탐촉자를 옮겼을 때 시험 영역에 걸쳐 잔여 지시가 전체화면의 20%가 넘지 않고, 구멍의 신호와 인접된 경계면 지시가 형성하는 골이 적어도 전체 화면의 20% 밑에 있어 인접된 경계면 지시로부터 명확하게 분리되었다면 지정된 구멍은 분해되는 것으로 간주한다. 이러한 조건의 예를 그림 5-6에 나타내었다. 제한된 시험편 크기 때문에 이를 수행할 수 없을 때에는, 훨씬 더 긴 금속 경로를 가진 비슷한 형식의 시험편을 사용한다.

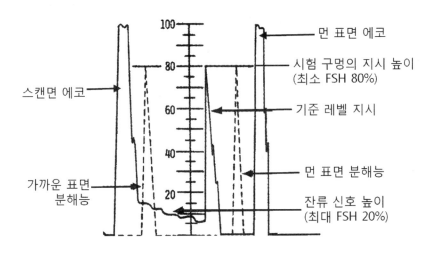

그림 5-6 가까운 표면 분해능과 먼 표면 분해능의 평가를 위한 일반적인 지시 형상

축 방향 분해능은 초음파가 진행하는 방향으로 인접된 반사체를 분해하는 능력으로 앞의 4.5.2에서 언급한 바 있으므로 여기서는 그 설명을 생략한다. 이러한 앞의 세 가지의 분해능은 초음파 펄스 폭(또는 파형 길이)에 의존하기 때문에 광대역 탐촉자일수록 높은 주파수일수록 좋은 분해능을 가진다고 할 수 있다. 하지만 주파수가 높을수록 재료내에서 감쇠가 심하고, 광대역일수록 깊이 침투하지 못하기 때문에 검사 상황에 맞추어 적절히 타협하여 사용하여야 한다.

마지막으로 측면 분해능은 초음파 펄스 길이와는 관계가 없고, 탐촉자를 전후 또는 좌우로 이동시킬 때 일정 깊이에 있는 인접된 반사체를 분해하는 능력으로, 초음파 빔 폭에 의존한다. 측면 분해능을 향상시키기 위해서는 초음파 빔을 집속시키는 것이 효과적이다. 또한 높은 주파수의 탐촉자일수록 빔 퍼짐이 작아 측면 분해능이 좋아진다. 그림 5-7은 탐촉자를 전후로 이송시킬 때 같은 깊이에 있는 인접된 반사체 두개에 의한 에코 동적 변화를 나타낸 것이다.

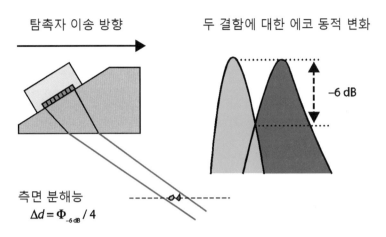

측면 분해능
$$\Delta d = \Phi_{-6\,dB} / 4$$

그림 5-7 같은 깊이에 있는 인접된 반사체 두개에 의한 에코 동적 변화

5.2.4 측정 감도와 잡음

감도는 불연속의 크기, 형상 또는 거리로 인해 상대적으로 낮은 진폭의 신호를 만드는 불연속을 검출하는 검사 시스템의 능력을 나타내는 것이다. 잡음은 불연속 지시를 가려서 불연속의 검출을 제한할 수 있다. 잡음의 근원은 전기적이거나 음향적일 수가 있으며, 만일 재료 구조로부터 오는 지시(예: 임상에코 같은 것)에 기인한다면 장비보다는 검사 방법에 제한을 가져올 수 있다. 일반적으로 감도와 분해능과 신호 대 잡음 비는 상호 의존적이며 비슷한 시험 조건에서 평가되어야 한다.

일반적으로 신호 대 잡음 비는 3:1(10 dB)이상이 되어야 결함 신호의 구분이 용이한 것으로 간주되고 있다. 하지만 신호 대 잡음 비는 검사 대상 재료 및 검사 목적에 따라 요구되는 정도가 다르지만, 측정 방법은 별도의 규정이 없는 한 ISO 18175에 따르며, 그 절차는 다음과 같다.

① 최대의 장비 감도를 사용하여, 검사 영역에서 전체 화면의 20%를 넘지 않는 기저선 잡음과 전체 화면의 60% 이상의 진폭을 가지는 최소 구멍을 결정한다.
② 만일 시험편의 크기가 허용된다면, 탐촉자를 구멍에서 약간 떨어뜨리고 지시와 같은 위치의 잡음이 20%가 넘지 않게 한다.
③ 만일 신호 진폭이 전체화면의 60%보다 더 크다면, 시험편 번호, 잡음 높이, 신호 진폭을 기록한다.

④ 만일 최대 감도에서 잡음이 20%를 넘는다면, 전체화면의 20%가 될 때까지 게인을 줄이고, 전체 화면의 60% 또는 그 이상의 지시를 만드는 가장 작은 구멍을 결정한다.

⑤ 시험편 번호, 잡음 높이, 신호 진폭, 줄인 게인 값(데시벨로)을 기록한다.

⑥ 만일 사용할 수 있는 가장 작은 구멍에서 지시가 100%를 초과하면, 게인 조정기를 사용하여 전체 화면의 60%로 지시의 진폭을 낮춘 뒤에 그 게인 값(G_s)을 기록하고, 잡음의 크기가 전체 화면의 20%에 도달할 때 게인 값(G_n)을 기록하여 두 게인 값의 차이를 신호 대 잡음비로 기록한다.

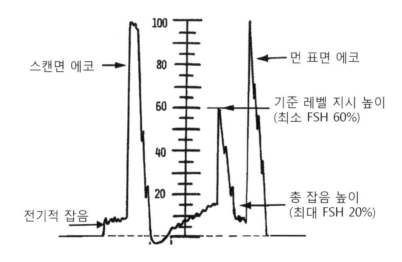

그림 5-8 신호 대 잡음 비의 측정에 대한 지시의 형태

5.3.1 교정 시험편과 대비 시험편

초음파 탐상기 화면의 가로 축은 여러 다른 시간 간격으로 조절되고 이것은 주어진 속도 값에 의해 거리로 전환되어 반사체의 위치에 대한 정보를 준다. 또한 수직 축은 신호의 크기를 나타내는 것으로 반사체의 크기와 관련된 정보를 준다. 하지만 신호의 크기는 얼마의 게인 값을 적용하였는가를 나타낼 뿐 실제 신호를 만든 반사체의 크기를 직접적으로 알려주지 않는다. 따라서 이러한 정보들의 정량적인 값의 기준을 설정하기 위하여 교정 시험편과 대비 시험편을 사용한다. 표 5-2는 KS B 0831에서 규정하고 있는 교정 시험편(표준 시험편)의 종류와 용도를 정리한 것이다. 이러한 표준 시험편 외에 탐상감도를 설정하기 위하여 사용하는 대비 시험편은 각 시험 대상(재료 및 형상)과 검사 방법에 따라 절차서에 명시되는 경우가 일반적이다. 특히 탐상감도 조정을 위한 표준 시험편과 대비 시험편은 검사 대상체와 초음파 적으로 동등한 재질을 사용하여야 한다.

표 5-2 KS B 0831에서 규정한 표준 시험편의 종류와 용도[5]

종류	종류의 기호	탐상 방법	탐상 대상물	용도
G형 STB	STB-G Vn (n=2,3,5,8) STB-G V15-φ (φ=1, 1.4, 2, 2.8, 4, 5.6)	수직	두꺼운 판, 주강 및 단조품	• 탐상감도 조정 • 수직 탐촉자의 특성 측정 • 탐상기의 종합 성능 측정
N1형 STB	STB-N1	수직	두꺼운 판	• 탐상감도 조정
A1형 STB	STB-A1	수직 및 경사각	용접부 및 관	• 경사각 탐촉자의 특성 측정 • 경사각 탐촉자의 입사점 및 굴절각 측정 • 측정 범위 조정 • 탐상감도 조정
A2형 STB	STB-A2 (-A21, -A22)	경사각	용접부 및 관	• 탐상감도 조정 • 탐상기 성능 측정
A3형 STB	STB-A3 (-A31, -A32) STB-A7963	경사각	용접부 및 관	• 경사각 탐촉자의 입사점 및 굴절각 측정 • 탐상감도 조정

5.3.2 수직 탐상의 교정

5.3.2.1 시간 축 교정

수직 탐상을 위한 교정은 시간 축 교정과 감도 설정으로 구분된다. 먼저 시간 축 교정은 시간 축의 0점(화면의 왼쪽 끝)이 검사 대상체로 초음파가 입사되는 표면에 정확하게 대응되도록 하고, 화면의 오른쪽 끝은 대상 재료의 검사 범위(검사 대상체의 두께)를 나타내도록 하는 것이다. 이러한 규칙은 재료의 어떤 거리 부분을 확장하기 위하여 지연 웻지를 사용하거나 다중 에코 기법을 사용하여 감쇠 패턴을 확인할 때 예외가 된다.

단일 진동자 탐촉자를 사용할 때, 초기 펄스는 진동자에 가진되는 펄스 전압과 이에 의한 진동자의 울림 시간(ringing)이 포함된다. 초음파 탐상장비 화면에서 탐촉자가 접촉되어 있는 탐상면은 진동자가 울리기 시작하는 인가된 전기 펄스의 끝이 될 것이다. 하지만 불행하게도 초기 펄스 진폭이 너무 커서 진동 시작점을 식별하는 것이 가능하지 않고 시간 축에서 시점을 말하기가 어렵다. 이러한 것은 분할형 탐촉자를 사용할 때도 마찬가지이다. 분할형 탐촉자의 퍼스펙스 지연 웻지 때문에 초기 펄스는 퍼스펙스 시작점에 있고, 음파는 나중에 대상체에 들어간다. 이러한 경우 증폭기는 의도적으로 송신 진동자에서 분리시켜 놓았기 때문에 입사면을 나타내는 신호는 나타나지 않는다. 따라서 단일 진동자 탐촉자이든 분할형 탐촉자이든 교정 과정은 실제 0점을 인식하는 방법을 찾아야 한다.

가장 공통적인 방법은 알려진 두께에서 두개의 뒷면 에코를 사용하여 다음의 과정을 따른다.

- 첫 번째 뒷면 에코를 두께 위치에 오도록 0점(0-offset)을 조절하여 맞춘다.
- 두 번째 뒷면 에코는 속도 값을 조절하여 두께의 2배의 위치에 오도록 맞춘다.
- 두 번째 뒷면 에코를 조절할 때 첫 번째 뒷면 에코의 위치가 변화될 수가 있으므로 다시 0점을 조절하여 첫 번째 에코의 위치를 맞추고, 속도 값을 조절하여 두 번째 에코의 위치를 맞춘다.
- 이러한 과정을 반복하여 첫 번째 뒷면 에코의 위치를 두께의 위치에 오도록 하고, 두 번째 뒷면 에코의 위치는 두께의 2배의 위치에 오도록 맞춘다.

다른 방법으로는 두 개의 다른 두께를 갖는 계단식 시험편을 사용하는 것으로 다음 과정을 따른다.

- 얇은 쪽 두께의 뒷면 에코를 얇은 두께 위치에 오도록 0점(0-offset)을 조절하여 맞춘다.
- 두꺼운 쪽 두께의 뒷면 에코를 속도 값을 조절하여 두꺼운 두께 위치에 오도록 맞춘다.
- 다시 얇은 쪽 두께의 에코를 확인하여 0점을 조절하여 얇은 두께 위치에 오도록 맞추고, 또 두꺼운 쪽의 에코의 위치를 확인하여 속도 값을 조절하여 두꺼운 두께 위치에 오도록 맞춘다.
- 이러한 과정을 반복하여 얇은 쪽의 에코와 두꺼운 쪽의 에코가 제 위치에 오도록 한다.

일반적으로 디지털 초음파 탐상기의 자동 교정 기능 또한 얇은 두께와 두꺼운 두께의 에코를 이용하여 수행하도록 하고 있는 것이다(단지 반복적인 작업을 줄인 것이다).

5.3.2.2 감도 설정

수직 탐상에 대한 감도 설정 방법은 규격이나 절차서에 따라 수행되지만, 일반적으로 수직 탐상의 감도 설정 방법은 다음과 같은 것들이 사용된다.

뒷면 에코 높이 설정(수직 탐상에만 적용)

이 방법은 검사 재료에 탐촉자를 접촉 시킨 뒤에 뒷면 에코를 사전에 결정된 높이에 도달될 때까지 게인을 증가시킨다. 뒷면 에코의 높이는 여러 방법으로 설정될 수 있다. 즉, 두 번째 뒷면 에코를 전체 화면 높이(FSH)에 맞출 수도 있으며, 첫 번째 뒷면 에코를 FSH의 일정 퍼센트(%FSH)로 설정한 뒤에 일정 dB만큼을 부가시킬 수도 있다. 뒷면 에코 높이로 감도를 설정하는 방법은 오직 수직 탐상에서만 가능하며, 재료에서의 감쇠와 표면 상태에 따라 달라지는 전이 보정이 자동적으로 수행된다는 장점이 있다.

임상에코 높이 설정

이 방법은 탐촉자를 검사 대상체 표면에 결합시켜 재료의 결정 조직에서 일어나는 임상에코의 높이가 일정한 높이에 도달될 때까지 게인을 증가시킨다. 이것은 일반적으로 최대 검사 범위에서 임상에코의 높이를 2~3 mm 정도로 조절하여야 하지만 탐상기의 화면 크기가 모두 일정하지 않으므로 전체 화면 높이의 퍼센트로 나타내는 것이 효과적이다. 탐상 감도는 이 신호 높이에서 일정한 게인 값을 부가하거나 차감하여 조절될 수도 있다.

측면공(SDH), 평저공(FBH)과 같은 대비 반사체를 사용함

감도 설정의 통상적인 방법은 일정한 깊이에 있는 대비 반사체에서 최대화된 신호를 사전에 결정된 높이(예를 들어 전체 화면 높이)로 설정하는 것이다. 대비 반사체는 측면공(SDH), 평저공(FBH), 슬롯 또는 V 노치와 같이 알려진 반사체의 형태이거나 모사된 결함을 채택한다.

대비 반사체를 이용한 DAC 곡선 또는 DGS 선도를 사용함

감도 설정의 또 다른 통상적인 방법은 측면공 또는 평저공을 사용하여 초음파 탐상기 화면 또는 종이에 그래프 또는 곡선을 그려 사용하는 것이다. 이러한 것의 하나가 거리-진폭-보정(DAC) 곡선이다. 이것은 검사할 재료와 같거나 음향적으로 비슷한 재료의 시험편에서 다른 깊이에 크기가 같은 측면공(SDH) 또는 평저공(FBH)을 사용하며, 각 규격에 따라 차이는 있지만 일반적으로 다음과 같이 수행한다.

① 가장 높은 진폭의 신호를 줄 수 있는 깊이(일반적으로 근거리 음장 거리 근처임)에 있는 대비 반사체의 신호를 최대로 한 뒤에 전체 화면 높이의 80%가 되도록 게인을 조정한다.

② 그 지점에서 신호의 피크 점을 찍는다.

③ 다음 인접한 위치의 구멍에 대한 신호가 최대가 되도록 하여 신호 피크 점을 찍는다.

④ 연속하여 다른 위치 구멍에 대해 반복적으로 수행하여 앞에서 찍은 각 점을 연결한 곡선을 만든다.

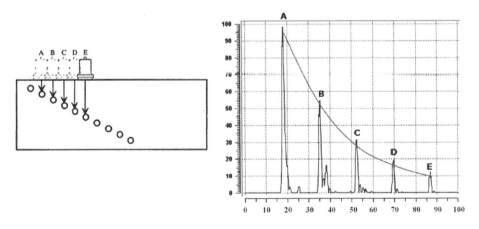

그림 5-9 수직 탐상에서 DAC 곡선을 그리는 과정

DGS 선도를 이용하는 경우에는 사용하는 탐촉자에 대한 DGS 선도가 준비되어 있어야 하고, 이에 의한 결함 크기 산정은 뒷면 반사 신호를 이용하는 방법과 알려진 깊이의 평저공을 지닌 대비 시험편을 이용하는 방법이 있다. 이에 대한 자세한 내용은 6장과 8장에서 자세히 다룰 것이다.

5.3.3 경사각 탐상의 교정

경사각 탐상에 사용되는 경사각 탐촉자는 초음파 빔을 검사 대상체 표면에서 일정한 각도로 굴절되어 입사시킨다. 따라서 경사각 탐촉자에서 발생되는 초음파 빔의 중심점인 입사점과 실제 굴절각이 어떻게 되는지를 확인해야 한다. 입사점과 굴절각을 측정하는 방법으로는 깊이가 다른 측면공을 이용하여 입사점과 굴절각을 동시에 결정하는 방법과 STB-A1(또는 ISO 2400에 의한 No.1) 표준 시험편을 사용하여 입사점을 측정한 뒤에 굴절각을 측정하는 방법이 있다.

5.3.3.1 입사점과 굴절각을 동시에 결정하는 방법

그림 5-10과 같이 적어도 4개의 깊이가 다른 측면공을 지닌 교정 시험편을 사용하여 다음과 같은 과정을 수행한다.

각 측면공에 대해 차례대로 최대 진폭을 얻는다.

각의 측면공에서 최대 진폭을 나타낼 때의 구멍 축의 수직 깊이(d_i)와 탐촉자의 앞면에서 수평 거리를 (a_i)를 측정하고, 이 측정 값과 각 구멍의 깊이를 비례 척도로 그려 넣고 각 점을 지나는 직선을 그리면, 그림 5-10과 같은 직선을 그릴 수 있다. 이 직선에서 가로 축과 만나는 점인 X값이 탐촉자 앞면에서부터 입사점이 되고, 굴절각은 수직선과 각 점을 연결한 직선이 이루는 각이 되며, 다음과 같은 식으로도 계산될 수 있다.

$$\theta = \mathrm{Arctan}\left(\frac{a_i - a_1}{d_i - d_1}\right) \qquad (5-1)$$

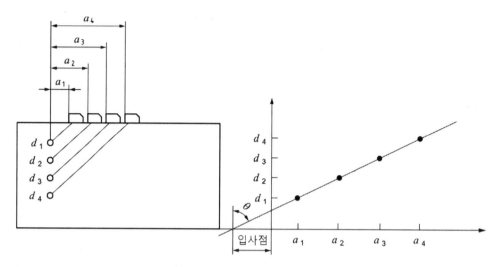

그림 5-10   깊이가 다른 측면공의 최대 신호를 이용한 입사점과 굴절각을 동시에 측정하는 방법

5.3.3.2 입사점을 측정하고 굴절각을 측정하는 방법

- STB-A1 시험편의 R100면의 에코를 볼 수 있도록 초음파 탐상기의 측정 범위를 설정한
  다(철강의 횡파 속도인 3,240 m/s로 맞추고 범위를 250 mm로 설정하는 것이 좋다)

- 그림 5-11과 같이 초음파 빔이 STB-A1 시험편의 R100면으로 향하도록 하여 탐촉자를
  R100면의 중심 위치에 놓는다. 탐촉자를 전후로 이동 시키면서 에코가 최대가 될 때
  탐촉자를 멈추고 슬롯과 만난 지점의 눈금을 읽거나 그 지점을 탐촉자에 표시한다.(에코
  의 최대 피크 점이 화면을 벗어나면 게인을 낮추고 에코가 너무 작으면 게인을 높인다.)

- 표시된 지점이 검사 대상체로 초음파가 굴절되어 들어가는 빔의 중심점으로 입사점이
  라 한다.

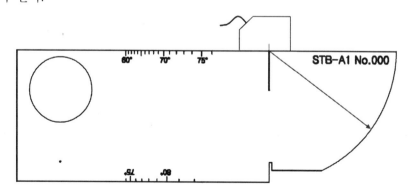

그림 5-11   STB-A1(No. 1) 표준 시험편에서 입사점 측정 방법

- 입사점을 결정한 뒤에 STB-A1 표준 시험편에 있는 지름 50 mm 구멍에 초음파를 입사시킨다.(표준 시험편에 빔의 각도에 해당되는 눈금과 숫자가 새겨져 있으므로 해당 각도가 있는 면을 사용하도록 한다).
- 그림 5-12과 같이 지름 50 mm 구멍에서 반사되는 에코가 최대가 되는 위치에서 앞에서 입사점과 일치하는 각도 눈금이 굴절각이 된다.

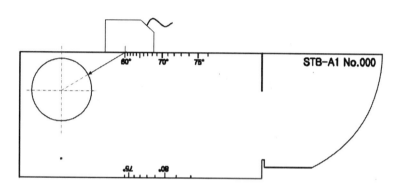

그림 5-12 STB-A1(No. 1) 표준 시험편에서 굴절각 측정 방법

굴절각의 허용 범위는 KS뿐만 아니라 많은 규격에서 공칭 굴절각을 기준으로 하여 ±2° 이내로 규정하고 있으므로, 이를 벗어난 탐촉자는 사용하여서는 안 되며, 만일 탐촉자를 사용하고자 한다면, 평탄한 면에서 웻지를 사포로 갈아 허용 각도 범위 이내에 들어오도록 하여 사용하여야 한다.

5.3.3.3 시간 축 교정

(1) STB-A1 시험편(ISO 2400 No. 1 block)을 사용하는 경우

- 그림 5-13에 나타낸 것과 같이 탐촉자를 STB-A1 시험편에 놓는다.
- 속도를 횡파 속도인 3,240 m/s 범위를 250 mm로 맞춘 뒤에 탐촉자를 앞뒤로 움직여 STB-A1 시험편의 R100면의 첫 번째 에코를 최대로 맞추고 그 높이를 화면의 80%에 맞춘다.
- 첫 번째 에코의 피크 위치를 100 mm에 놓이도록 0점 조정(zero offset 또는 probe delay)을 한다.
- 탐상기의 속도 값을 조절하여 STB-A1 시험편의 R100면의 두 번째 에코의 위치를 200 mm에 놓이도록 한다.

- R100면의 두 번째 에코의 위치를 맞출 때 첫 번째 에코의 위치가 움직이므로 다시 0점 조정을 하여 첫 번째 에코를 100 mm에 놓이도록 하고, 속도 값을 조절하여 두 번째 에코를 200 mm 위치에 놓이도록 한다. 이러한 과정을 반복하여 두 에코의 위치를 정확하게 놓이도록 한다.

STB-A1 시험편의 100 mm 반지름 중심 위치의 슬롯은 4 mm의 깊이로 새겨져 있어 탐촉자가 시험편의 가장자리에 정렬하였을 때 반지름이 100 mm인 반사면에서 반사되어 되돌아오는 초음파의 일부를 다시 반지름이 100 mm인 반사면 쪽으로 반사시켜 반복적인 에코를 만든다.

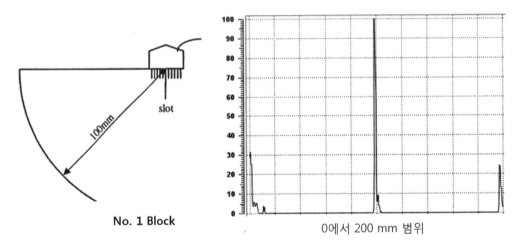

그림 5-13   STB-A1(No. 1) 시험편에서 시간 축의 교정법

(2) STB-A7963(ISO 7963 No.2) 시험편을 사용하여 범위를 100 mm로 맞출 때

- 그림 5-14과 같이 반지름이 25 mm인 반지름을 향하도록 탐촉자를 놓고 첫 번째 에코를 최대가 되도록 한다.
- 0점 조정을 하여 첫 번째 에코를 25 mm 위치에 오도록 한다.
- 속도값을 조절하여 두 번째 에코를 100 mm에 오도록 한다.
- 위의 두 과정을 반복하여 두 에코의 위치가 25 mm와 100 mm에 놓이도록 한다.

탐촉자를 반지름이 25 mm인 반사면을 향하도록 하면, 에코들은 25, 100, 175, 250 mm 등 75 mm 간격으로 도달된다. 반면에 탐촉자를 돌려서 반지름이 50 mm인 반사면을 향하도록 놓으면, 에코들은 50, 125, 200, 275 mm 등의 75 mm 간격을 갖고 도달될 것이다.

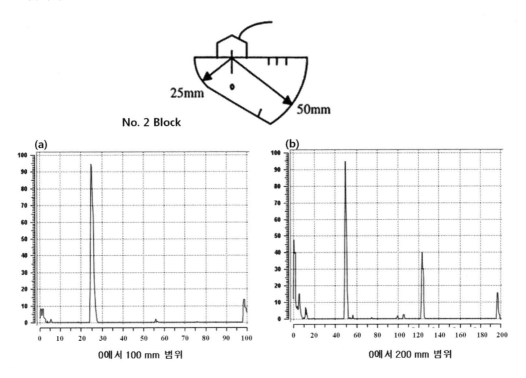

그림 5-14   STB-7963(No. 2) 시험편에서 시간 축 교정
(a)R25 면을 향할 때, (b)R 50 면을 향할 때

(3) 스킵 방법을 사용한 교정

만일 검사의 목적이 위아래 표면에 있는 표면 결함을 검출하는 것이라면, 에코들은 정확하게 0.5 스킵이나 1.0 스킵에 도달될 것이다. 이것을 하기 위해 시간 축을 위에서 설명한 방법 중 하나로 교정하고 절반 스킵과 전체 스킵에 대한 빔 경로를 계산할 수 있다. 이러한 방법은 용접부 검사에서 임계 루트 탐상을 수행하기 위해 사용된다.

하지만 많은 경우에 더 빠르고 더 단순한 방법이 있다. 검사할 대상체와 같은 두께의 판 조각을 사용하여 그림 5-15(a)와 같이 탐촉자를 한쪽 모서리를 향하게 하고, 탐촉자를 뒤로 당기면 0.5 스킵이 될 때 신호가 크게 검출될 것이다. 즉, 초음파 빔의 중심이 아래쪽 구석으로 향할 때 가장 높은 신호를 만들 것이다. 이렇게 구석에서 반사되는 신호가 최대가 될 때 에코를 적절한 위치에 놓이도록 조절한다. 예를 들어 시간 축에서 화면의 4번째 눈금에 오도록 하고, 탐촉자를 뒤로 더 움직여 위쪽 구석에서 반사되는 신호가 최대가 되도록 한다. 그림은 절반 스킵과 전체 스킵 위치를 표시된 궤적을 나타낸 것으로 두 중요한 위치에 걸쳐 게이트를 놓아 작업자가 경보음을 들을 수 있도록 한다.

또한 그림 5-15(b)에서 확인할 다른 관점은 전체 스킵에 대한 위치가 시간 축 상의 8번째 눈금이 아니라 9번째 눈금에 맞춰져 있다는 것이다. 이것은 시간 축의 0점이 윗 표면이 아니고, 더 나아가서 정확한 시간 축 범위를 모른다는 것이다. 하지만 이 검사에 대해서는 오직 위와 아래의 표면에 있는 표면 결함이 있는지 없는지에만 관심이 있으므로 시간 축 범위는 문제가 되지 않는다.

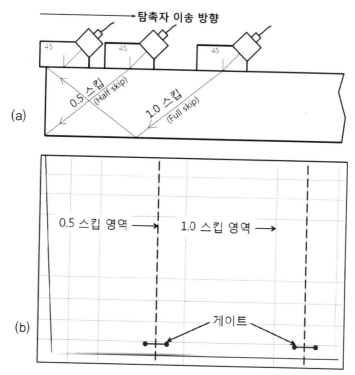

그림 5-15   (a) 윗면과 아랫면의 표면 결함 검출을 위한 교정법
                        (b) 0.5 스킵과 1.0 스킵 위치의 지시 검출을 위한 게이트 설정

5.3.3.4 감도 교정

경사각 탐상에서 감도 교정은 수직 탐상과 마찬가지로 규격이나 절차서에 따라 수행되지만, 일반적으로 다음과 같은 것들이 사용된다.

임상에코 높이 설정

이 방법은 탐촉자를 검사 대상체 표면에 결합시켜 재료의 결정 조직에서 일어나는 임상에코의 높이가 일정한 높이에 도달될 때까지 게인을 증가시킨다. 이것은 일반적으로 최대 검사 범위에서 임상에코의 높이가 2~3 mm 정도로 조절하여야 하지만, 탐상기의 화면 크기가 모두 일정하지 않으므로 전체 화면 높이의 퍼센트로 나타내야 한다. 측정 감도는 이 신호 높이에서 일정한 게인 값을 부가하거나 차감하여 조절될 수도 있다.

측면공(SDH), 평저공(FBH)과 같은 대비 반사체를 사용함

감도 설정의 통상적인 방법은 일정한 깊이에 있는 대비 반사체에서 최대화된 신호를 사전에 결정된 높이(예를 들어 전체 화면 높이)로 설정하는 것이다. 대비 반사체는 측면공(SDH), 평저공(FBH), 슬롯 또는 V 노치와 같이 알려진 반사체의 형태이거나 모사된 결함을 채택한다.

대비 반사체를 이용한 DAC 곡선 또는 DGS 선도를 사용함

감도 설정의 또 다른 통상적인 방법은 측면공 또는 평저공을 사용하여 초음파 탐상기 화면 또는 종이에 그래프 또는 곡선을 그려 사용하는 것이다. 이러한 것의 하나가 거리-진폭-보정(DAC) 곡선이다. 이것은 검사할 재료와 같거나 음향적으로 비슷한 재료의 시험편에서 다른 깊이에 크기가 같은 측면공(SDH) 또는 평저공(FBH)을 사용하며, 각 규격에 따라 차이는 있지만 일반적으로 다음과 같이 수행한다.

- 가장 높은 진폭의 신호를 줄 수 있는 깊이(일반적으로 근거리 음장 거리 근처임)에 있는 대비 반사체의 신호를 최대로 한 뒤에 전체 화면 높이의 80%가 되도록 게인을 조정한다.
- 그 지점에서 신호의 피크 점을 찍는다.
- 다음 인접한 위치의 구멍에 대한 신호가 최대가 되도록 하여 신호 피크 점을 찍는다.
- 연속하여 다른 위치 구멍에 대해 반복적으로 수행하여 앞에서 찍은 각 점을 연결한 곡선을 만든다.

경사각 탐상의 경우 DGS 선도를 이용하려면, 굴절각을 고려하여 평저공에 초음파 빔이 수직으로 입사되도록 평저공을 기울여 놓아야 한다. 따라서 굴절각에 따라 각기 다른 각도로 가공된 시험편을 사용하여야 하기 때문에, 일반적으로 경사각 탐상에서는 DGS 선도보다는 DAC 곡선을 이용한다.

참고문헌

[1] KS B ISO 18175:2005, 비파괴 검사 - 전자 계측 기기를 사용하지 않은 초음파 펄스-에코 탐상 시스템의 성능 특성 평가.

[2] ISO 10175, Non-destructive testing -- Evaluating performance characteristics of ultrasonic pulse-echo testing systems without the use of electronic measurement instruments, 2004.

[3] KS B 0534, 초음파 탐상 장치의 성능 측정 방법, 2000.

[4] ASTM E-317, Standard Practice for Evaluating Performance Characteristics of Ultrasonic PulseEcho Testing Instruments and Systems without the Use of Electronic Measurement Instruments, 2011.

[5] KS B 0831, 초음파 탐상 시험용 표준 시험편, 2001.

6. 초음파 탐상의 응용

6.1 초음파 탐상기를 사용한 두께 측정

초음파 두께 측정은 보일러 벽, 선체 외벽, 배관 두께, 저장 용기 벽과 같이 건설 중에 올바른 두께의 재료가 사용되는지를 확인하거나, 사용 중인 설비의 외벽이나 배관이 부식 및 침식에 의한 두께 감육의 정도를 측정하는 잔여 두께 측정에 활용되고 있다. 일반적으로 단순한 두께 측정만 하는 경우에는 전용의 두께 측정기를 사용하지만, 초음파 탐상기를 사용하면 부식된 부위와 뒷면에서 반사되는 에코를 확인할 수 있기 때문에, 부식 부위의 잔여 두께를 측정하는 경우에 더 좋은 결과를 얻을 수가 있다. 두께 측정에 있어 탐촉자의 선택은 대상 재료의 두께와 감쇠 특성을 고려하여 결정한다. 예를 들어 두께가 얇을 때에는 높은 주파수의 분해능이 좋은 광대역 탐촉자를 사용하는 것이 좋으며, 감쇠가 심하며, 두께가 두꺼울 때에는 낮은 주파수의 진동 횟수가 많은 초음파 펄스를 만들어 내는 지름이 큰 탐촉자를 사용하는 것이 좋다.

6.1.1 초음파 두께 측정의 정확도와 허용 오차

초음파 탐상기에 의한 두께 측정을 위한 장비의 교정은 앞의 5.3.2절에서 언급한 수직 탐상의 시간축 교정을 먼저 수행하여 0점과 속도를 맞추어야 한다. 0점과 속도 교정을 완료한 초음파 탐상기에 의해 두께를 측정하는 경우 아날로그 탐상기는 작은 눈금의 절반 정도의 정확도를 갖고 측정값을 읽을 수 있다. 즉, CRT 화면은 전체 화면 범위를 10개의 격자선으로 등분하였고, 각 격자 분할은 5개의 작은 눈금으로 분할하고 있어 이 눈금의 절반의 정확도로 측정할 수 있어 약 1%의 정확도의 측정값을 얻을 수 있다. 하지만 실제 초음파 탐상기는 화면의 수평(시간축) 직선성은 화면 전체 범위의 2% 이내로 보증하고 있으므로, 일반적으로 측정 정확도 또한 측정 범위의 ±2% 이내로 보증한다. 즉, 측정의 정확도는 측정 범위의 1%의 값을 얻지만, 정확도에 대한 보증 값은 측정 범위의 ±2%인 것이다. 예를 들어 측정 범위를 100 mm로 하여 신호의 위치가 58 mm로 측정되었다면, 이 측정값은 58 ±2 mm의 범위를 갖는 것으로 보아야 한다. 따라서 측정 범위를 작게 할수록 오차 범위를 줄일 수 있다.

6.1.2 신호의 위치 측정 방법과 두께 측정 값의 정확성

일반적으로 검사 대상체의 두께 측정은 교정된 장비에서 첫 번째 뒷면 에코의 위치를 측정한다. 이 경우 신호의 위치 측정 방법은 장비의 시간 축 교정을 할 때 측정한 방법과 같은 방법을 적용해야 한다. 에코 신호의 시간 축 위치 측정은 아래의 두 가지 방법이 있다.

플랭크 모드 측정

플랭크(flank)는 게이트 내의 에코 또는 에코들의 진폭 반응과는 관계없이 수신된 에코 신호와 전기적인 게이트와 교차되는 첫 번째 지점을 측정한다.

피크 모드 측정

피크는 게이트 내에서 선행하는 낮은 진폭의 에코 신호와는 관계없이 가장 높은 진폭의 위치를 측정한다.

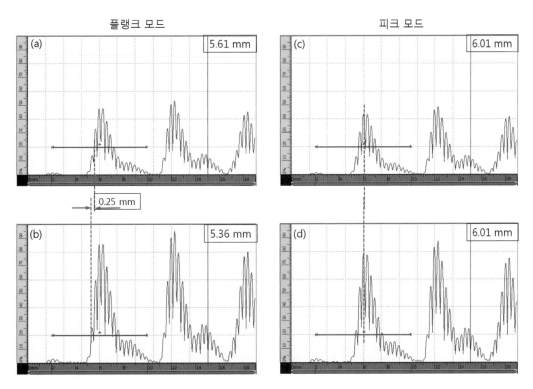

그림 6-1 초음파 두께 측정에서 (a) (b) 플랭크 모드 측정과 (c) (d) 피크 모드 측정의 차이

만일 두께 측정에 플랭크 모드를 사용한다면, 수신 에코 신호 높이에 세심한 주의를 기울여야 한다. 즉, 교정을 위해 사용한 교정 시험편에서 에코 높이와 검사 대상체에서 수신되는 에코 높이를 같게 하여 측정을 하여야 한다. 그림 6-1(a)와 (b)에서 본 바와 같이 게이트에 앞서 있는 가장자리의 겉보기 도달 시간은 신호의 진폭에 따라 변화된다. 또한 피크 모드를 사용하여 두께 측정을 한다면, 게이트의 시작점과 폭은 원하는 에코가 포함되도록 설정하여야 한다.

이러한 두께 측정 모드는 어떠한 측정 방법을 선택하든지 측정에 있어 연속적으로 사용되어야 한다. 두 측정 모드를 왔다 갔다 하면서 측정할 수는 없으며, 만일 측정 모드가 변경된다면, 장비는 재 교정을 하여야 한다. 또한 측정 모드와 상관없이 측정하고자 하는 수신 신호의 진폭은 100% FSH를 넘어서는 안 된다.

6.1.3 다중 뒷면 에코에 의한 두께 측정법

정확한 두께 측정 방법으로 효과적인 방법은 두께에서 반복적인 반사에 의해 형성되는 다중 뒷면 에코 신호를 이용하는 것이다. 특히 두께가 얇은 검사 대상체의 경우 수직 탐촉자의 불감 대 때문에 첫 번째 뒷면 반사 신호를 분리해 내지 못할 수 가 있으므로, 이 방법을 활용하면 좋은 결과를 얻을 수 있다. 그림 6-2와 같이 표면이 도장된 경우에도 다중 반사 신호를 이용하면 도장 두께에 의한 오차를 제거할 수 있다. 이러한 경우 다중 반사에 의한 에코 신호에서 n번째 에코의 위치가 x_n이고, n+1번째 에코의 위치가 x_{n+1}일 때, 재료의 두께(t)는 다음과 같다.

$$t = x_{n+1} - x_n \tag{6-1}$$

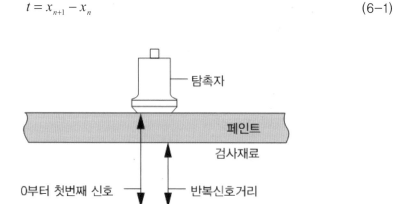

그림 6-2 도장이 된 검사 대상체에서 다중 반사를 이용한 두께 측정

6.1.4 교정 시험편과 다른 재료의 두께 측정

철강 이외의 재료에서는 음속이 철강 재료와 다르므로, 교정 시험편과 검사할 재료 사이의 음속 차이를 고려하여 얻어진 측정값의 차이를 보상해야 한다. 가장 좋은 방법은 검사 대상체와 같은 재료로 만들어진 교정 시험편을 사용하여 초음파 탐상기의 시간축 교정을 수행하여 정확한 속도 값을 설정하여야 하지만, 만일 교정 시험편을 사용하지 못하는 경우, 참고 문헌 등에서 얻어진 음속 값을 가지고서 다음과 같이 실제 두께를 구할 수 있다.

$$실제\ 두께\ =\ \frac{재료의\ 음속값 \times 시간\ 축\ 측정\ 값}{교정\ 블록\ 음속} \qquad (6\text{-}2)$$

즉, 음속이 5,920 m/s인 철강 교정 시험편을 사용하여 범위를 50 mm로 설정한 초음파 탐상기를 사용하여 음속이 5,500 m/s인 재료에서 첫 번째 뒷면 반사 신호가 28 mm의 위치에 나타났다면, 실제 두께는 다음과 같다.

$$\frac{5,500\ \text{m/s} \times 28\ \text{mm}}{5,920\ \text{m/s}} = 26.01\ \text{mm}$$

최근 사용되는 많은 디지털 초음파 탐상기는 속도 값을 조절할 수 있으므로, 철강 교정 시험편으로 장비를 교정한 후에 알고 있는 속도 값을 장비에 입력하여 검사 대상체의 두께 값을 바로 읽을 수 있게 설정할 수 있다.

6.1.5 시간 지연(delay)의 사용

분할형 탐촉자 내에 사용된 지연 웻지 경로에 대한 보정을 위한 탐촉자 지연 교정 이외에 시간축 지연(delay)의 사용은 두께 측정을 더 정확하게 하는 역할을 한다. 예를 들어 80 mm의 두께를 갖는 검사 대상체의 두께를 측정한다고 하자. 만일 탐상기의 측정 범위를 100 mm로 설정하면 큰 눈금은 10 mm의 간격이 되고 작은 눈금은 2 mm의 간격을 나타내게 되므로 약 1 mm 정도의 정확도를 갖는 측정을 할 수 있을 것이다. 하지만 교정을 할 때 지연(delay)을 조절하여 교정 시험편(STB-A1 또는 No.1 block)의 두께의 세 번째 뒷면 반사 신호를 0점에 맞추고, 4번째 뒷면 반사 신호를 최대 범위 위치인 100에 맞추면 화면은 75 mm에서 100 mm 사이를 측정하도록 교정되고, 80 mm에서 반사된 신호는 전체 범위의 약 1/5 지점에 위치하며, 화면의 전체 범위는 25 mm에 해당하므로, 측정 정확도는 0.25 mm로 좋아진다.

6.2 수직 탐상법

압연 판재나 배관 내부의 층상분리(lamination) 또는 단조품의 게재물의 검출이나, 접합부의 접합 상태 평가는 일반적으로 수직 탐상에 의해 수행되고, 이 방법이 매우 효과적이기도 하다.

6.2.1 수직 탐상에 의한 결함 검출

수직 탐촉자를 사용하여 재료 내부의 결함을 검출하고자 할 때에는 다음을 고려하여야 한다.

- 검출하고자 하는 최소 결함 크기와 재료의 감쇠를 고려한 탐촉자의 주파수
- 정확성과 두께 전체를 포함되도록 하기 위한 측정 범위
- 탐상 감도의 설정 방법과 감도 수준 – 제품에 대해 해롭다고 여기는 결함을 검출한다는 것을 보증하는 것은 어떠한 초음파 탐상 장비를 사용할지라도 결함의 위치를 결정하고 재현성 있는 검사 결과를 얻을 수 있음을 보장하여야 한다.

탐상 감도 설정에 대해서는 앞의 5.3.2절의 2)감도 설정 단원에서 이미 설명하였으며, 이를 따르면 된다.

6.2.2 수직 탐상에 의한 층상분리 검출

용접이나 기계 가공할 압연 판재 또는 배관에 존재하는 층상분리(lamination)의 검출은 매우 일상적인 비파괴검사 과제이다. 층상분리는 주물 잉곳의 2차 파이프로부터 압연에 의해 형성되며, 일반적으로 초음파 빔 폭보다 큰 결함으로 판 표면과 평행하고, 판 중앙에 위치한다. 층상분리가 존재하는 곳에서 뒷면 에코는 사라지고 층상분리에 의한 반복 에코들이 나타난다.

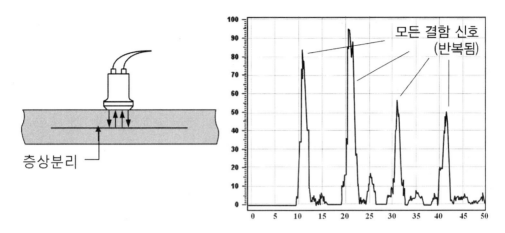

그림 6-3　**층상분리에 의한 반복되는 에코**

이러한 층상분리를 검출하기 위해서는 다음과 같은 절차를 따른다.

- 적어도 2개 이상의 뒷면 에코가 나타나도록 시간 축을 교정한다.
- 층상분리가 없는 부위에서 두 번째 뒷면 에코의 진폭이 전체 화면 높이의 100%가 되도록 게인을 조절한다.
- 탐촉자의 크기를 고려하여 적당한 간격으로 탐상 영역이 적절히 겹쳐지도록 탐상을 수행한다. 층상분리가 있는 부위는 판 두께의 절반이 되는 위치에 층상분리 지시가 나타나고 뒷면 에코 신호가 줄어든다. 때때로 탐촉자 접촉 상태가 나빠지거나 표면 상태가 좋지 않아서 층상분리 지시가 나타남이 없이 두 번째 뒷면 에코 신호 진폭이 줄어들 수가 있다.

두께가 10 mm 이하인 판이나 배관의 층상분리 검출은 다중 에코의 간격이 너무 가까워서 뒷면 에코들 사이에 나타나는 층상분리 신호를 파악하는 것이 어려울 수가 있다. 이러한 경우에는 다중 에코의 간격과 줄어드는 양상을 가지고서 층상분리 유무를 파악한다. 그림 6-4의 왼쪽은 층상분리가 없는 판의 다중 반사 신호이고, 오른쪽은 층상분리가 존재하는 판의 다중 반사 신호 형태이다.

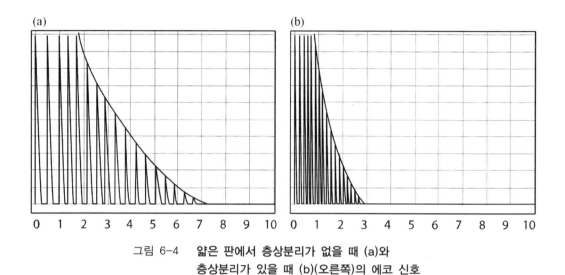

그림 6-4   얇은 판에서 층상분리가 없을 때 (a)와
층상분리가 있을 때 (b)(오른쪽)의 에코 신호

6.2.3 수직 탐상에 의한 접합부 평가

브레이징이나 본딩에 의한 접합부의 접합 상태를 평가할 때, 수직 탐촉자에 의한 수직 탐상이 사용될 수 있다.

6.2.3.1 브레이징 접합부

납땜과 같은 브레이징 접합에 의해 두 금속재료를 접합한 경우, 브레이징 금속의 음향임피던스는 양쪽 모재의 음향임피던스와 약간 다르기 때문에 양질의 접합부일지라도 작은 진폭의 에코가 나타난다. 그러나 불량 접합부의 경우에는 접합부에 공기층이 형성되기 때문에 반사율이 증가하여 큰 진폭의 에코가 나타날 것이다. 만일 브레이징되는 재료의 두께가 얇아서 뒷면

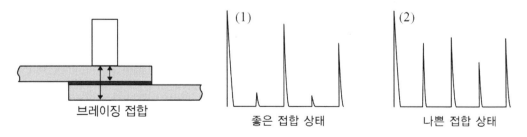

브레이징 접합

(1) 좋은 접합 상태

(2) 나쁜 접합 상태

그림 6-5   브레이징 접합에 대한 초음파탐상검사, 양질의 접합일 때
의 에코 신호(1), 불량 접합일 때의 에코 신호(2)

에코를 명확하게 볼 수 있다면 얇은 판의 층상분리에서와 같이 다중 에코 방법을 사용할 수도 있다.

6.2.3.2 본딩 접합부

본딩 접합은 금속-금속의 접합과 금속-비금속(예를 들어 알루미늄 합금과 복합재료)의 접합이 포함될 수 있다. 이러한 접합부 검사는 다중 에코 기법이 유용하다. 그림 6-6은 금속과 고무가 접합된 경우에 금속 층에서 초음파를 입사시키는 초음파탐상에 의한 접합부 평가의 예를 나타낸 것이다. 초음파를 금속 층에서 입사시키면 접합부에 도달되는 초음파 펄스의 에너지 일부는 투과되고, 일부만 반사되며, 다시 금속과 탐촉자 경계면에서 반사되고, 또 접합부에서 재반사가 일어나는 과정을 반복하여 점차적으로 진폭이 줄어드는 다중 반사 신호를 형성할 것이다. 이러한 접합부의 접합 상태가 좋지 않으면, 접합부는 공기층과 경계를 이루기 때문에 접합부에서 대부분의 에너지를 반사시키고 오직 금속과 탐촉자 경계면에서만 에너지 손실이 일어나므로, 다중 반사 신호의 지속 시간은 더 길어진다.

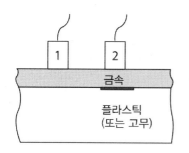 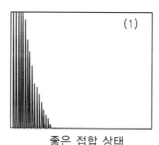 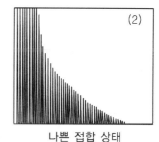

그림 6-6 금속과 고무의 접합부에 대한 초음파탐상검사, 양질의 접합부 (1)의 다중에코
신호(가운데)와 불량 접합부 (2)의 다중에코 신호(오른쪽)의 변화

6.2.4 수직 탐상의 스캔 방식

수직 탐촉자에 의한 스캔 방식은 찾고자 하는 결함의 크기에 의존하며, 다음의 인자들을 고려하여야 한다.

- 피치(스캔 간 거리): 한번 일직선 탐상을 하고 다음 일직선 스캔을 할 때 탐촉자 중심

간의 거리

- 겹침: 인접한 일직선 스캔에서 탐촉자 크기 때문에 각 스캔에서 탐상 영역이 겹쳐지는 영역
- 스캔 방향 또는 방식: 탐촉자의 이동 방향(압연 방향과 평행하거나 수직한 방향 또는 두 방향 모두)과 탐촉자 이동 방식

만일 100 mm를 초과하는 결함을 찾는다고 할 때, 75 mm의 간격으로 스캔을 수행한다면 100 mm를 초과하는 결함은 탐촉자의 크기와는 무관하게 항상 감지될 것이므로, 피치를 75 mm로 할 수도 있다. 이러한 스캔은 한 방향 또는 양 방향 또는 서로 90°가 되는 두 방향으로 탐촉자를 이송시키면서 스캔할 수도 있다.

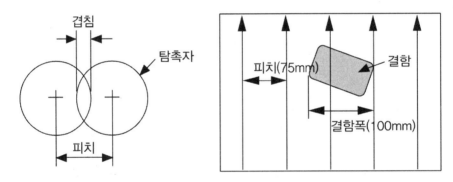

그림 6-7 **수직 탐촉자에 의한 탐상 패턴의 예**

6.2.5 수직 탐상에 의한 결함 크기 산정

수직 탐상에 의한 결함 크기 산정 방법은 다음과 같은 방법을 사용한다.

6.2.5.1 6 dB 강하법(6 dB drop technique)

이 방법은 층상분리와 같이 초음파 빔 폭보다 큰 결함의 크기 산정에 사용된다. 이것은 신호의 진폭이 최대 신호 진폭의 50%(-6 dB)로 될 때, 탐촉자의 중심 위치를 반사체의 가장자리로 결정한다. 그림 6-8과 같이 탐촉자 중심이 반사체의 가장자리에 위치하면 초음파 빔의 절반만이 반사될 것이므로 신호가 반으로 줄어들게 될 것이다. 따라서 이러한 신호를 만드는 지점의

탐촉자 중심의 위치를 재료 표면에 표시하여 이를 연결하면 반사체의 형상과 크기가 표면에 표시될 것이다.

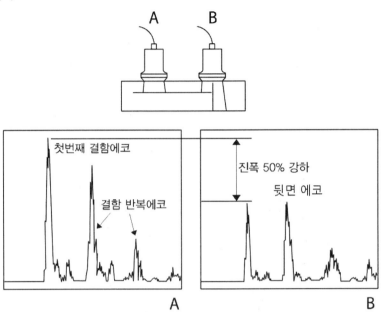

그림 6-8   초음파 빔폭보다 큰 결함의 가장자리를 결정하는 6 dB 강하법; 결함의 중간에서 최대 신호일 때(A 위치)의 진폭을 기준으로 진폭이 50%로 떨어지는 지점(B 위치)을 결함의 가장자리로 결정한다.

6.2.5.2 대등화법(equalization technique)

이 방법은 반사체의 신호가 뒷면 에코 신호의 진폭과 같아질 때, 탐촉자의 중심 위치를 반사체의 가장자리로 결정하는 방법이다. 이 방법은 6 dB 강하법과 같이 반사체의 크기가 빔 폭보다 클 때에 적용된다. 대등화법을 적용하려면 반사체와 뒷면 에코 신호의 초음파 경로의 차이가 크지 않거나, 거리에 의한 초음파 세기가 크게 변하지 않는 영역에서 반사체의 신호와 뒷면 에코 신호를 수신할 수 있어야 한다. 만일 반사체와 뒷면까지의 초음파 빔 거리가 많이 차이가 나서 거리에 의한 감쇠가 현저한 경우에는 정확성이 떨어진다.

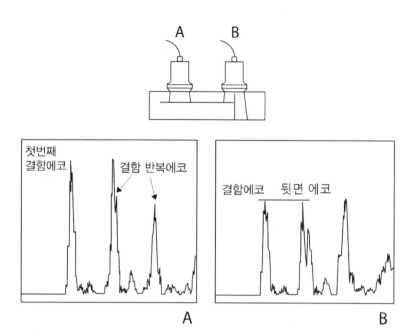

첫번째
결함에코

결함 반복에코

결함에코   뒷면 에코

A

B

그림 6-9   초음파 빔폭보다 크고, 결함의 위치가 판의 중간에 위치할 때 결함의
가장자리를 결정하는 대등화법; 탐촉자가 결함 중간(A 위치)에 있을
때의 반복되는 결함 에코와 탐촉자의 중심이 결함의 가장자리(B 위치)
에 있을 때 같은 진폭의 결함 에코와 뒷면 에코

6.2.5.3 최대 진폭법(maximum amplitude technique)

이 방법은 게재물과 같은 작은 결함들이 모여 있는 영역을 평가하거나 균열과 같은 다중
면 결함의 크기를 산정하는 데 사용된다. 결함 신호가 사라질 때까지 탐촉자를 결함의 영역을
벗어나게 한 뒤에, 신호를 관찰하면서 탐촉자를 다시 결함 영역으로 이동시키면서 신호가 최대
가 되는 첫 번째 위치를 결함의 가장자리로 평가한다. 이 방법은 결함 전체 크기를 나타내는
그룹이나 면적에서 가장자리에 위치한 게재물이나 균열면을 찾게 할 것이다.

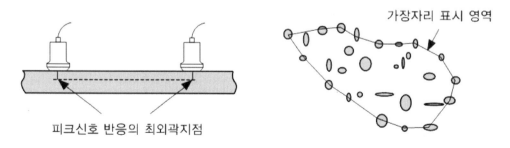

가장자리 표시 영역

피크신호 반응의 최외곽지점

그림 6-10   균열 또는 게재물 및 기공과 같은 결함의 가장자리를 결정하는 최대 진폭법

6.2.5.4 다중 뒷면 에코법(multiple back wall echo technique)

이 방법은 첫 번째 뒷면 에코보다 다중의 뒷면 에코들의 변화 양상을 관찰하는 것을 제외하고는 대등화법과 매우 유사하다. 주된 장점은 근거리 음장 영역에 놓이게 되는 얇은 두께에 적용할 때, 다른 기법에 비해 결함의 가장자리를 결정하기가 더 수월하다는 것이다. 즉 얇은 두께를 갖는 검사 대상체의 경우 두께 범위가 근거리 음장 영역에 놓이기 때문에 다중 에코의 진폭이 점차적으로 감소하지 않을 수 있다. 이러한 경우 결함이 있는 부위의 결함 신호도 다중 에코 신호를 형성할 것이므로, 결함의 가장자리에 탐촉자 중심이 놓이면 결함 신호에 의한 다중 에코와 다중 뒷면 에코의 진폭이 거의 같아질 것이다. 따라서 이 위치들을 연결함으로써 결함의 가장자리를 파악할 수 있으므로 이로부터 결함의 크기와 형상을 평가한다.

6.2.5.5 거리-게인-크기(Distance-Gain-Size: DGS) 선도 사용

DGS(Distance-Gain-Size) 선도는 일정 깊이 범위에 걸쳐 크기가 다른 각각의 평저공 또는 원판형 반사체로부터 반사 신호의 크기 변화를 나타낸 그래프이다. 이러한 그래프는 탐촉자 제조사에 의해 제공되며, 또한 어떠한 대비 시험편을 사용하여 그릴 수도 있다. DGS 선도는 사용할 탐촉자와 일치되어야 한다.

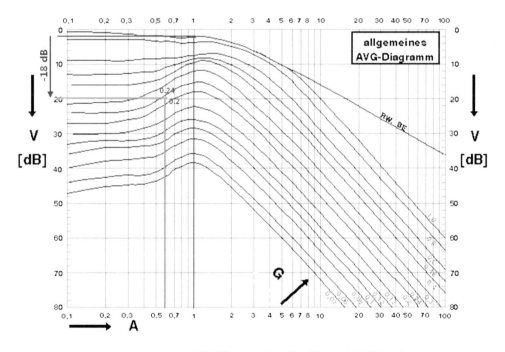

그림 6-11 **전형적인 DGS 선도와 결함 크기 산정의 예**

예 1

진동자 지름이 20 mm이고, 공칭 주파수가 5 MHz인 탐촉자의 DGS 선도가 그림 6-11과 같이 주어진다고 하자. 검사 대상재료는 철강 재료로 종파의 속도가 5,900 m/s라고 하자. 두께가 85 mm인 검사 대상체에서 결함이 없는 부위에서 뒷면 에코의 높이를 80%에 맞추었을 때 초음파 탐상기의 게인 값은 36 dB였다. 탐상을 하다가 발견된 결함 지시는 50 mm 위치에 나타났고, 이 지시를 80%로 맞추었을 때, 게인 값은 54 dB이었다면 결함의 크기는 얼마인가?

① 먼저 탐촉자의 근거리 음장 거리를 구한다.

$$근거리\ 음장\ 거리 = \frac{20^2}{4 \times (5.9/5)} = 84.75 \approx 85\,mm$$

② 재료의 두께가 근거리 음장 거리와 유사하므로, 근거리 음장 거리 위치에서 뒷면 에코 곡선이 만나는 점을 찾고 이 점의 게인 값을 읽는다.

③ 뒷면 에코 신호와 결함 지시 신호의 게인 값 차이를 구한다.

54 dB - 36 dB = 18 dB

④ 위에서 구한 게인 값 차이 인 18 dB 만큼 아래쪽으로 수평선을 그린다.

⑤ 50 mm 위치는 근거리 음장 거리의 0.59에 해당하므로 DGS 곡선에서 이 위치에 해당하는 수직선을 그린다.

⑥ ④에서 그린 수평선과 ⑤에서 그린 수직선과 만나는 점에 위치한 결함 크기의 곡선이 검출된 결함의 크기에 해당한다. 이 과정에서 교차점은 0.24선과 0.2선 중간에 위치하므로, 결함 크기는 중간 값인 0.22 x 20 mm = 4.4 mm로 산정된다.

예 2

앞에서와 같은 탐촉자를 사용하여 깊이 60 mm에 위치한 지름이 3 mm인 평저공에 의한 에코의 높이를 80%로 맞추었을 때, 게인 값은 42 dB이었다. 검사 대상체에서 검출된 결함 지시는 85 mm에 위치하였고, 그 지시의 진폭을 80%에 맞추었더니 게인 값이 49 dB이었다면 결함의 크기는 얼마인가?

이 예는 각자 해결해 보십시오. 결함의 크기는 0.08 x 20 mm = 1.6 mm로 산정됩니다.

수직 종파 탐상에 의해 검출하기 어려운 방향을 지닌 결함을 검출하는데 35°에서 80° 사이의 각도로 굴절되는 횡파가 사용되기도 한다. 물론 어떠한 결함은 부피를 가져서 그들의 형상이 종파와 각도를 갖는 횡파 모두에 의해 검출될 수도 있다. 하지만 여기에서는 오직 각도를 지닌 경사각 횡파에 의해 검출될 수 있는 방향을 지닌 평면적 결함에 대해 설명할 것이다.

초음파 빔이 어떤 굴절각으로 검사 대상체를 통과하기 때문에 결함(또는 불연속)까지의 빔 경로와 검사 대상체 표면으로부터 깊이를 식별할 필요가 있다. 어떠한 반사체에 의한 신호가 초음파 탐상기 화면에 나타나면, 시간 축에서 반사체까지의 빔 경로를 측정할 수 있으나, 반사체가 탐촉자 전면에서 얼마나 멀리 있고, 표면에서 얼마의 깊이에 있는지를 계산할 필요가 있다. 이러한 계산을 위해서는 초음파가 검사 대상체로 입사될 때 입사점과 정확한 굴절각을 알아야 한다. 앞의 5.3.3절의 경사각 탐상 교정에서 입사점과 굴절각 측정 방법을 설명하였다. 그리고 초음파 빔이 진행하는 경로에 해당하는 표면거리를 다음과 같이 정의한다.

- **스킵 거리(또는 1.0 스킵 거리)**: 초음파 빔이 뒷면에서 반사되어 다시 탐상면에 도달될 때 입사점에서 탐삼면의 빔 도달 지점까지의 빔 경로에 해당하는 표면 거리
- **0.5 스킵 거리**: 초음파 빔이 탐상면에서 뒷면에 도달될 때 입사점에서 뒷면의 빔 도달 지점까지의 빔 경로에 해당하는 표면 거리

경사각 탐촉자를 사용한 탐상 방법으로 초음파 빔을 표면에 얼마만큼 반사시켜 검사 영역에 도달하게 하는가에 의해 다음과 같이 구분한다.

- **직사법(0.5 스킵법)**: 경사각 탐상에서 해당 검사 부위에 중간 반사 없이 초음파 빔을 직접 조사하여 탐상하는 기법
- **1회 반사법(1 스킵법)**: 초음파 빔을 검사 대상체의 한 면에 1회 반사시켜 검사 영역에 도달하게 하는 기법
- **다중 반사법**: 초음파 빔을 검사 대상체 표면에서 여러 번 반사되도록 하여 검사 영역에 도달하게 하는 기법

6.3.1 경사각 탐상에서 반사체의 위치 계산

경사각 탐촉자에 의해 검출된 결함 신호는 초음파 탐상기에서 빔 경로를 측정할 수 있다. 만일 결함이 그림 6-12의 (a)와 같이 직사법에 의해 검출이 되었다면, 빔 경로(S)와 결함까지의 표면거리(l) 및 깊이(d)의 관계는 다음과 같다.

$$l = S\sin\theta, \qquad d = S\cos\theta \tag{6-3}$$

만일 결함 신호가 그림 6-12(b)와 같이 1회 반사법에 의해 검출된 것이라면, 그림 6-13과 같이 검사 대상체를 뒷면을 거울면으로 하여 반사시키면, 결함에서 온 신호는 두께를 통과한 뒤에 반사시켜 그려 놓은 결함에서 온 신호로 간주할 수 있다. 이러한 경우 탐상면에서부터 결함까지의 거리는 두께(t)의 2배에서 결함까지의 깊이를 뺀 값($2t - d$)이 되고, 결함까지의 표면 거리(l)와 빔 경로(S)와의 관계는 다음과 같이 된다.

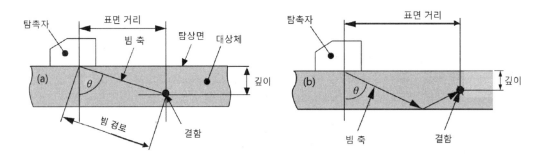

그림 6-12 **경사각 탐상에 사용되는 (a) 직사법과 (b) 1회 반사법**

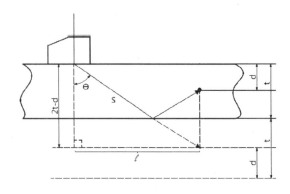

그림 6-13 **1회 반사법에 의해 검출된 결함 신호에 의한 결함 위치 계산 방법**

$$l = S\sin\theta, \qquad 2t - d = S\cos\theta$$

따라서 결함의 위치인 표면거리(l)와 깊이(d)는 다음과 같이 주어진다.

$$l = S\sin\theta, \qquad d = 2t - S\cos\theta \qquad (6\text{-}4)$$

6.3.2 배관 제품 탐상

만일 배관 제품을 축 방향으로 초음파 빔을 보내어 탐상한다면, 앞의 판재 검사와 같은 방법을 적용하면 된다. 하지만 만일 배관을 원주 방향으로 초음파 빔을 보내어 탐상한다면, 빔 경로 길이와 스킵 거리 계산이 복잡해진다. 만일 대비 시험편으로 지름과 두께가 같은 배관 조각을 가지고 있다면, 시간 축 상에서 0.5 스킵 거리와 1.0 스킵 거리 위치를 찾는 스킵 방법을 사용할 수 있다. 만일 검사 대상체 내부에 있는 불연속을 찾는 것이 필요하다면, 시간 축을 표준시험편(STB-A1 또는 A3) 상에서 교정하고, 대비 시험편 배관 조각에 탐촉자를 놓고 0.5 스킵과 1.0 스킵 범위를 확인한다.

경사각 탐촉자로 원주 방향으로 초음파 빔을 조사하는 검사를 할 때, 두꺼운 벽 두께 배관의 경우 주어진 탐촉자 각도에서 초음파 빔이 내면에 도달되지 않고 바깥쪽 표면으로 가로질러 갈 수 있어 주어진 외경에 대한 벽 두께가 중요하다.

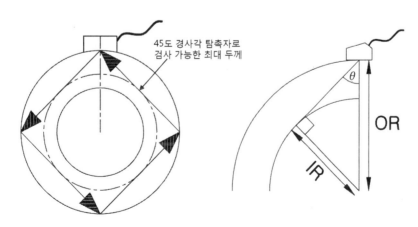

그림 6-14　경사각 탐상에 의한 배관 검사 제한 영역과
검사 가능 최대 두께와 굴절각과의 관계

그림 6-14에서 45° 횡파는 오직 벽 두께의 약 2/3 정도만 통과한다. 다시 말해서 두꺼운 배관의 경우 두께의 일부만을 검사할 수 있음을 나타낸다. 따라서 두꺼운 배관의 경우 안쪽까지 충분히 검사하려면 탐촉자 각도를 주의 깊게 선정해야 한다.

6.3.2.1 검사 가능 최대 두께와 굴절각

어떤 주어진 탐촉자 각도에 대해, 빔 중심이 배관 내경까지 도달하게 한다면, 그림 6-14(b)에 나타낸 바와 같이 탐촉자의 굴절각(θ)과 검사가 가능한 배관의 내경(ID)과 외경(OD)과의 관계는 다음과 같다.

$$\sin \theta = \frac{IR}{OR} = \frac{ID}{OD} \qquad (6-5)$$

여기서 IR과 OR은 각각 배관의 안쪽 반지름과 바깥쪽 반지름이다.

위의 식에서 배관의 내경은 외경에서 두께(t)의 2배를 뺀 값과 같으므로, 다음과 같이 식을 고쳐 쓸 수 있다.

$$\sin \theta = \frac{ID}{OD} = \frac{OD - 2t}{OD} = 1 - \frac{2t}{OD}$$

따라서 검사 가능한 최대 두께는 다음과 같다.

$$t = OD \times \frac{1 - \sin \theta}{2} \qquad (6-6)$$

배관 지름과 벽 두께에 대해 검사 가능한 적절한 탐촉자 각도가 선정되면, 그림 6-15와 같이 두께 방향으로 드릴 구멍을 지닌 배관 조각을 사용하여 구석 반사(corner reflection) 신호를 수신하여 0.5 스킵 거리와 1.0 스킵 거리를 확인한다.

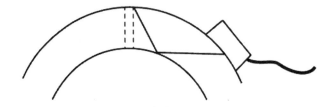

그림 6-15　배관과 같이 곡률이 있는 검사 대상체에 대한 대비 시험편

6.3.2.2 탐상 감도 설정

이것은 표면의 작은 긁힘에서 반사되는 신호는 나타내지 않고, 의미 있는 불연속은 충분히 큰 신호로 나타내도록 게인을 조절하는 것을 의미한다. 종종 검사 대상체와 초음파적으로 유사한 재료이고 비슷한 형상을 가진 시험편에 드릴 구멍이나 인공 균열(노치 같은)을 가공하여 대비 시험편으로 만든다. 이러한 인공 결함(드릴 구멍 또는 인공 균열)에서 반사된 신호를 최대화 한 뒤에 그 진폭을 일정 높이(일반적으로 전체 화면의 50% 이상 높이로 맞춤)가 되도록 하고, 이것이 합부 판정의 기준을 설정하는 기반으로서 사용된다. 즉 이러한 대비 반사체에서의 신호의 높이를 일정 높이로 하는 게인 값 또는 여기에 일정 dB의 게인 값을 부가한 상태에서 일정 높이 이상이 되는 신호를 검출할 경우 불합격 결함을 지닌 것으로 판단한다.

6.3.2.3 외경 표면 결함에 대한 검사

그림 6-16(a)와 같은 배관에서 바깥쪽 표면이 열린 균열과 같은 불연속은 초음파 빔이 내경 표면에서 반사되도록 적절한 각도를 사용하였다면, 정확하게 1.0 스킵에 대한 빔 경로에서 큰 반사를 일으킬 것이다. 하지만 그림 6-16(b)와 같이 두께가 두꺼운 배관이나 환봉을 검사한다면, 초음파 빔은 다른 표면에서 반사됨이 없이 표면에 도달하게 된다. 이러한 경우 외경 표면 결함까지의 빔 경로 길이(S)는 다음과 같이 계산된다.

$$S = OD\cos\theta$$

여기서 OD 는 검사 대상체의 외경이고, θ 는 굴절각이다.

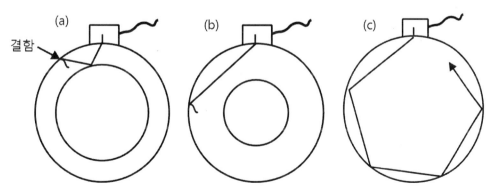

그림 6-16   배관과 환봉과 같은 표면의 불연속에 의한 반사
신호의 빔 경로와 결함 위치와의 관계

그림 6-16(b)와 같이 표면 균열을 검출하는 경우에 만일 균열이 없다면 초음파 빔은 환봉 또는 배관 주변을 진행할 것이다. 만일 감도가 충분하다면, 그림 6-16(c)에 나타낸 것처럼 탐촉자를 A에서 B의 위치까지만 이동시키면 배관 전체를 탐상하는 효과를 얻게 된다. 즉, 초음파 탐촉자가 이 지점 사이를 움직일 때, 시간 축 범위와 게인이 충분하다면 초음파 빔이 전체를 돌아 진행하여 특이한 반사 신호가 나타나지 않을 것이지만, 외경 표면에 불연속이 있다면 이에 대응되는 위치에 있는 불연속에 의한 반사 신호가 나타날 것이다.

6.3.3 경사각 탐촉자에 의한 탐상 방식

경사각 탐촉자를 사용한 탐상 방식은 탐촉자를 움직이는 방법뿐만 아니라 조작하는 방법도 포함된다. 다음은 표준과 절차서에서 가장 일반적으로 언급하고 있는 탐상 방식들이다.

6.3.3.1 궤적 스캔(obital scan)

고정된 반사체에 초음파 빔이 일정하게 입사되도록 유지시키면서 탐촉자를 반사체 주변으로 선회시키는 스캔 방식을 말한다. 궤적 스캔은 신호가 계속 유지될 수 있는 기공을 식별하기 위해 종종 사용된다.

6.3.3.2 목돌림 스캔(swivel scan)

탐촉자를 탐촉자 내의 한 점에서 회전시켜 초음파 빔의 방향을 바꿔주어서 주변을 효과적으로 탐상하는 스캔 방식이다. 다중 면 또는 평면 또는 다중 결함을 식별하고 용접 덧살이 존재하는 용접부에 한정된 횡 균열 탐상을 수행할 때 적용 범위를 완전히 보증하기 위하여 사용한다.

6.3.3.3 측면 스캔(lateral scan)

고정된 선을 따라 탐촉자를 옆으로 움직이는 스캔 방식이다. 단일 V 개선 용접부의 **엄격한 루트 탐상** 또는 종 방향으로 놓여 있는 결함의 길이를 산정하기 위해 사용한다.

6.3.3.4 깊이 스캔(depth scan)

탐촉자를 빔이 진행하는 방향과 평행하게 앞뒤로 움직이는 스캔 방식이다. 결함의 위치를 찾아 그 결함의 깊이 방향의 크기를 파악하거나 감도 설정을 위해 측면공(SDH)의 신호를 최대

화할 때 사용한다.

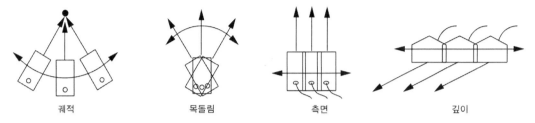

궤적   목돌림   측면   깊이

그림 6-17   **경사각 탐상에 의한 스캔 방식의 종류**

6.3.4 경사각 탐상에 의한 결함 크기 산정

경사각 탐상에 의한 결함 크기 산정 방법은 다음과 같은 방법을 사용한다.

6.3.4.1 6 dB 강하법(6 dB drop technique)

이 방법은 결함의 크기가 빔 폭보다 큰 결함의 크기를 산정할 때 사용한다. 탐촉자의 신호가 최대 결함 신호의 50%가 되는 위치까지 이동하고, 이 위치에서 탐촉자의 중심 위치를 결함의 가장자리로 결정한다. 결함의 양쪽 끝을 이러한 방법으로 결정하여 결함의 길이를 산정한다.

6.3.4.2 20 dB 강하법(20 dB drop technique)

이 방법은 일반적으로 개선면에 발생되는 융합불량의 단면(또는 높이)이 빔 폭보다 작은 결함에 대해 사용되지만, 빔 폭보다 큰 결함에 대해서도 사용될 수도 있다. 이 기법을 사용하기 위해서는 사용하는 탐촉자의 20 dB 빔 형상을 그려 놓은 빔 형상 카드가 필요하다.

이 방법에 의한 결함 크기 산정은 먼저 그림 6-18(a)와 같이 신호가 최대가 되는 지점을 찾아 빔 형상 카드에서 이 위치를 표시한다. 탐촉자를 앞으로 전진시켜 진폭을 최대 신호의 10%가 되는 지점에 탐촉자를 위치시킨다. 탐촉자가 앞으로 전진 하였으므로, 그림 6-18(b)에 나타낸 바와 같이 빔의 뒤쪽 가장자리가 결함의 위쪽 가장자리와 만난 것이다. 이 만난 지점을 빔 형상 카드에 표시한다. 다시 탐촉자를 뒤로 움직여 진폭을 최대 신호의 10%가 되는 지점에 탐촉자를 위치시킨다. 이 경우에는 그림 6-18(c)에 나타낸 바와 같이 빔의 앞쪽 가장자리가 결함의 아래쪽 가장자리와 만난 것이다. 이 만난 지점을 빔 형상 카드에 표시한다. 위의 과정을 통하여 빔 형상 카드에 결함의 높이 또는 단면이 차지하는 영역이 표시되어 크기 산정에 이용할 수 있다.

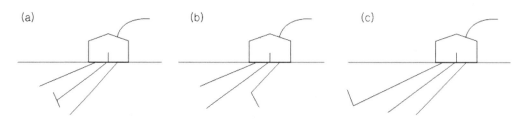

그림 6-18   빔 형상 카드를 이용하여 20dB 강하법에 의한 결함의 높이 산정

이 방법은 크고 작은 반사체에 대해 모두 적용할 수 있는 장점은 있지만, 탐촉자가 큰 것을 사용할 때, 탐촉자 이동에 있어 일정한 접촉 조건을 유지하기 어려워 측정 오차가 많이 있으며, 빔 퍼짐을 결정하기 위한 부수적인 대비 시험편이 필요하다는 단점이 있다.

6.3.4.3 최대 진폭법(Max. amplitude technique)

이 방법은 게재물 또는 군집 기공과 같은 작은 결함들이 모여 있는 영역의 크기를 산정하거나 균열과 같은 다중 면 결함의 크기를 산정하는 데 사용한다. 이 방법은 결함 신호가 사라질 때까지 탐촉자를 결함의 영역을 벗어나게 한 뒤에, 신호를 관찰하면서 탐촉자를 다시 결함 영역으로 이동시키면서 신호가 최대가 되는 첫 번째 위치를 결함의 가장자리로 평가한다. 이 방법으로 결함 전체 크기를 나타내는 영역에서 가장자리에 위치한 게재물이나 균열면을 찾을 수 있다. 또한 신호를 최대로 하여 그룹 내의 각 개별적 신호를 구성함으로써 임계 크기의 산정이 필요한 경우에 상태 관찰과 결함의 형상을 그리기 위해 사용될 수 있다.

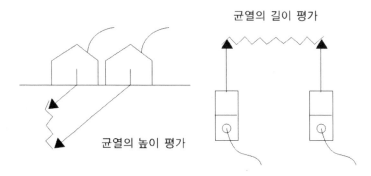

그림 6-19   최대 진폭법에 의한 균열의 높이와 길이 산정 방법

228

표면파는 특히 항공산업에서 수많은 용도로 매우 성공적으로 사용되어 왔다. 하지만 철강산업에서는 표면 상태가 매끄럽지 않고 자분탐상검사가 표면파에 의해 검출할 수 있는 결함들을 검출하기 때문에 그렇게 보편적으로 사용하지는 않는다. 그럼에도 불구하고, 표면파를 사용하는 것이 가장 단순하고 가장 긍정적인 결과를 이끌어 낼 때가 있다.

6.4.1 표면파의 장점

표면파는 윤곽이 완만한 표면에서 반사를 일으키지 않고 진행하나, 윤곽이 급격하게 변화하는 부위에서 반사를 일으킨다. 그림 6-20은 종파 또는 횡파의 사용이 어려운 복잡한 형상을 지닌 날개 모양의 검사 대상체를 보여주고 있다. 균열이 루트의 곡면 부위나 날개의 약 2/3 지점의 앞쪽 모서리 또는 뒤쪽 모서리를 따라 형성될 수도 있다. 표면파 탐촉자를 날개의 끝 부분에 놓고 표면파를 루트 쪽으로 보내면 윤곽을 따라 진행하고 루트의 모서리에서 반사될 것이다. 만일 표면에 균열이 있다면 루트 모서리 반사 신호보다 먼저 반사 신호가 나타나게 된다.

표면파는 오직 표면으로부터 한 파장 정도의 깊이만 침투하여 표면을 따라 전파하므로, 상대적으로 얇은 단면을 지닌 검사 대상체를 검사할 때 장점이 있다. 그림 6-21과 같이 지름이

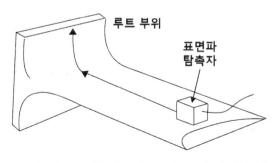

그림 6-20 **표면 결함 검출을 위한 표면파 탐상검사**

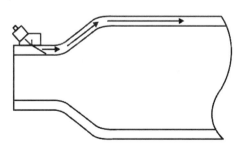

그림 6-21 **지름이 변화되는 배관의 검사**

변화되는 얇은 두께의 배관의 경우에, 균열은 지름이 변화되는 영역의 내부 또는 외부 표면에 생성될 수 있다. 경사각 탐촉자를 사용할 수도 있으나, 지름의 변화가 있는 영역에서 빔이 반사될 때 스킵 지점을 예측하는 것이 어렵다. 하지만 만일 대략 두께와 같은 정도의 파장을 갖는 표면파를 사용한다면, 두께 변화가 있을지라도 벽 두께를 따라 전파하고 어느 쪽 표면에 있는 결함이든 반사를 일으킬 것이다. 이와 같이 복잡한 형상을 갖는 검사 대상체의 표면 결함을 검출하거나, 두께가 얇으면서 단면이 변화되는 배관과 같은 검사 대상체를 검사하는 데 표면파가 매우 유용한 수단이다.

6.4.2 표면파의 한계

검사 대상체의 표면이 거칠거나, 스케일이 붙어 있거나, 액체(접촉매질과 같은)가 접촉되어 있거나, 다른 검사 대상체에 의해 압력이 가해진다면, 표면파의 세기는 급격하게 감쇠한다. 이러한 이유 때문에 표면파 탐촉자의 접촉매질로서 그리이스를 사용하고 탐촉자를 전진시키면서 탐상하는 것이 일반적이다. 탐상하는 과정에 표면에 남겨지는 접촉매질 자국이나 다른 물질들은 종종 결함 신호로 오인할 수 있는 거짓 신호를 유발한다. 그러므로 검출 신호에 해당되는 영역에 걸쳐 천으로 문질러 그러한 지시가 진짜인지 가짜인지를 확인하는 과정이 필요하다. 만일 천으로 문질렀을 때 신호가 사라진다면 거짓 지시이고, 결함 지시는 이러한 조작을 하여도 사라지지 않는다.

6.4.3 교정과 결함 위치

종파와 횡파에 대한 교정 방법으로 표면파에 대해 시간축을 교정하는 것은 일상적이지 않다. 이것은 결함으로 의심되는 신호를 검출하였을 때, 탐촉자 앞쪽 표면에 손가락을 접촉시켜 신호가 사라지지 않는지를 확인한다. 하지만 손이 도달되지 않고 볼 수도 없는 영역으로 표면파를 입사시킬 경우가 있다. 이러한 경우 STB-A1(ISO No. 1) 시험편 또는 이와 유사한 시험편에서 횡파에 대한 교정과 같이 시간 축을 교정하여야 한다.

탐상 감도는 드릴 구멍 또는 EDM 노치를 지닌 대비 시험편에서 설정할 수 있다. 항공산업에서 이러한 시험편들은 일상적으로 결함이 발생될만한 위치에 EDM 노치를 지닌 실제 검사 대상체의 단면의 모양을 갖는 대비 시험편을 사용한다.

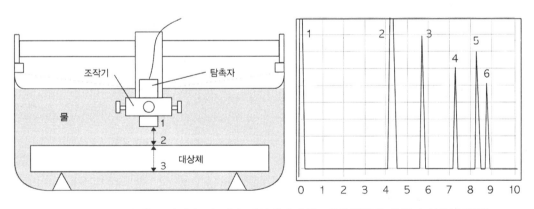

6.5 수침법

수침 검사 기법은 주로 실험실 및 자동 초음파탐상검사를 수행하는 대규모 공장 설비에서 사용된다. 이 기법은 균일한 접촉 조건을 유지하고, 탐촉자를 교체하지 않고 간단하게 초음파 빔 각도를 변화시킨다는 장점을 지닌다.

6.5.1 종파 검사

그림 6-22에 나타낸 바와 같이 물탱크에 잠겨 있는 판에 수직하게 종파를 입사시켜 검사하는 단순한 설정을 고려하자. 탐촉자는 판의 표면과 적절한 간격을 유지하도록 하여 판의 한쪽 면에서 움직인다. 탐촉자는 종파를 발생시키며, 종종 조작기(manipulator)라고 불리는 완전히 회전되는 하우징의 내부에 탐촉자를 고정 시킨다. 조작기는 일반적으로 마이크로미터 나사로 조절하여 탐촉자의 중심 축 방향(즉, 초음파 빔 방향)을 조절할 수 있다.

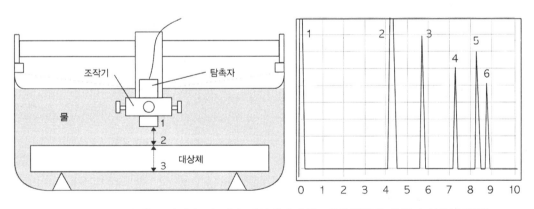

그림 6-22 물탱크 안에 놓인 검사 대상체의 수침 검사(왼쪽)와 초음파 신호(오른쪽)

종파에 의한 수침 검사를 위한 설정의 첫 번째 과정은 초음파 빔이 검사 대상체의 입사면에 수직이 되도록 맞춘다. 이 과정은 검사 대상체의 입사면에서 반사 신호가 최대가 되도록 조작기의 나사를 조절한다. 초음파 탐상기 화면에 초음파 신호는 그림 6-22의 오른쪽과 같이 나타날 것이다. 비록 물 거리가 검사 대상체의 두께와 거의 비슷할지라도, 그림 6-22에 나타낸 바와 같이 송신 펄스(1)과 물과 검사 대상체 경계면의 첫 번째 에코(2) 사이의 시간 축 거리는 첫 번째 경계면 에코(2)와 첫 번째 뒷면 에코(3) 사이의 시간 축 거리에 비해 매우 크다. 이것은 물에서 음속이 철강 또는 알루미늄에서 종파 음속의 약 1/4정도이기 때문에 나타나는 현상이다. 따라서 물과 검사 대상체 경계면에서 반복되는 에코(5)가 첫 번째 뒷면 에코와 간섭이 일어나지 않도록 하려면, 철강 시험편의 경우에 물 간격은 검사 대상체 두께의 1/4에 6 mm를 더한 값보다 크게 하는 것이 좋다. 그림 6-22의 오른쪽의 신호에서 (4)와 (6)은 검사 대상체에서 일어나는 반복적인 뒷면 에코이다.

물과 검사 대상체 표면의 경계면에서 일어나는 첫 번째 에코를 **표면 에코**라고 하며, 초음파가 검사 대상체로 들어가는 순간을 나타낸다. 일반적으로 지연(delay)을 조절하여 표면 에코를 화면의 0점에 오도록 조절한다. 적절한 검사 범위에 대한 시간 축 교정은 5.3.2.1에서 나타낸 바와 같이 STB-A1 시험편에서 접촉식 탐촉자에 대한 교정 방식과 비슷한 방식으로 수행한다.

물탱크 안에 있는 검사 대상체가 두께가 35 mm인 철강 재료라고 하자. 만일 철강의 종파 속도로 맞추고 시간 축을 100 mm로 교정한 뒤에 **표면 에코**를 지연을 조절하여 0점에 맞추었다면, 35 mm 두께에서 반복되는 뒷면 신호들이 접촉식 탐상에서 나타나는 반복되는 신호와 유사하다. 하지만 접촉식 탐상의 송신 펄스의 위치에 있는 표면 에코는 진동자의 잔향을 지니지 않기 때문에 불감대는 더 짧아진다. 이러한 상태에서 일정한 물 거리를 둔채로 **라스터 스캔**으로 알려진 탐촉자를 기계적으로 지그재그 형태로 탐상하고, 작업자는 결함 지시에 대한 일상적인 방법으로 화면을 관찰한다. 더 신뢰할만한 방법은 시간 축을 관찰하는 모니터를 사용하여 결함 신호가 게이트에 들어왔을 때 경고를 알려주는 것이다. 게이트 회로는 사람보다 훨씬 더 빠르게 작용하기 때문에, 훨씬 더 빠르게 탐상할 수 있게 하며, 접촉식 탐상에서 획득하는 것 보다 훨씬 더 신뢰할만한 탐상을 수행하게 한다.

게이트 회로가 켜지면 화면에 게이트가 나타난다. 게이트는 start(시작점)를 조절함으로써 위치를 좌우로 이동 시킬 수 있다. 일반적으로 게이트의 시작 위치는 표면 에코 오른쪽 가장자리에 게이트의 왼쪽 끝이 근접하도록 조절한다. width(폭)는 게이트 폭을 늘리거나 줄이는 데 사용한다. 이것을 사용하여 게이트의 오른쪽 끝이 첫 번째 뒷면 에코의 왼쪽에 근접하도록 게이트 폭을 조절한다. 이러한 게이트 내에 신호가 나타나면 경보음(alarm sound) 또는 경보등(alarm LED)을 동작시킨다. threshold 또는 level(문턱값 또는 높이)는 화면에서 게이트의 높이를 나타낸 것으로 경보 시스템을 작동 시킬 수 있는 게이트 내에 감지된 신호의 높이를 결정하는 데 사용한다.

모니터에서 경보 시스템은 또한 결함 영역에 페인트 또는 스템프를 사용하여 결함 검출 부위를 표시하는 표시 장치를 동작시키거나 C-스캔으로서 알려진 검사 대상체의 평면 맵핑을 산출하는 펜 기록 장치(또는 프린터)와 함께 사용될 수도 있다. 일반적으로 C-스캔 결과 영상은 게이트 범위의 문턱 값(게이트 높이 또는 level)을 초과하는 신호가 있으면 불연속으로 나타내 도록 하여 결함 영역을 직관적으로 확인할 수는 있다. 하지만 이러한 단순한 결과 영상을 가지고서는 결함의 깊이에 대한 정보를 없다. 만일 각 결함의 깊이 정보를 기록하기를 원한다면, 검출된 결함 위치로 탐촉자를 이동시켜 화면에서 깊이를 측정하고, 수동적으로 기록하는 것이 일반적이다.

최근 발전된 장비에서는 컴퓨터를 기반한 디지털 장비를 사용하고 프로그램에 의해 원하는 정보를 함께 저장함으로써 결과 영상에서 결함 위치를 클릭하면 깊이에 대한 정보를 알 수 있도록 하거나, 산출된 C-스캔 영상 결과에서 map 결과는 결함 영역을 나타내고, 깊이에 대한 정보는 색깔로서 나타내기도 한다.

6.5.2 횡파 검사

수침 검사 기법의 장점 중의 하나는 종파 탐촉자를 기울여 적절한 입사각을 만들어 줌으로써 간단하게 원하는 각도의 횡파를 만들 수 있다는 것이다. 이러한 경우 물과 검사 대상체(철강 또는 알루미늄) 경계면에서 원하는 굴절각을 만들도록 탐촉자 조작기에 의해 탐촉자를 적절히 기울여야 한다. 이렇게 일정한 입사각을 가지고 초음파 빔을 입사시킬 때, 1차 임계각 이상이 되도록 하여야 횡파만 굴절하여 검사 대상체로 들어가는 것을 잊지 말아야 한다.

6.5.3 B-스캔 표현

위치 엔코더가 판 좌표와 탐촉자 각도에 관련된 조작기의 정확한 위치에 관한 정보를 주는 시스템으로 채택되었기 때문에 모든 정보는 판 내에서 반사체의 위치를 계산하는 데 사용될 수 있다. 오늘날 컴퓨터로 직접 시스템을 연결할 수 있으므로 실시간으로 쉽게 수행할 수 있다. 그러므로 C-스캔을 산출할 뿐만 아니라 불연속이 판의 깊이의 어디에 있는지를 보여주는 단면의 슬라이스(slice) 영상 결과를 산출한다. 이러한 영상 결과를 B-스캔이라고 한다. 이러한 B-스캔 결과는 C-스캔 영상에서 영상을 가로지르는 선에 해당하는 부위에 대한 깊이 방향의 정보를 나타낼 수도 있다.

6.5.4 투과법

플라스틱, 복합재료, 고무 등은 음향 흡수가 매우 큰 재료들이다. 때때로 낮은 주파수일지라도 음향이 뒷면에서 반사되어 돌아오지 않아 뒷면 에코를 얻는 것이 가능하지 않을 수 있다. 투과법은 뒷면에 도달하는 음향을 검출하고, 결함의 존재는 투과된 신호의 진폭이 감소하는지를 감지한다. 이 방법에서 게이트의 작동을 'negative'로 설정하여 투과된 신호가 게이트 높이 이하로 떨어질 때 경보를 울리게 한다.

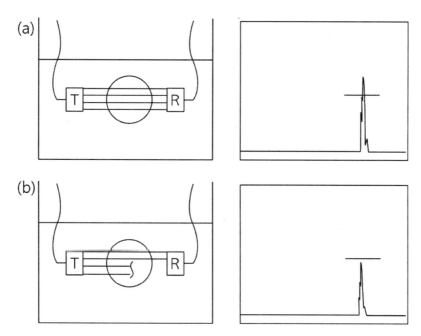

그림 6-23 투과법에 의한 수침 검사
(a)결함이 없을 때와 (b)결함이 있을 때(투과 신호의 진폭이 감소함)

7. 철강 제품 검사

본 장에서는 주조와 단조 제품 및 용접부에 대한 초음파탐상검사를 다룰 것이다. 초음파탐상검사에서 일상적인 작업과 자기 훈련 과정의 적어도 반이 논쟁거리이기 때문에 이들의 초음파탐상검사에 대한 기본적인 작업과 절차를 소개한다. 하지만 여기에 소개된 내용들이 항상 수행하여야 할 사항으로 받아들일 필요는 없다. 왜냐하면, 검사의 세부적인 내용들은 각각의 작업에 따라 변경되어야 하고, 고객의 요구는 물론 주조품, 단조, 용접 제품에 대한 검사 목적에 따라 달라질 것이기 때문이다. 즉, 일상적인 작업은 비슷할지라도, 세부 사항은 변경될 수 있다. 그러므로 검사자는 검사를 시작하기 전에 적용하여야 할 규격, 표준, 또는 시방서를 확인하여야 한다.

7.1 주조품 검사

7.1.1 탐촉자

주조품의 검사에는 종파와 횡파 모두가 광범위하게 사용된다. 결정 조직이 초음파 감쇠에 상당한 영향을 미치기 때문에, 주조품 검사에 사용되는 초음파의 주파수는 일반적인 검사에서 사용하는 주파수보다 더 낮아진다. 1 MHz~2.5 MHz의 범위의 초음파를 일반적으로 사용하지만 때때로 먼쪽 면까지 초음파를 침투시키기 위하여 500 kHz(0.5 MHz)정도의 낮은 주파수를 사용할 필요가 있다. 압전복합재료를 진동자로 사용하는 탐촉자가 신호 대 잡음 비와 감도를 더 좋게 한다.

7.1.2 장비

펄스-에코 초음파 탐상기는 A-스캔을 표현하고, 0.5 MHz~6 MHz 범위의 주파수 영역을 처리할 수 있어야 한다. 그리고 작업을 위해 선택된 탐촉자를 사용할 때 분해능과 침투 특성이 좋아야 한다. 침투 특성은 STB-A1 시험편에 있는 지름 50 mm의 퍼스펙스를 이용하며, 잡음이 전체 화면의 10%를 넘지 않은 상태에서 게인을 최대로 하고, 퍼스펙스에서 일어나는 뒷면 에코의 수를 세어 평가한다. 탐촉자가 2에서 4개의 뒷면 에코를 만들면, 주조품 검사에 침투력이 낮은 것으로 평가하고, 6개에서 10개의 뒷면 에코를 만들면 침투력이 높은 것으로 평가한다.

가장 일반적으로 사용하는 탐촉자는 종파(단일 진동자와 이중 진동자) 수직 탐촉자와 45°, 60°, 70°의 경사각 횡파 탐촉자이다. 주파수는 검사할 주조품의 재질과 두께에 의존한다. 진동자의 크기는 주파수에 따라 달라진다. 2.5 MHz의 주파수에서 지름이 12 mm~25 mm 범위의 진동자를 사용하지만, 너무 큰 빔 퍼짐을 방지하기 위하여 낮은 주파수에서 더 큰 진동자를 사용할 필요가 있다. 예를 들어, 진동자 지름이 13 mm인 1 MHz 종파 수직 탐촉자는 철강 재료(음속: 5,890 m/s)에서 전체 빔 퍼짐 각은 67°인데 반하여, 주파수는 같고 진동자 지름이 25 mm인 탐촉자의 전체 빔 퍼짐 각은 33.4°로 줄어든다. 빔 퍼짐 각이 작을수록 탐촉자의 침투 능력은 더 커진다.

7.1.3 열처리

감쇠가 적은 결정 조직 구조를 얻기 위하여, 초음파탐상검사를 수행하기 전에 주조품을 열처리하는 것이 바람직하다. 열처리는 주조품이 주형에서 제거된 후에 변태 온도 이상의 온도까지 가열하고 유지한 후에 냉각하는 과정을 의미한다. 이러한 열처리 과정은 풀림(어닐링: annealing), 불림(노멀라이징: normalizing), 경화(hardening), 뜨임(템퍼링: tempering) 과정이 있다. 품질 관리 목적을 위해 열처리 전에 주조품을 검사할 필요가 있으나, 그러한 경우에 검사가 효과적이지 않을 수 있다는 것을 인정해야 한다.

7.1.4 표면 조건

최적의 결과를 획득하려면 주조품은 초음파탐상검사를 위하여 적절하게 표면을 손질해야 한다. 원하는 표면 상태를 달성하기 위하여, 초음파 검사자는 주조품 표면 청소 작업장이나 기계 작업장과 협조할 필요가 있다.

7.1.4.1 주조품 표면

좋은 주조품 표면은 초음파를 잘 투과시키지만, 쇼트 블라스팅(shot blasting) 처리를 하면 접촉 효과를 향상시킬 것이다. 주조품 표면의 일부 또는 전체를 수동 그라인딩하는 것이 필요할 수도 있으나, 주조품의 본래의 형태를 유지하는 것을 보증해야 한다. 만일 초음파탐상검사를 수행해야 하는 주조품 표면은 래핑(겹침)을 만들 수 있는 망치질이나 피이닝(둥근머리 망치질)에 의한 표면 다듬기를 하지 않아야 한다.

7.1.4.2 거친 기계 가공 표면

초음파탐상검사를 효과적으로 수행하기 위하여 표면을 거친 기계 가공 조건으로 주조품을 공급하는 것이 일반적이다. 하지만 마지막 절삭은 평탄하고 매끄러운 표면 마무리를 보장하기 위해 뭉뚝한 끝을 가진 공구를 사용하여 수행되어야 한다. 가공 표면이 레코드판과 같은 줄무늬를 형성하면, 이러한 표면은 거짓 에코를 만들며, 탐촉자를 심하게 마모시킬 수 있기 때문에 바람직하지 못하다.

7.1.5 절차

초음파 탐상 절차를 가지고서 체계적이고 포괄적이고 일상적인 작업을 수립하는 것이 필수적이다. 잘 정의된 단계별로 일련의 검사를 수행하는 것은 어떠한 것도 잊지 않게 한다. 또한 각 단계들은 단계별 기능을 생각해내고 확인하는 데 혼란스럽지 않아야 하고, 채워 넣어야 할 인자들을 한 번에 너무 많이 지니지 않도록 한다. 다음과 같은 일련의 과정을 따라서 주조품 검사를 수행한다.

(1) 검사 대상체에 대한 정보

주조품을 만드는 방법과 형상(기술적인 도면)과 중요한 영역의 위치와 그러한 영역에서 가장 잘 발생될 수 있는 결함의 종류에 관한 필요한 모든 정보들을 확인한다.

(2) 장치

작업에 적합한 장비를 갖추었으며, 장비가 적절하게 동작하는지를 확인한다. 초기 탐상을 위해 장비를 교정한다.

(3) 검사 표준

준수해야 할 모든 표준과 결함에 대한 허용 한계를 확인한다.

(4) 육안 검사

주어진 도면과 정보에 들어맞는지를 보기 위해 검사 대상체를 관찰한다. 표면이 초음파탐상검사에 적절한지를 점검하고, 명확한 표면 파단 결함을 찾는다. 만일 허용할 수 없을만한 결함을 발견하였다면, 초음파탐상검사를 수행하는 것은 무의미하다.

(5) 침투 평가

초음파탐상검사를 시작하기 전에 검사 대상체 안으로 초음파가 충분히 들어갈 수 있는지를 확인한다. 종파 탐촉자의 침투 능력은 뒷면 에코들이 만들어지는 정도로 확인할 수 있고, 횡파 탐촉자의 침투 능력은 모서리 반사를 통해 확인할 수 있다. 초음파 침투 능력은 검사 대상체의 다음과 같은 특성에 영향을 받는다.

① 주조품 두께
② 주조품의 형상과 탐촉자 접촉 표면의 면적
③ 표면 마무리에 의한 거칠기
④ 결정립 크기와 미세 조직

(6) 초기 탐상

검사 영역을 전체적으로 수행하였음을 보증하기 위해 검사 대상체의 표면을 체계적으로 탐상하도록 한다. 초기 탐상은 일반적으로 종파 탐촉자를 사용한다. 결함 지시가 나타난 영역은 다음 단계의 정밀한 평가를 위해 표시하도록 한다.

(7) 정밀한 탐상

만일 주조품의 특정 영역이 위험하고 예민한 어떤 종류의 결함으로 표시되었다면, 그 영역은 그 결함에 대해 최적의 반응을 일으키도록 적절한 범위의 주파수를 사용하여 주의 깊게 탐상되어야 한다.

(8) 결함 평가

초기 탐상과 정밀 탐상 이후에 결함 또는 지시가 나타난 곳으로 표시된 영역으로 돌아가서 그 불연속에 관한 모든 필수적인 정보를 얻는 데 필요한 만큼의 여러 개의 탐촉자를 사용하여 그 지시에 대한 주의 깊은 평가를 수행한다. 이러한 평가로 다음의 정보를 알아내어야 한다.

① 결함의 정확한 위치
② 결함의 종류(또는 특성) 평가
③ 결함의 크기 그리기

(9) 보고서 작성

주조품에 대해 가질 수 있는 수집된 모든 정보를 가지고서 보고서를 작성한다. 보고서에는 다음의 내용이 포함되어야 한다.

① 무엇을 하였고, 어떻게 하였는가?
② 무엇을 찾았는가?
③ 어떻게 허용 표준과 비교되었는가?

7.1.6 주조품 결함의 종류

이 단원은 주조품에서 발생될 수 있는 여러 가지의 결함을 소개하고, 각각의 결함에 의해 예상되는 신호와 검출을 위한 기법을 간단히 다룰 것이다. 여기에서 소개하는 내용으로 검출할 수 있을 것 같은 모든 결함들의 그림을 정확하게 제공할 수는 없지만, 향후 작업에서 해석에 대한 유용한 지침을 형성할 것이다.

7.1.6.1 불충분한 용탕 주입에 기인한 결함(수축 결함)

수축 결함은 응고 과정에서 형성되는 공동으로 액체 상태에서 고체 상태로 전환될 때 일어나는 수축에 의해 형성된다. 이러한 결함은 일반적으로 가스의 존재와 관련은 없으나, 가스 내용물이 그 영역으로 확산될 수 있다. 철강 주조품의 수축 결함은 단면 두께의 국부적인 변화가 있는 곳에서 발생될 수 있다. 하지만 또한 용용 금속의 주입이 어려운 평행한 단면에서도 발생될 수 있다. 철강 주조품에서 이러한 수축 결함은 주로 다음의 세 가지로 구분할 수 있다. 거대 수축(macro shrinkage), 가느다란 수축(filamentary shrinkage), 미세 수축(micro shrinkage).

그림 7-1은 수축 공동이 가장 발생되기 쉬운 전형적인 위치를 나타낸 것이다. 단면 두께의 국부적인 변화가 있는 곳에서 용용금속이 충분히 주입되지 않는 핫 스팟(hot spot)이 일어날 것이다. 이것이 수축 공동을 이끌어내므로, 가능한 회피하여야 한다. 예리한 각도의 합류부(V, X, Y)는 아주 좋지 않으며, T 또는 L 합류부는 문제가 덜 되지만, 주의 깊게 관찰해야 할 부위이다.

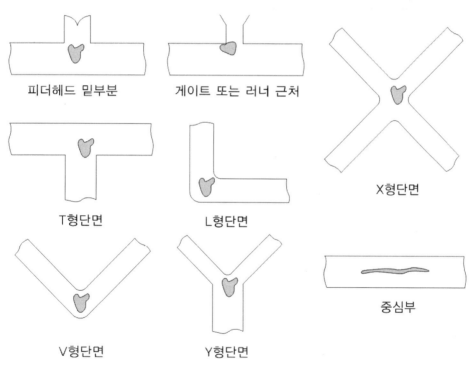

피더헤드 밑부분　　　　게이트 또는 러너 근처

T형단면　　　　L형단면　　　　X형단면

V형단면　　　　Y형단면　　　　중심부

그림 7-1　**주조품에서 수축 공동이 발생될 가능성이 있는 전형적인 위치**

(1) 거대 수축(macro shrinkage)

이것은 응고 과정 중에 형성되는 큰 공동이다. 이러한 결함의 가장 일반적인 형태는 용용 금속의 불충분한 공급 때문에 발생되는 파이핑(piping)이다. 설계가 잘 된 주조품에서 파이핑은 압탕두(feeder head)로 제한된다. 이러한 결함을 검출하는 데 사용되는 기법은 주조품 단면 두께에 의존한다. 단면 두께가 75 mm 이상인 주조품에 대해서는 단일 진동자 탐촉자를 사용할 수 있으며, 반면에 75 mm 미만의 두께에 대해서는 분할형 탐촉자를 사용하는 것이 좋을 수 있다. 결함의 존재는 새로운 결함 에코의 나타남과 함께 뒷면 에코의 완전한 손실에 의해 판단한다. 그림 7-2에 나타낸 것과 같이 경사각 탐촉자는 종파 탐촉자로 얻은 정보를 보충하고 확인하기 위해 사용된다.

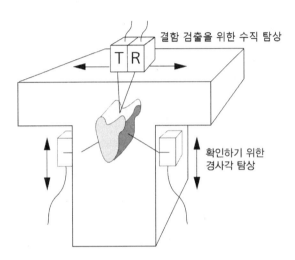

그림 7-2   거대한 수축 공동 검출을 위한 종파 수직 탐상과 확인하기 위한 횡파 경사각 탐상

(2) 가느다란 수축(filamentary shrinkage)

이것은 조금 큰 형태의 수축이지만, 거대 수축 공동에 비해 물리적인 크기가 작다. 이러한 공동은 종종 넓은 범위에 분포하며, 갈라지기도 하고 서로 연결되어 있을 수도 있다. 이론적으로 가느다란 수축은 단면의 중심선을 따라 발생되어야 하지만 항상 그렇지는

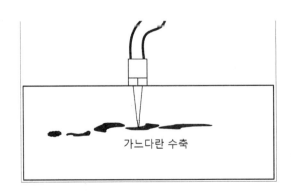

그림 7-3   분할형 탐촉자에 의한 가느다란 수축 공동의 탐상

않고 어떤 경우에는 주조품 표면까지 뻗어 나온다. 이러한 주조품 표면까지 확장된 것은 핀홀 또는 웜홀의 존재에 의해 파악될 수도 있다. 가느다란 수축은 단면 두께가 75 mm 이하이면 분할형 탐촉자를 사용하여 검출하는 것이 최선일 수 있다. 결함 신호는 거대 수축에 대한 신호보다 윤곽에 있어 더 고르지 못하는 경향을 지닌다. 초기 탐상은 큰 지름 (25 mm)의 탐촉자로 수행하고 최종 평가는 작은 지름(약 10 mm 정도)의 탐촉자를 가지고서 수행한다.

(3) 미세 수축(micro shrinkage)

이것은 응고 과정에서 수축 또는 가스 방출에 기인한 가느다란 수축의 매우 미세한 형태이다. 공동은 결정입계(결정 사이의 수축) 또는 수지상 가지(수지상 간 수축) 사이에서 일어난다. 종파 탐촉자를 사용하여 미세 수축에 의한 지시는 시간 축의 어떤 부분에 걸쳐 퍼져있는 상대적으로 작은 잘 분해되지 않은 신호의 그룹인 임상에코 같은 경향을 지닌다. 결함 신호가 있는 곳에서 뒷면 에코의 존재는 어느 정도 선택된 주파수에 의존한다. 예를 들어, 4~5 MHz 탐촉자를 사용할 때 빔의 산란에 기인하여 뒷면 에코가 나타나지 않을 수도 있다. 이러한 뒷면 에코의 손실은 큰 다각형 형상의 결함으로 상상될 수도 있다. 하지만 1~2 MHz로 주파수를 변경하면 결함 영역을 통과하여 그림 7-4와 같이 결함 에코에 뒷면 에코를 부가하여 '큰 공동'이라고 생각한 것이 틀렸음을 입증한다.

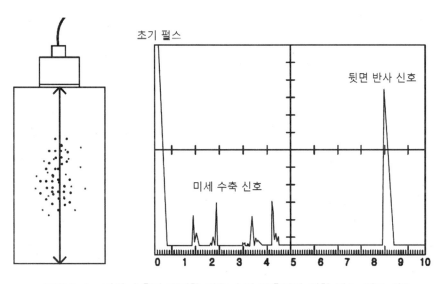

그림 7-4 미세 수축이 존재할 경우 수직 탐촉자에 의한 펄스-에코 신호

7.1.6.2 냉각과정의 간섭 수축과 관련된 결함

(1) 고온 균열(hot tears)

이것은 불연속적이면서 일반적으로 둘쭉날쭉한 형태의 균열이다. 이러한 결함은 금속이 가장 약할 때인 응고 온도 근처에서 진전되는 응력에 기인한다. 응력은 냉각되는 금속의 수축이 금형 또는 코어나 더 얇은 단면에 의해 구속될 때 일어난다. 그림 7-5는 열간 균열이 발생되는 위치와 원인을 나타내었다.

(2) 균열(cracks)

이것은 금속이 완전히 응고되었을 때 형성되는 거의 직선적인 균열로서 응력 균열로 알려져 있다. 열간 균열의 위치는 결함의 방향 때문에 종파를 사용하여 정확하게 결정할 수 없다. 가장 만족스러운 기법은 경사각 탐촉자를 사용하는 것이다. 철강 주조품에서 균열이나 열간 균열을 찾는 가장 최선의 방법은 자분탐상검사와 같은 자기적인 방법을 사용하고, 결함의 깊이를 알기 위해 초음파탐상검사를 수행한다.

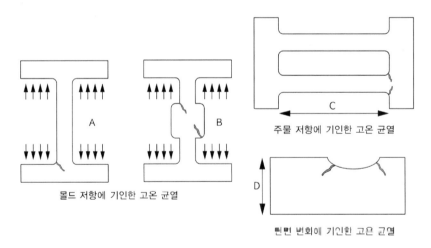

그림 7-5　열간 균열 발생 위치 및 원인

7.1.6.3 갇힌 가스와 관련된 결함

(1) 에어 로크(airlocks)

용융 금속이 주형에 부어질 때, 공기가 금속 흐름에 끌려 들어가서 하나의 공동이나 여러 개의 공동으로 형성된다. 일반적으로 이러한 결함은 분할형 종파 탐촉자에 의해 가장 잘 검출된다.

(2) 기공(gas holes)

이러한 결함들은 분리된 공동들이고 일반적으로 지름이 1.5 mm 이상으로 응고 과정에서 금속에서 용해된 가스의 분출에 기인한다. '블로우 홀(blow hole)'은 금속보다는 주형 또는 코어로부터 분출된 가스에 기인한 기공이다. '웜 홀(worm hole)'은 일상적으로 주조품 표면에 수직한 관형의 기공을 말한다. 기공은 표면에 가깝게 존재할 가능성이 높으므로, 분할형 종파 탐촉자가 가장 적합하다.

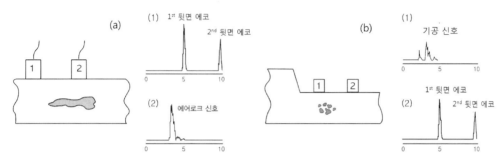

그림 7-6 갇힌 가스와 관련된 결함. a) 에어로크, b) 기공

7.1.7 주강 롤의 검사

그림 7-7과 같은 큰 주강품에서 발생되는 결함은 응력에 의한 균열(crack), 갈라짐(clink), 또는 찢어짐(tear)으로 여겨지는데, 아마도 찢어짐이 가장 정확한 표현일 것이다. 이러한 검사 대상체에 대한 초음파탐상검사는 다음과 같은 절차를 따른다.

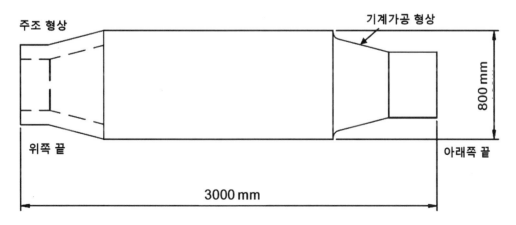

그림 7-7 주강 롤의 한 형태

아래의 절차는 기계 가공을 하지 않고 완전하게 열처리를 한 주강품에 적용하는 기법을 나타낸 것이다. 검사 대상체의 크기와 결정립 조건 때문에 롤의 길이 방향과 반지름 방향의 초기 탐상은 0.5 MHz의 종파를 사용하는 것이 경험적으로 확인되었다. 초기 탐상에 의해 발견된 불연속 지시들은 1~2 MHz의 종파와 1~5 MHz의 횡파를 사용하여 더 자세하게 탐상될 수 있다.

① 주강 롤의 축 방향을 따라 종파로 검사를 한다. 그림 7-8과 같이 0.5 MHz 단일 진동자 종파 탐촉자 두 개 중 하나는 송신 탐촉자로 다른 하나는 수신 탐촉자로 사용한다. 결함이 기울어져 있다면 뒷면 에코는 손실되고 결함 에코도 얻어지지 않기 때문에 유용한 방법이다. 송신 탐촉자를 한 위치에 그대로 두고 수신 탐촉자를 움직여 반사된 신호를 찾는 것을 시도한다.

② 그림 7-9에 나타낸 것과 같이 먼저 두 종파 탐촉자를 원주 방향으로 분리하여 롤을 가로지르는 탐상을 수행한 뒤에 두 탐촉자를 축 방향으로 분리하여 탐상한다. 원주 방향 탐상은 축방향 결함을 찾기 위한 것이고, 축 방향 탐상은 원주 방향 결함을 찾기 위한 것이다. 결함이 존재하는 부위에서 수신탐촉자로 초음파의 진행을 방해하여 뒷면 반사 신호를 감소시키거나 사라지게 한다.

③ 더 높은 주파수의 분할형 종파 탐촉자와 45°와 70° 사이의 횡파 탐촉자와 같은 다른 탐촉자를 사용하여 결함 영역을 분석한다.

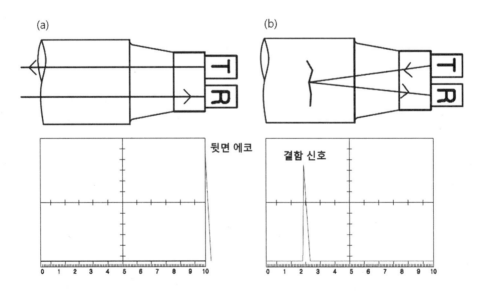

그림 7-8 축 방향 종파 탐상, 결함이 없는 것(왼쪽)과 결함이 존재하는 것(오른쪽)에서 탐상 신호

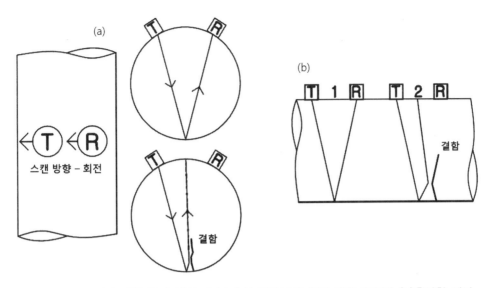

그림 7-9　단면 방향 종파 탐상. (a)송수신 탐촉자의 원주 방향 배치와 (b)축방향 배치

7.1.8 초음파 감쇠의 측정

주조품에서 초음파 감쇠의 측정은 결정립의 크기의 평가와 그것에 의한 열처리 효과에 관한 유용한 정보를 제공한다. 주조된 상태에서 결정립의 크기가 커서 초음파 빔이 산란되어 배경 잡음(임상에코: grass)을 증가시키며 초음파탐상검사의 감도를 떨어뜨린다. 완전히 열처리된 주조품의 결정립 구조는 결정 제련을 유발하여 재결정화 된다. 이러한 열처리를 거친 재료에서 초음파는 덜 감쇠된다. 감쇠 측정의 지배적인 요인은 초음파 파장과 결정립의 크기와의 관계이다. 결정립의 크기가 파장보다 더 클 때($D \gg \lambda$), 초음파는 심하게 감쇠되며, 결정립의 크기가 파장보다 아주 작을 때($D \ll \lambda$), 초음파는 그리 심하지 않게 감쇠된다.

초음파 감쇠를 측정할 때에는 다음의 인자들을 고려할 필요가 있다.

- 사용되는 주파수: 종파(4~6 MHz), 횡파(2~4 MHz)를 사용하도록 한다.
- 횡파를 사용할 때 더 심하게 감쇠되는 결과를 얻는다.
- 종파를 사용할 경우에는 빔 경로를 50~200 mm 사이가 되도록 한다.
- 횡파를 사용할 경우에는 빔 경로를 10~100 mm 사이가 되도록 한다.
- 스캔면의 거칠기

- 뒷면(또는 반사면)의 거칠기
- 열처리 조건
- 주입구, 라이저(riser), 압탕과 검사 봉의 위치
- 접촉매질
- 검사는 50 mm 이상의 두께인 건전한 재료에서 수행되어야 하고, 미세 수축의 존재는 결과에 영향을 거의 미치지 않는다.

7.1.8.1 감쇠 측정 절차 1

이 방법은 감쇠가 주조품의 위치에 따라 변화가 있는지를 빠르게 점검하는 데 사용한다. 이 방법은 두께가 다른 두 주조품의 감쇠를 비교하거나 같은 주조품일지라도 두께가 다른 두 부분을 비교하는 것으로 사용될 수 없고, 단지 같은 초음파 경로에 대한 신호 높이로 감쇠의 정도를 확인할 뿐이다. 뒷면 에코 또는 모서리 반사 신호를 주조품에서 획득하여 그 신호의 진폭을 특별한 높이(예를 들어 화면 높이의 80%)가 되도록 조절하고, 이러한 상태에서 다른 주조품의 감쇠 정도를 비교하는 데 사용된다.

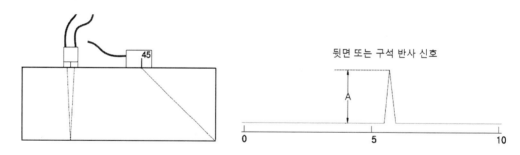

그림 7-10 **일정한 초음파 경로에 대한 신호 높이 평가로부터 재료의 감쇠 측정**

7.1.8.2 감쇠 측정 절차 2

이 방법은 감쇠를 정량적(dB/mm)으로 얻을 수 있기 때문에 더 정확하고 유용하다. 또한 같은 주조품에서 두께가 다르거나 두께가 비슷한 영역에 대한 감쇠를 비교하거나 다른 주조품의 감쇠를 비교하는 데 사용될 수 있다. 종파 탐촉자를 사용하여 두개의 뒷면 에코를 얻는다. 먼저 첫 번째 뒷면 에코의 진폭을 사전에 정해놓은 화면 높이(예, 80% FSH)가 되도록 조절하고 그 때의 게인 값(H_1)을 읽는다. 두 번째 뒷면 에코의 진폭을 사전에 정해 놓은 높이가 되도록 조절하여 그 때의 게인 값(H_2)을 읽는다. 첫 번째 에코와 두 번째 에코 사이에 초음파는 재료의

윗면에서 뒷면으로 왔다 다시 돌아가므로 재료 두께(d)의 2배를 진행한다. 따라서 주조품에서의 겉보기 감쇠는 다음과 같다.

$$Att. = \frac{H_2 - H_1}{2d}$$
(7-1)

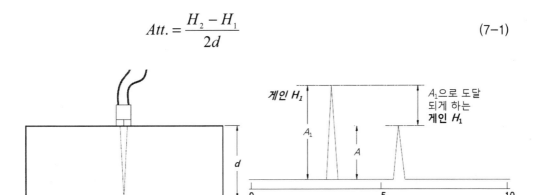

그림 7-11　일정한 두께의 뒷면 반사 신호에 의한 재료의 겉보기 감쇠의 측정

7.2 단조품 검사

단조품 검사는 주조품 검사보다 여러모로 훨씬 더 간단하다. 우선 첫째로, 결정립이 훨씬 더 미세해져서 감쇠가 훨씬 더 작아지고 잡음도 적어져 더 높은 주파수의 초음파를 사용할 수 있다. 두 번째로 원래 주조품 빌렛에 존재하던 공동과 게재물 같은 결함은 단조, 압연, 압출 과정 동안 납작해지고 늘어나서 바깥 표면에 평행하게 넓어지며 더 좋은 반사체로 된다. 예외로 스캔면에 대해 평행하지 않은 균열이 있을 수가 있다.

많은 단조품 검사는 단일 진동자 또는 분할형의 4~6 MHz 사이의 종파 탐촉자를 사용하여 수행되며, 때때로 10 MHz까지 사용되기도 한다. 경사각 횡파 탐촉자는 종파에 의해 검출된 결함을 분석하고 종파에 대해 적절하게 방향을 갖지 않을 수 있는 결함을 찾는 데 사용된다. 특별히 얼마 동안 사용되었던 단조품 검사에서 만일 결함이 존재한다면, 종종 결함이 있을만한 곳을 예측하는 것이 가능하기 때문에 많은 명세서들은 한 위치에서 특별한 결함을 찾는 제한된 탐상만을 요구하고 있다.

7.2.1 단조품의 결함

(1) 파이프(pipe)

원래의 주조품 잉곳에서 제거되지 않은 1차 또는 2차 파이프가 유지된 결함이다. 이 결함은 일상적으로 단조품의 중심선을 따라 자리를 잡으며, 그 길이는 원래의 잉곳을 요구된 크기의 생산품으로 만들 때 필요한 만큼의 늘이는 정도에 의존할 것이다. 2차 파이프는 결코 대기로 노출되지 않으므로, 단조 과정 중에 어떤 부분은 함께 융착되어 분리되어 있는 결함을 형성하기도 한다.

(2) 게재물(inclusion)

불순물과 용융과 정제 과정(산화물, 규소, 황, 인)때문에 금속에 존재하는 비금속 게재물이 주조품 잉곳에 존재될 수도 있다. 만일 게재물이 단조 공정 온도에서 형상 변화가 일어날 수 있게 물렁해지면 단조 과정 중에 형상이 변화될 수도 있다. 또한 작은 부분으로 잘게 부숴질 수도 있다. 큰 결함은 종파를 사용하여 간단히 검출할 수 있으나, 결함이 작아질수록 찾기가 더 어려워진다.

(3) 터짐(burst)

터짐은 단조 과정을 너무 낮은 온도에서 수행하거나 금속 덩어리를 급격하게 줄이려고 할 때 초래되는 결함이다. 만일 이러한 것이 단조품의 끝에서 일어난다면 육안으로 관찰되고, 초음파는 단조품 안쪽으로 터짐의 범위를 알아내는 데 사용된다. 하지만 일상적으로 단면의 변화가 있는 부위의 아래쪽에 내부 터짐이 형성되며, 이러한 것은 초음파에 의해서만 발견될 것이다.

(4) 열적 균열(thermal crack)

가열 속도와 냉각 속도가 급격할 때, 단조품에는 균열이 형성될 수 있는 고르지 않은 응력이 만들어진다. 이러한 균열이 상대적으로 크지 않다면, 임의적인 방향으로 형성되기 때문에 초음파탐상검사로 검출하는 것이 어려울 수가 있다. 철강 단조품의 경우 자분탐상검사가 이러한 결함을 검출하는 가장 적절한 방법이다.

(5) 가느다란 균열(hairline crack)

가느다란 균열은 고체와 액체에서 수소의 용해도 차이 때문에 어떤 등급의 철강에서 발생한다. 응고 과정에서 수소는 용액에서 빠져나와 미세한 게재물과 같은 어떤 불연속에 도달될 때까지 원자 상태로 확산된다. 여기서 수소는 막대한 압력을 생성하는 분자 형태로 결합되어 미세한 균열을 생성하는 핵을 형성한다. 하지만 이러한 균열은 선호하는 방향을 갖지는 않으나, 그들의 많은 숫자와 임의적인 방향 때문에 일반적으로 초음파에 대한 적절한 반사면을 만들어 낸다.

모든 단조품의 초음파탐상검사는 주조품에서 수행한 것과 같이 모든 문제를 보증하는 일련의 작업에 다음을 포함한다.

- 재료와 형상과 제조 과정과 열처리 등 검사 대상체에 관한 모든 정보들을 확인한다.
- 검사 대상체에서 발생되기 쉬운 주요 결함과 발생 가능한 위치와 합격 판정 기준을

파악한다.

- 수집할 정보에 기반한 장비와 탐촉자를 선택한다.

- 육안검사를 수행한다.

- 모든 결함을 찾는 데 필요한 기본적인 초음파 탐상을 수행한다.

- 결함을 완전하게 기술하는 데 필요한 보충적인 탐상을 수행한다.

- 완전하고 깔끔하게 보고서를 작성한다.

7.2.2 균일한 단면의 검사 대상체 검사

대부분의 압연과 단조된 재료들은 큰 단면에서 작은 단면으로 균일하게 단면을 축소시키고 길이를 늘인다. 이러한 제품에서 결함들은 일반적으로 표면과 나란하게 놓여진다. 압연 판의 층상분리는 이미 취급하였다. 압연 봉은 2차 파이프를 길게 늘어뜨려서 봉의 축을 따라 대체로 원통형의 불연속을 형성한다. 이러한 결함은 종파로 검출할 수 있으며, 원통 형상의 작은 편차가 한 방향에서 검출하는 것을 어렵게 할 것이므로 일상적으로 90° 간격으로 두 번의 탐상을 수행한다.

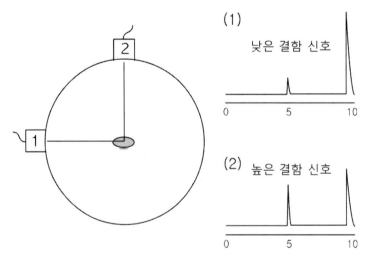

그림 7-12   압연 봉의 중앙에 형성되는 결함 탐상의 예
(적어도 수직한 두 방향의 탐상이 요구됨)

압연 또는 단조된 봉은 원래의 잉곳에 있는 파이프로부터 납작한 형태로 변화된 결함을 포함할 수도 있다. 이러한 결함의 검출은 첫 번째 탐상과 마지막 탐상이 봉의 원주를 따라 약 180°의 위치 변화를 주어 봉의 길이를 따라 여러 번 탐상을 할 필요가 있다.

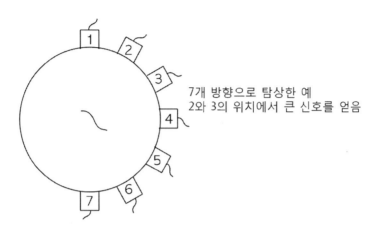

그림 7-13   잉곳의 2차 파이프에 기인한 압연 또는 단조 봉 중앙에 형성되는 결함의 탐상

사각형 단면의 압연 각봉 내부의 불연속은 종파 수직 탐촉자를 사용할 때 반사되는 에너지가 거의 탐촉자에 도달되지 않을 정도로 기울어져 있을 수가 있다. 단조 과정 중에 면에 번갈아가면서 응력을 주는 것이 그림 7-14와 같이 결함을 대각선으로 기울어지게 할 수 있다. 이러한 경우에 종파 수직 탐상보다 경사각 탐상이 더 효과적일 수 있다. 검사 영역을 충분히 탐상하기 위하여 90°를 이루는 두 면에서 탐상을 수행하여야 한다.

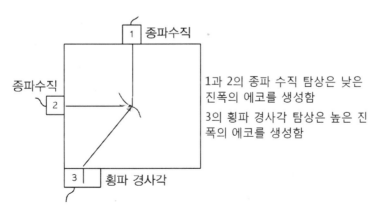

그림 7-14   사각 단면의 압연 또는 단조 봉 내부의 결함 검출을 위한 탐상

원통형의 검사 대상체를 검사할 때 탐촉자가 접촉되는 부분은 오직 선 접촉을 만드는 경향이 있다. 검사 대상체의 지름이 감소할수록 접촉 면적은 더 작게 된다. 이것은 빔 퍼짐을 증가시키고 탐상 감도를 감소시킨다. 이러한 것을 보상하기 위하여 작업자는 보통 게인을 올린다. 이러한 것은 탐촉자 송신 잡음을 늘리는 효과를 가져와 불감대를 증가시킨다. 선 접촉 문제에 대한 최선의 해결책은 분할형 탐촉자를 사용하고 슈(shoe)를 표면 곡률에 맞추는 것이다.

7.2.3 열처리에 의한 결함

검사 대상체를 열처리하는 과정에서 잘못 설정된 응력으로 인하여 검사 대상체 내의 어떤 위치와 면에 결함이 만들어질 수 있다. 이러한 결함을 확실하게 검출하려면, 가능한 많은 표면에서 탐상을 하고 가능한 많은 각도의 빔을 사용하여야 한다. 종종 특별한 검사 대상체에서 잘못된 열처리 기법과 관련된 결함은 일정한 부위에서 발생한다. 이것은 제조 과정의 명확한 경향이 되므로, 초음파탐상검사를 층상분리와 개재물에 대한 기본적인 탐상과 함께 특별한 열처리 결함을 찾는 것을 목적으로 하는 별도의 탐상으로 단순화시킬 수 있다.

7.2.4 사용 중 성장하는 결함

어떤 결함은 사용 중에 진전하거나 또는 검사 대상체가 일정 기간 동안 사용 하중을 받은 후에 처음 드러낸다. 피로 균열과 응력 부식 균열이 이러한 결함의 전형적인 형태이다. 이러한 결함은 원래의 주조품, 단조, 용접 또는 열처리 과정에서 만들어진 것으로 제조 과정에서는 검출되지 않는(아마도 검출할 수 없는) 작은 불완전부에서 시작한다. 이러한 결함은 응력이 가장 높게 집중된 영역에서 일어나며, 만일 결함이 발생되고 성장된다면 그들의 시작점과 성장 방향은 일상적으로 예견할 수 있다. 종종 피로 시험 프로그램에서 강조되거나 사용중 손상 분석을 통해 명확하게 드러난다. 검사 기법은 특별한 위치에서 특별한 결함에 대해 중요한 영역을 검사하도록 발전되었다.

사용 중 검사의 한 예는 철도 차축의 정기적인 검사이다. 이것은 초음파 검사자의 종사 기간 중에 발생 가능성이 많은 문제들을 예로 들 수 있기 때문에 간략히 살펴 볼 수 있는 분야이다. 먼저 명확한 것은 검사 대상체가 일반적으로 접할 수 있는 것에 비해 길이가 길다는 것이다.

차축의 길이는 2.5 m가 넘을 수도 있다. 어떤 초음파 탐상기의 경우 다른 검사에 대해 충분한 시간 축 범위를 제공할지라도, 이러한 긴 차축의 길이에 대해 충분한 거리를 제공하지 못할 수 있다. 또한 긴 거리를 침투하도록 충분한 펄스 에너지를 제공하지 못하여 차축 끝 부분의 작은 결함을 검출하지 못할 수 있다. 초음파 빔이 많이 퍼지기 때문에 가능한 빔 퍼짐이 작은 탐촉자를 선택하도록 주의를 기울일 필요가 있다. 이러한 이유로 지름이 20~25 mm이며, 1~4 MHz의 주파수를 갖는 탐촉자를 보통으로 사용한다. 이러한 탐촉자를 사용할지라도 초음파 빔은 옆면에 도달할 정도로 거의 확실하게 퍼지며, 모드 변환에 의한 거짓 에코가 일어날 것이다. 특별히 짧은 펄스(높은 분해능) 탐촉자를 사용할 경우 신호는 보기가 어려울 정도로 압축되므로, 어느 정도의 펄스 길이를 지닌 탐촉자를 사용하는 것이 좋을 수가 있다.

다음으로 형상의 변화가 있으면 화면에 신호를 만들며, 결함이 가장 잘 발생되는 곳은 단면의 변화가 있는 부위이다. 단면이 변화되는 곳에서 반사는 차축의 각각의 형태에 대한 표준적인 신호 형태를 제공한다. 이러한 각각의 신호는 오직 정상적인 형태에서 얻은 신호와 차이점만을 찾아서 기록(저장)될 필요가 있다. 불연속을 찾으면 정상적인 형태의 차축에서 얻은 신호와 차이점이 있는지를 추가적으로 분석하여 검사 보고서를 작성한다.

차축에서 발생되는 표준 신호의 다른 근원은 차축에 끼워 맞추어진 부시 또는 베어링 하우징과 관련된다. 종파의 빔 가장자리의 일부분은 차축과 부쉬 사이의 경계면을 각도를 가지고 부딪쳐서 부쉬 쪽으로 투과되면서 모드 변환된다. 부쉬 내에서 횡파는 그림 7-15에 나타낸 것과 같은 형태의 다중 반사를 일으킨다. 이러한 표준 신호도 또한 확인되고 기록되어야 한다.

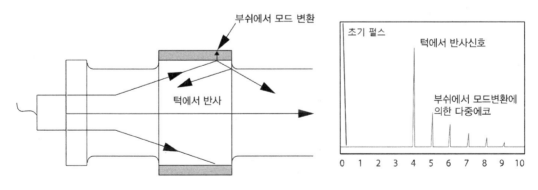

그림 7-15   베어링이 끼워진 상태의 철도 차량의 차축에서 모드 변환 신호

그림 7-16(a)에 나타낸 바와 같이 단면의 변화가 있는 축을 검사할 때, 단면의 변화로 인하여 어떤 영역이 가려지는 것은 아주 상식적이다. 이렇게 가려진 영역은 그림 7-16(b)와 같이 10°보

다 더 크지 않은 굴절각을 갖는 경사각 종파 탐촉자를 사용하여 줄일 수 있다. 만일 특별한 탐촉자를 적용할 수 없다면 그림 7-16(c)에 나타낸 것과 같이 탐촉자와 탐상면 사이에 작은 퍼스펙스 웻지를 끼워 넣음으로써 결과를 얻을 수 있다.

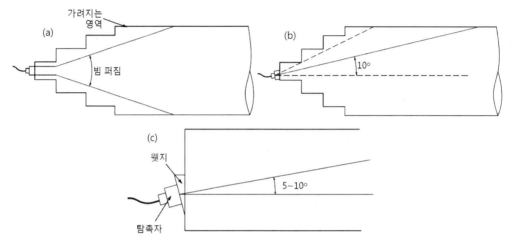

그림 7-16   단면의 변화 때문에 (a)가려지는 영역의 존재와
(b)10°굴절각의 종파의 적용 및 (c)탐촉자에 퍼스펙스 웻지 장착

특별한 축의 초음파탐상검사의 한 예를 그림 7-17에 나타내었다. 우선적으로 축의 한쪽 끝에서 종파 탐촉자를 사용하여 탐상한다. 축의 각 끝에서 탐촉자가 접촉된 쪽의 반에 대해 결함을 찾는 탐상을 하고, 보충적으로 45° 또는 60°의 경사각 탐상으로 저널에 가까운 단면이 변화되는 곳에 균열이 존재하는지를 확인한다.

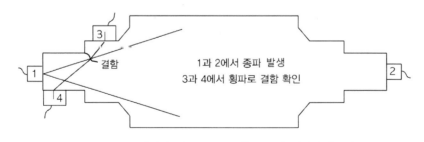

그림 7-17   단면의 변화가 있는 축의 초음파탐상검사의 예

종파 탐상을 하는 동안 나타나는 신호는 다음 중 어느 것에 의한 것인지를 확인하여야 한다.

- 알려진 단면의 변화에 의한 에코
- 모드 변환에 기인한 거짓 에코
- 결함 신호

우선적으로 이러한 것은 오직 장비와 축에 대한 지식에 의해서 식별될 수 있다. 탐촉자의 빔 퍼짐과 장비의 교정을 알아야 한다. 이것과 각 신호의 시간 축 측정 값으로부터 각 신호를 식별할 수 있어야 한다. 그림 7-18에 예시되어 있는 축의 경우에 화면과 판독은 다음과 같다. 그림에서 1번 신호는 결함 신호이고, 3, 4, 7번 신호는 알려진 단면이 변화되는 부위에서 오는 반사 신호이며, 5, 6번 신호는 내부 반사 신호이고, 2와 8번 신호는 모드 변환 신호이다.

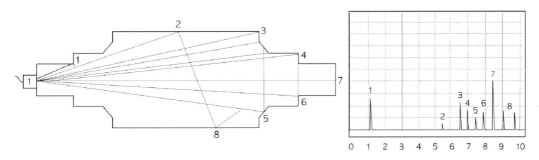

그림 7-18   단차가 있는 축에서의 초음파탐상검사 신호의 예

7.2.5 돌출부(LUG)의 검사

그림 7-19에 나타낸 것과 같은 돌출부의 피로 결함에 대한 검사는 보통으로 경사각 횡파 탐촉자를 사용하여 수행한다. 두꺼운 두께의 튜브 검사처럼 돌출부의 구멍으로 빔의 침투를 고려해야 한다. 그림 7-19의 경우, 예상되는 불연속에 초음파를 수직으로 입사시키려면 35° 탐촉자가 필요하다. 탐촉자 웻지는 정확한 각도와 정확한 감도를 유지하고 좋은 음향 결합을 보증하기 위해 바깥 표면의 곡률에 맞추어져야 한다. 응력 분석을 수행한 결과 파손은 구멍에서 반지름 방향으로 오직 빗금친 부분에서만 일어날 것으로 예측된다. 따라서 이 부위를 집중적으로 검사하도록 한다.

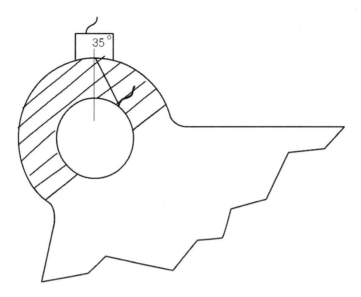

그림 7-19 **돌출부의 초음파탐상검사의 예**

과거에 잘못된 용접 공정이나 절차로 인하여 플랜트와 설비 부품의 파손이 종종 있어왔다. 많은 경우에 이러한 파손은 방사선투과검사만을 수행한 비파괴검사에서 발견하지 못한 용접결함이 근원이 되었다. 하지만 이러한 결함들은 초음파탐상검사에 의해 가장 신뢰할만하게 검출할 수 있음이 밝혀졌고, 따라서 용접부에 대한 수동 초음파탐상검사에 대한 절차는 수년에 걸쳐 공들여 발전되어 왔다. 작업은 종종 지루하고 때로는 불편하지만, 항상 기량과 이해가 모두 필요하다. 다음은 용접부에 대한 초음파탐상검사를 잘 수행하기 위해 기술자들이 갖추어야 할 요소들이다.

- 결함 검출 이론과 실습의 철저한 이해
- 용접 절차와 용접 결함의 기원에 대한 실용적 지식
- 경험과 많은 노력
- 무엇보다도 진실성이 필요함

만일 좋은 설계팀과 좋은 용접사와 함께 중요한 프로젝트를 수행한다면, 수 백 미터를 검사하여도 어떤 의미 있는 지시를 검출하지 못할 것이다. 이러한 환경 하에서 검사자의 경계심이 늦춰지는 유혹에 빠질 가능성이 높다. 그럼에도 불구하고, 검사자가 모든 주의를 기울인다면 검사의 정당성은 유지될 수가 있다.

용접 과정은 두 금속 조각을 서로 결합하는 것이다. 용접봉의 용융된 용융 금속이 준비된 융합면에서 용융된 모재 금속과 섞이고 용접부가 냉각되어 굳어져서 두 금속 조각을 결합시킨다. 어떤 결함은 융합면이 적절하게 녹지 않거나 또는 용융 금속과 섞이지 않기 때문에 발생된다(용입부족 또는 융합불량). 어떤 결함은 각 용접 패스의 윗부분에 형성되는 슬래그나 스케일이 다음 용접 패스를 수행하기 전에 완전하게 제거되지 않기 때문에 발생된다(슬래그 게재물). 어떤 결함은 용융된 용접부에 전극이 잠기어 소량의 구리 또는 텅스텐이 용접부에 떨어지기 때문에 발생된다(금속 게재물). 어떤 결함들은 주조품 결함과 같은 방법으로 발생된다(기공, 파이핑, 웜홀, 수축, 언더컷 등). 어떤 결함은 낮은 온도에 있는 모재와 용융온도에 있는 부분에 의해 설정되는 열응력 때문에 발생된다(균열, 찢어짐(tears) 등).

용접부에서 발생되는 많은 결함들은 용접부의 강도를 현저하게 변화시키지 않고, 일부의 결함들이 어느 정도의 변화를 일으킨다. 하지만 평면 결함들(균열, 용입부족, 융합불량)은 특별히 용접 연결부의 표면을 갈라지게 하고, 용접부 강도를 가장 심각하게 감소시킨다. 검사 절차는 용접부 강도를 허용할 수 없을 만큼 감소시키는 결함을 검출할 수 있어야 한다.

7.3.1 검사 절차

어떤 검사 절차가 준비되었다면, 검사자는 절차서에 따라 검사를 수행할 수 있도록 체계적으로 훈련받아야 한다. 탐상면을 탐촉자로 문질러대면서 툭툭 튀어나오는 모든 작은 신호를 추적하려는 유혹이 검사자들에게 일어나지만, 제지되어야 한다. 검사의 각 단계에서 찾고자하는 것과 검사를 하는 용접부의 영역을 알아야 할 필요가 있다. 그래서 용접부 검사에서 채택하여야 할 검사 순서는 다음을 따른다.

① 다음과 같은 용접부에 관한 모든 것을 알아낸다.
- 재료
- 용접 공정과 관련된 결함
- 용접 개선 설계
- 용접부에 인접한 모재 두께
- 현장의 용접부 위치 때문에 용접사가 경험한 특별한 어려움
- 합격 표준 또는 기준

② 용접부의 크기와 정확한 위치를 설정한다. 용접 후에 정확한 중심선을 이상적으로 설정할 수 있도록 용접을 하기 전에 용접부의 한 쪽 모재에 표시를 하여야 한다. 용접 덧살을 모재 면과 일치하도록 갈아낸 용접부의 경우, 검사자가 용접부 폭을 설정하기 위해 용접 영역을 표시하여 놓을 필요가 있을지도 모른다. 단일 V 개선 맞대기 용접부의 중심선은 종파 탐촉자를 사용하여 대략적으로 확인할 수도 있다. 용접부에 대한 초음파탐상검사를 면밀하게 하기 위하여 탐상면에 용접부 중심선을 정확하게 표시한다.

③ 육안검사를 통하여 표면에 용접 스패터가 없고, 탐상하기에 충분히 매끄러운지를 점검

한다. 육안검사 과정에서 표면에 있는 결함(언더컷, 균열, 크래이터 파이프, 용락 등)을 확인할 수 있다. 만일 이러한 결함들을 발견하고 이들이 합격 기준을 넘는 것이라면, 초음파탐상검사를 수행하기 전에 그러한 결함들을 제거하고 용접부를 보수한다. 용접부 전체를 불합격 되도록 하는 하나 또는 한 그룹의 결함을 발견하는 즉시 더 이상의 검사를 진행하지 않는 것이 실제로 검사의 모든 단계에서 적용해야 할 원칙이다.

④ 적용할 경사각 탐촉자 중 굴절각이 가장 큰 경사각 탐촉자(일반적으로 70°)에 대한 전체 스킵(1.0 스킵) 거리의 범위와 용접부 캡 폭의 절반을 더한 영역의 용접부 양쪽 모재에 대해 수직탐촉자에 의한 초음파탐상검사를 수행한다. 이러한 탐상은 향후 경사각 탐상을 수행할 때, 횡파의 진행을 방해할 수도 있는 층상분리를 찾을 뿐만 아니라 재료의 두께를 평가한다.

⑤ 적절한 굴절각의 경사각 탐촉자를 사용하여 용접부의 양쪽에서 엄격한 루트 탐상을 수행한다. 루트 영역은 결함 발생이 아주 쉽고, 결함의 존재하면 가장 해롭기 때문에 이러한 검사를 수행한다. 또한 용접부 뒷면 비드에서 지속적인 에코가 일어나는 영역이기 때문에 세심한 주의를 기울인 통제된 탐상을 할 필요가 있다. 결함 지시가 발견된 영역을 표시한다.

⑥ 경사각 탐촉자를 사용하여 용접부의 양쪽에서 용접부 몸체 검사를 수행한다. 탐상 형식은 용접부의 전체 부피가 검사되는 것을 보장해야 한다. 결함 지시를 발견한 영역을 표시하고 기록한다.

⑦ 만일 횡균열이 특별한 용접부 설계 또는 공정에 의해 발생될 수 있다면, 경사각 탐촉자를 사용한 탐상은 용접부 축과 평행하게 수행되어야 한다. 결함 지시를 발견한 영역을 표시하고 기록한다.

⑧ 만일 발견된 결함이 없다면, 용접부는 합격될 것이다. 하지만 만일 어떠한 결함이 발견되었다면, 그 영역으로 돌아가서 다음의 항목을 결정하기 위하여 가능한 철저하게 결함을 분석한다.
- 용접부에서 결함의 정확한 위치
- 용접 축 방향의 결함 크기(결함의 길이)
- 용접 두께 방향의 결함 크기(결함의 높이)
- 결함의 특성: 평면적(planar), 부피적(volumetric), 균열성(crack-like) 등

⑨ 용접부 검사에 대한 전체 보고서를 작성한다. 보고서는 용접부를 알고자 하는 그 밖의

다른 사람들을 위해 종합적이어야 하며, 같은 탐상 감도와 같은 방법을 사용하여 검사를 수행하여 같은 결함을 찾고 같은 크기 측정 기법을 사용하여 같은 결론을 이끌어내어야 한다.

7.3.2 판과 배관의 맞대기 용접

그림 7-20(a)는 전형적인 단일 V 개선 맞대기 용접부의 용접 개선과 각 부분을 설명하는 용어들을 나타낸 것이고, 그림 7-20(b)는 여러 번의 용접 패스에 의해 용접이 된(여기서는 8번의 용접 패스임) 용접 후의 용접부 단면을 용접 전의 개선과 함께 나타낸 것이다.

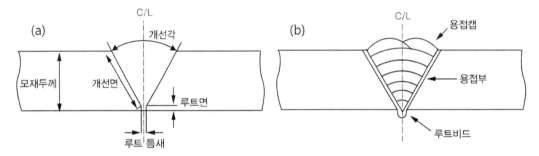

그림 7-20   단일 V 개선 맞대기용접부의 (a)각부 명칭과 (b)용접된 용접부의 단면

그림 7-21은 배관과 판의 맞대기 용접부 제작에 사용되는 여러 가지 다른 용접 개선을 나타내었다.

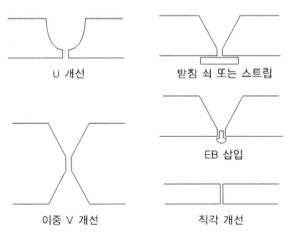

그림 7-21   맞대기 용접을 위한 개선의 종류

7.3.3 육안 검사

검사자는 검사를 수행하기 전에 용접 준비 사항(개선면을 포함)과 수행하였던 용접 공정과 수행하여야 하는 검사 표준에 관한 것을 미리 알아야 한다. 육안 검사는 검사할 준비가 되어 있는지를 확인하기 위하여 빠르지만 꼼꼼하게 점검한다. 용접 스패터(용접부 주변의 표면으로 용융 금속이 튀어서 고형화 된 것)는 제거되어야 한다. 용접 캡의 어느 쪽 탐상면이든 스케일과 부식 피트가 없어야 한다. 즉, 적어도 전체 스킵에 탐촉자 크기를 더한 범위 영역에 대해 탐촉자가 이동하는 데 충분히 평탄하여야 한다. 어떠한 경우에 이러한 마감 처리를 획득하기 위하여 표면을 연삭하여 표면을 평탄하게 하기도 한다. 중요한 용접부의 경우에 용접부 캡을 갈아서 매끄러운 윤곽을 만들거나 용접부 중심을 탐촉자가 지나갈 수 있도록 용접부 캡을 모재 면까지 연삭으로 갈아낼 수도 있다. 이러한 경우에 용접부를 가로지르는 윤곽에 탐촉자 움직임을 방해하거나 접촉면 아래에 공기 층을 남게 하는 돌출부나 요철이 없어야 한다. 모든 용접부의 캡을 제거하지는 않는다. 어떤 경우에는 용접부를 강화시키기 위해 캡 부위에 추가적으로 금속을 융착시키기도 한다.

검사자는 초음파탐상검사를 수행하지 않고도 용접부를 명확히 불합격되게 하는 용접부 결함을 찾는다. 언더컷과 균열 같은 결함들이 이러한 결함일 수 있으며, 종종 잘 관찰될 수가 있다. 그림 7-22는 용접부 캡과 루트 부위의 언더컷의 전형적인 형상을 나타낸 것이다. 이러한 것은 루트에서도 발생되지만 루트의 언더컷은 오직 양쪽 표면으로 접근이 가능할 때만 볼 수 있다.

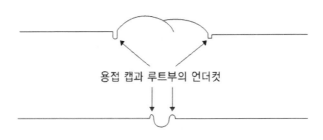

그림 7-22 **용접부 캡과 루트 부위의 언더컷**

용접부 적합성에 항상 악영향을 주는 것은 아니지만, 차후의 초음파탐상검사에 간섭을 일으킬 수도 있는 다른 불완전부는 **정렬 불량**(misalignment)이다. 이러한 불완전부는 용접 전에 잘못된 모재의 배치나 완전한 원이 아닌 배관이 맞닿았을 때 발생된다. 용접사는 종종 용접 캡을 어느 한쪽의 모재와 혼합하여 숨기려고 한다. 그러므로 정렬 불량은 종종 용접 캡을 넓게 만든다. 비슷한 현상이 다른 두께의 판 또는 배관이 용접되었을 때 일어난다. 이러한 것은 불일치(mismatch)라고 한다.

7.3.4 종파 검사

만일 용접 캡을 제거하여 용접부 표면 전체가 충분히 매끄럽다면 용접부와 모재 모두 종파에 의한 검사를 수행하도록 한다. 먼저 모재 두께를 측정하여 도면에 있는 공칭 두께보다 추후 횡파 교정을 위한 정확한 두께 값을 얻는다. 또한 정렬 불량 및 불일치를 즉각적으로 확인할 수 있다.

모재의 종파 탐상은 추후에 횡파 탐상을 수행할 영역에 있는 층상분리를 검출하는 것이 주 과제이다. 층상분리는 용접된 판 또는 배관의 강도에는 영향을 미치지 않을지라도, 횡파 빔의 진행을 방해할 수 있다. 큰 층상분리는 빔을 용접 캡으로 반사시켜 정상적인 루트 비드에 대한 반사 신호로 오인할 수 있고 동시에 이 부분에 존재하는 용입부족 결함을 놓치는 결과를 초래한다.

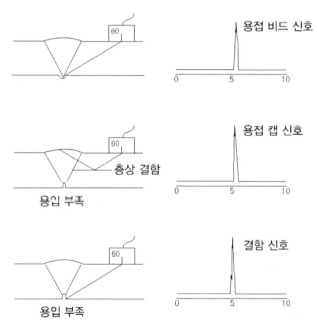

그림 7-23   엄격한 루트 탐상에서 층상분리에 의한 거짓 지시는 루트의 결함 지시와 유사함

만일 용접 캡이 갈려 있다면, 종파 수직탐상은 용접 비드를 찾을 수가 있어 용접부 중심선의 위치를 점검할 수 있게 한다. 빔 퍼짐 때문에 용접 비드에서 오는 에코는 모재의 뒷면 반사를 동반한다. 탐촉자 중심이 비드 중심에 맞춰졌을 때 뒷면 에코보다 약간 더 멀리 있는 비드에 의한 에코가 최대가 될 것이다. 비드 에코와 뒷면 에코 사이의 범위 차이는 용접 비드가 얼마나 튀어나왔는지를 알려준다. 용접부를 가로질러 탐상하는 동안 검사자는 슬래그나 기공 등과 같은 부피를 갖는 용접부 결함에서 에코를 얻을 수 있다. 이것은 나중에 횡파를 사용하여 확인하여 표시할 수 있다.

7.3.5 횡파의 엄격한 루트 탐상

다음 단계는 용접부 루트 영역의 주의 깊은 검사를 하는 것이다. 다음과 같은 이유 때문에 이 검사를 분리하여 수행한다.

- 이 영역에 있는 결함은 일상적으로 용접부 강도에 가장 심각한 영향을 미친다.
- 결함이 매우 쉽게 발생되는 영역이다.
- 좋은 용접부의 용접 비드에서 반사 신호가 만들어지고 루트 결함 신호들은 기본적인 루트 비드 신호에 매우 가깝게 나타나기 때문에 비드 신호인지 결함 신호인지 구별하는 것이 가장 혼란스러운 영역이다.

용접부에서 이 부분은 대단히 중요하며 결함과 비드에 의한 신호를 식별하는 것이 혼란스럽기 때문에, 루트 탐상은 엄격한 절차를 잘 수행할 수 있는 높은 정도의 자기 훈련이 필요하다. 이 부분의 검사는 여러 단계로 나눌 수가 있다. 탐상의 각 단계에서 특정한 결함을 찾을 것이다. 다른 신호들이 나타날 수도 있고, 그러한 신호들의 근원을 찾기 위해 그것을 추적할 수도 있다. 하지만 잘못된 신호 추적은 찾고자 하는 결함을 놓칠 수 있기 때문에, 이와 같은 유혹은 제지될 것이다.

이러한 탐상에 대한 절차를 보기 전에 단일 V 개선 맞대기 용접부에서 만들어질 수 있는 용접 루트 조건을 자세히 알아볼 필요가 있으며, 이러한 맞대기 용접부에서 만들어질 수 있는 루트부의 조건을 그림 7-24에 나타내었다.

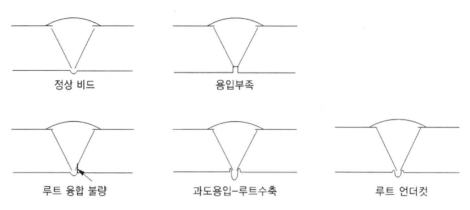

정상 비드

용입부족

루트 융합 불량

과도용입-루트수축

루트 언더컷

그림 7-24 맞대기 용접부에서 만들어질 수 있는 루투부의 유형

7.3.5.1 검사 절차

이 탐상의 주된 목적은 우선 먼저 루트의 융합불량이나 용입부족을 검출하는 것이다. 즉, 한쪽 또는 양쪽의 루트면이 융합되지 않은 것을 검출하는 것이다. 이러한 결함을 검출하기 위하여 용접부의 각각의 면에서 원래의 루트 면으로부터 0.5 스킵 거리의 뒤에 일직선의 탐상선을 표시한다(즉, 용접부 중심에서 0.5 스킵 거리에 루트 틈새의 절반을 더한 거리에 입사점이 놓이도록 함). 그림 7-25와 같이 탐촉자의 뒷면에 안내 띠를 두어 탐촉자를 움직인다면, 입사점은 일직선상으로 움직이게 되므로, 좋은 루트 탐상을 수행할 수 있을 것이다. 이러한 안내 띠로는 고무 자석 띠가 매우 유용하다.

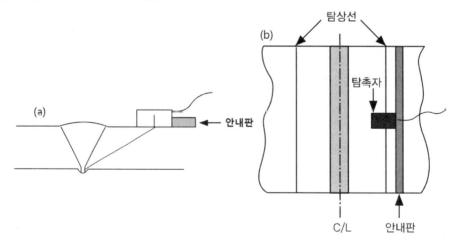

그림 7-25 엄격한 루트 탐상을 위한 안내 띠의 사용(안내 때를 탐촉자 뒤쪽에 위치시킴)

다음으로 STB-A1(또는 No.1이나 No. 2) 교정 시험편 위에서 장비의 시간 축을 적절한 범위로 맞춘다. 모재 두께가 약 30 mm까지는 이러한 루트 탐상에 대해 100 mm의 시간 축 범위가 적절하다. 굴절각이 θ 인 경사각 탐촉자에 의한 뒷면의 구석 반사체까지 빔 경로 길이(BPL : Beam Path Length)는 다음과 같이 계산된다.

$$BPL = \frac{t}{\cos \theta} \tag{7-2}$$

여기서 t 는 모재의 두께이다. 탐촉자의 입사점이 모재 표면에 그려 놓은 탐상선에 탐촉자 입사점이 놓일 때 용입부족에 의한 신호는 식 (7-2)에서 구한 값과 같은 위치에 놓일 것이다. 이렇게 탐상선 위에 입사점이 오도록 하고 이를 유지시키기 위해 탐촉자의 뒷면에 안내 띠를 둔 상태에서 탐촉자를 움직여 0.5 스킵에 대한 빔 경로 길이 지점에 일어나는 신호를 관찰한다.

탐촉자를 위와 같은 위치에 둔 상태에서 만일 좋은 용접부라면 용접 비드에서도 물론 반사 신호가 나타나지만, 이러한 반사 신호는 용입부족 결함에 의해 예상되는 신호의 위치보다 약간 더 멀리 있을 것이다(그 거리 차이는 용접 비드의 크기에 의존한다). 만일 루트 수축이나 언더컷 이 있다면 용입부족 결함의 신호 위치보다 약간 더 짧은 범위에 나타난다.

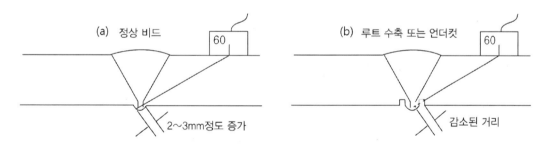

그림 7-26 **정상 루트와 루트 언더컷에 의한 빔 경로의 차이**

이러한 초기 탐상 과정에서 나타날 수 있는 가능한 루트 조건은 **정상 비드, 용입부족, 루트 언더컷**이 있다. 이러한 세 가지 루트 조건에 대한 차이를 식별할 수 있는 능력이 요구된다. 이러한 점을 확실하게 하기 위하여 특정한 경우인 두께가 20 mm인 단일 V 개선 맞대기 용접부 를 고려하자. 2 mm의 루트 틈새와, 2 mm의 루트 면을 지니며 용접부 개선 각은 60°이다. 60° 경사각 탐촉자에 대한 탐상선은 용접부 중심으로부터 0.5 스킵 거리인 34.6 mm에 루트 틈새의 절반인 1 mm를 더한 35.6 mm이다. 이 때 루트 모서리까지의 빔 경로 길이는 40

mm이다. 즉, 용입부족은 40 mm의 위치에 신호를 만든다. 그림 7-27에서 비드 폭이 4 mm이므로 비드에서 반사된 신호는 4 mm가 더 먼 44 mm에 놓이고, 루트 언더컷은 2 mm가 더 짧은 38 mm에 놓일 것이다.

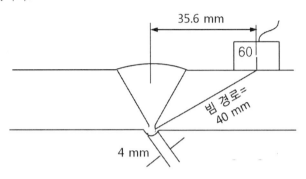

그림 7-27   **루트 틈과 루투 면이 각각 2 mm이고 모재 두께가 20 mm인 단일 V 개선 맞대기 용접부**

만일 탐촉자가 중심선으로부터 약 2 mm 정도 원래의 위치에서 뒤 쪽에 놓였다면, 빔의 중심은 언더컷과 모재에 의해 만들어지는 코너를 향할 것이고, 언더컷에 의한 신호는 최대가 되고, 위치도 40 mm에 놓이게 된다. 즉, 언더컷을 용입부족으로 판단하는 실수가 일어날 수도 있으므로, 중심선과 루트 틈새를 알고 이들을 정확하게 표시하는 것이 중요함을 알 수 있다. 만일 정확하게 표시된 탐상선 위에서 언더컷으로 확신되는 38 mm에서 신호가 관찰되었다면, 초기 탐상을 완료한 후에 의심되는 영역으로 돌아가서 안내 띠를 제거하고 탐촉자를 천천히 뒤쪽으로 움직임으로써 확인을 한다. 만일 의심스러운 신호의 진폭이 40 mm의 위치에서 최대가 되고 탐촉자가 뒤로 더 움직임에 따라 천천히 줄어든다면, 그것은 루트 수축 또는 언더컷이라고 합리적으로 확신할 수 있다.

물론 위에서 언급된 사항은 모두 실질적인 용접부 중심선과 루트 틈새를 아는 것에 의존한다. 우리는 종종 이것 또는 저것이 반드시 되어야 한다고 말하지만, 현장에서 꼭 그렇게 되지 않는다. 또한 용접부에 관한 정확한 정보를 충분히 갖지 못하는 일이 종종 일어난다. 하지만 일상적으로 올바른 결론에 여전히 도달할 수 있다. 먼저 종파 탐상으로부터 항상 모재 두께를 정확하게 얻을 수 있어야 한다. 그러면 용입부족이 나타나는 곳에서 빔 경로 길이를 정확하게 계산할 수 있다. 또한 정상 루트 비드를 용입부족으로 혼동하지 않게 된다. 혼동은 용입부족과 언더컷 사이에서 일어난다. 이러한 혼란은 용접 결함의 지식의 진가가 발휘되어야 하는 영역이다. 용입부족 결함은 루트 비드 신호를 갖지 않는 반면에 루트 언더컷은 일상적으로 루트 비드 신호가 있다. 부가적으로 훈련과 시험을 위해 만드는 의도된 결함과 같지 않게 현장 용접에서 용접사가 일부는 좋고 일부는 안 좋은 균일한 용접 비드(수 mm에 대해 갑작스럽게 멈추고 다시 용접을 하는)를 만들 가능성이 거의 없다. 용접 비드는 점차로 줄어들고, 없어지며, 다시 나타난다. 만일 좋지 않은 용접사라면 어떤 곳은 아마도 과도 용입이 있을 것이고, 다른 곳에서 용입이 불충분하거나 용입이 없을 것이다. 즉, 엄격한 루트 탐상을 하는 동안에 용접 비드 신호의 위치와 진폭이 많이 변화된다면 주의를 기울어야 한다. 이러한 신호 변화가 있는 부위에 결함이 존재할 가능성이 있다.

용접부에서 만들어지는 이러한 결함들은 항상 용접사의 잘못만은 아니다. 때때로 접근과 환경 문제가 용접부의 특별한 부분에서 좋은 루트 용접을 물리적으로 불가능하게 하는 경우도 있다. 이러한 곳은 대체로 결함을 포함할 가능성이 있으므로, 용접이 곤란한 영역을 찾기 위해 용접사와 대화를 할 가치가 있다. 만일 용접사를 볼 수 없다면, 어떤 영역이 용접이 어려웠던 곳인지를 용접사의 시각으로 용접부를 바라보도록 한다.

이러한 루트 탐상에서 탐상 감도의 선정은 이로울 수도 있고, 방해가 될 수도 있다. 너무 높은 게인은 루트 영역에서 뒤죽박죽되는 혼란스러운 신호를 만들어내며, 너무 낮은 게인은 어떤 결함은 놓칠 위험이 따른다. 한 지침으로서, STB-A1(또는 No. 1) 교정시험편의 반지름 100 mm에 의한 에코 신호를 전체 화면 높이의 100%에 맞추고 나서 판의 맞대기 용접부를 검사할 때에는 10 dB를 더하고, 배관 맞대기 용접부에 대해서는 20 dB를 부가하여 탐상하는 것이다. 하지만 용입부족은 좋은 모서리 반사체이고, 정상적인 용접 비드는 그리 좋은 반사체는 아니므로, 위의 설정보다 10 dB 더 낮게 하면 주요 용입부족은 잘 드러내고, 정상 비드는 드러내지 않기 때문에 빠른 탐상을 하는 데 때때로 유용하다. 하지만 이러한 경우 더 높은 게인에서 발견된 루트 결함은 반복적으로 탐상하여 확인할 필요가 있다.

루트를 주의하여 검사할 때, 용접부 중심선의 한쪽에서 탐상하고 중심선의 다른 쪽으로 탐촉자를 이동하여 찾은 지시를 확인하기 위해 모든 것을 다시 수행한다. 두 번째 면에서 이러한 탐상은 루트 영역에 있는 두 가지의 다른 결함을 판독하는 데 도움을 줄 것이다. 한 예로 그림 7-28(a)에 나타낸 것과 같이 루트 바로 위에 있는 슬래그 게재물이나 기공이다.

이러한 결함은 오른쪽의 1번 탐상을 할 때 0.5 스킵의 빔 경로 길이 위치보다 약간 부족한 위치에 나타나서 루트 언더컷일 것이라는 추측을 이끌어낸다. 만일 이것이 언더컷에 의한 것이라면, 왼쪽의 2번 탐상을 할 때 신호는 약간 더 멀리 나타날 것이나, 게재물은 거의 같은 위치에 나타날 것이다. 게다가 1번 탐상에서 언더컷은 탐촉자를 2~3 mm 정도 뒤로 움직일 때 신호를 증가시키나, 게재물은 탐촉자를 앞으로 움직일 때 신호가 증가한다. 게재물의 경우에는 2번 쪽에서도 탐촉자를 앞으로 움직일 때 신호가 증가한다.

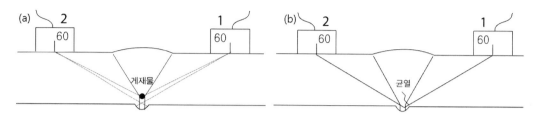

그림 7-28   루트 근처의 (a)슬래그 또는 기공의 검출과 (b)루트 균열 검출의 예

위에서 언급한 루트 영역 탐상의 두 번째 결함은 그림 7-28(b)에 나타낸 것과 같은 루트 비드의 모서리에서 시작되는 루트 균열이다. 용접부 오른쪽인 1번 위치의 탐상에서 언더컷으로 예측되는 위치에 큰 신호가 나타날 것이다. 하지만 1번 위치에서 비드 신호는 드러나지 않는다. 그렇지만 왼쪽의 2번 위치에서 결함 신호뿐만 아니라 비드 신호를 얻는 것이 가능하다.

7.3.5.2 탐촉자의 선택

루트 탐상을 위한 탐촉자 선택은 다른 탐상보다 엄격하다. 이러한 선택은 용접 캡의 조건에 의해 제한되며, 루트까지 가장 짧은 빔 경로 길이를 갖는 탐촉자로 보통은 45°, 60°, 70°의 경사각 탐촉자를 선택하고, 가끔은 80°의 경사각 탐촉자를 선택한다. 45° 또는 60°의 경사각 탐촉자를 사용할 때, 엄격한 루트 탐상을 위한 0.5 스킵 거리에 놓이는 탐촉자는 판 두께가 얇아질수록 용접부 캡으로 탐촉자의 앞부분이 올라타기 때문에 루트 탐상을 불가능하게 한다. 만일 용접 캡이 모재와 같은 높이로 갈려 있다면, 재료가 0.5 스킵 빔 경로에서 불필요한 반사파가 탐촉자로 들어올 정도로 너무 얇지 않다면 45°의 경사각 탐촉자를 사용한다. 캡이 있는 용접부의 경우, 모재 두께에 대해 루트 탐상을 위한 탐촉자의 각도는 다음 표 7-1과 같이 권장된다.

표 7-1   용접부 루트 탐상을 위한 탐촉지의 글절긱

모재 두께	탐촉자 각도
6 ~ 15 mm	60° 또는 70°
15 ~ 35 mm	60° 또는 45°
35 mm 초과	45°

7.3.6 횡파의 용접부 몸체 검사

루트 영역의 검사를 완료한 후에 융착면과 용접부 몸체의 검사를 수행한다. 다시 모재 표면에 선택한 탐촉자 각도에 대해 탐상 한계를 정하는 것을 표시할 필요가 있다. 이 부분에서 우리의 주된 지향점은 용접부의 전체 부피를 주의 깊게 검사할 수 있음을 보증하는 것이다. 그림 7-29는 용접 캡의 가장 가까운 모서리에 대해 1.0 스킵 거리가 되도록 탐촉자가 위치하는 탐상의 바깥쪽 한계를 나타낸 것이다. 이것은 탐촉자의 입사점이 용접부 중심선으로부터 1.0 스킵 거리에 용접부 캡 폭의 절반이 더해진 값과 같은 거리에 있음을 의미한다.

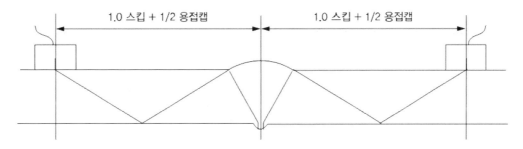

그림 7-29 **용접부 몸체 검사를 위한 탐상 영역**

이러한 입사점의 위치를 용접부 중심선과 평행하게 용접부 양쪽의 모재 위에 표시한다. 또한 루트 탐상한 탐촉자를 사용하지 않고 바꾸었다면, 그 탐촉자의 0.5 스킵 한계 거리의 선도 그려 놓는다. 이러한 한계선 사이에서 탐촉자를 용접선에 수직한 방향으로 왕복하고 지그재그 형태로 움직이면서 그림 7-30에 나타낸 것처럼 탐상을 수행한다.

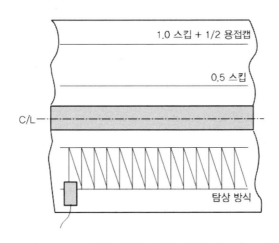

그림 7-30 **용접부 몸체 탐상을 위한 지그재그 탐상**

7.3.6.1 탐촉자의 굴절각

용접부 몸체 탐상을 위한 탐촉자의 굴절각은 용접부 개선 각에 의존한다. 굴절각은 개선 융착면의 융합불량에 대해 최대의 반응이 일어나도록 초음파 빔이 용접부 개선 융착면에 수직하게 입사되도록 하여야 한다. 따라서 개선면의 각도가 φ 인 용접부의 몸체 탐상을 위한 탐촉자의 굴절각(θ_{probe})은 다음과 같이 계산될 수 있다.

$$\theta_{probe} = 90 - \frac{\varphi}{2}$$

(7-3)

예 1

용접 개선 각이 60° 인 용접부 몸체 탐상을 위해서는 어떤 경사각 탐촉자가 적절한가?

$$\theta_{probe} = 90° - \frac{60°}{2} = 90° - 30° = 60°$$

60° 의 굴절각을 갖는 경사각 탐촉자가 적절하다.

예 2

용접 개선 각이 45° 인 용접부 몸체 탐상을 위해서는 어떤 경사각 탐촉자가 적절한가?

$$\theta_{probe} = 90° - \frac{45°}{2} = 90° - 22.5° = 67.5°$$

67.5° 의 굴절각을 갖는 경사각 탐촉자는 없으므로, 이 각도에 가까운 70° 의 경사각 탐촉자를 사용한다.

7.3.6.2 다른 각도의 탐촉자 사용

이미 루트 영역을 평가하였고, 탐촉자가 0.5 스킵 위치에 있으면 루트 비드에 의한 신호가 나타나는 영역을 안다. 그래서 관심을 가질 시간 축 부분은 루트 비드 신호와 1.0 스킵에 해당하는 빔 경로 길이 사이의 영역이다. 물론 용접부 캡에서 반사 신호를 얻겠지만, 이것은 1.0 스킵에 해당하는 빔 길이의 위치 또는 약간 벗어나서 나타나며, 탐촉자를 1.0 스킵 한계선에 접근함으로써 발생한다.

특별히 용접 개선각에 적합한 탐촉자가 70° 경사각 탐촉자일 때, 검사할 영역은 상당히 길어지고, 용접 영역 내의 다른 결함에 대한 감도가 상당히 낮을 수가 있다. 그러한 경우에 보충적인 탐상을 수행하기 위해 45° 또는 60°의 경사각 탐촉자를 사용하는 것은 개선면의 융합불량에 대해 좋은 결과를 주지는 않지만 합리적이다. 만일 용접 캡이 제거되었다면 탐촉자를 바꾸는 대신에 0.5 스킵부터 원래의 용접 캡 먼 쪽 가장자리까지 용접부 중심을 가로질러 탐상을 함으로써 위와 같은 문제의 극복이 가능하다. 용접 캡을 연마하여 제거하였을 때 남아있는 어떤 잔여 기복이 탐촉자를 들어 올려서 접촉을 나쁘게 할 수 있으므로 주의를 기울여야 한다.

7.3.6.3 분할형 경사각 탐촉자의 사용

갈려진 용접부 위에서 직접적으로 탐상할 때, 어떤 결함은 윗면에 아주 가깝게 있을지도 모른다. 만일 단일 진동자 탐촉자의 송신 잡음이 퍼스펙스 슈에서 되돌아오는 시간보다 더 길다면, 잡음은 시간축의 부분을 모호하게 하고 윗면에 가까운 결함 에코를 가릴 것이다. 그러한 경우 두께 또는 층상분리 검사에서 불감대를 극복하기 위해 분할형 종파 탐촉자를 사용하였던 것과 마찬가지로 분할형 횡파 탐촉자를 사용할 수 있다. 빔 입사점의 측정과 시간 축 교정은 단일 진동자 경사각 탐촉자와 같은 방법으로 수행한다.

(1) 수직 종파 탐촉자의 사용

용접부 캡이 갈려져 있을 때, 체적을 갖는 결함의 확인을 위하여 용접부 몸체에 걸쳐 수직 종파로 탐상하는 것이 유용하다. 이러한 경우에, 융착면에 형성되는 융합불량과 같은 기울어져 있는 결함이 있는 부위는 뒷면 에코 신호가 줄어드는 현상이 나타난다.

7.3.7 용접 결함 그리기

초음파 탐상기 화면에 나타난 결함 신호는 용접부 영역 내에서 그것들의 위치를 결정하여 그림으로 그릴 필요가 있다. 이것은 그림 7-31과 같은 빔 형상 그리기 카드와 이 카드 위에서 움직일 수 있는 트레이싱 용지와 같은 반투명 용지를 사용하거나 투명한 용지를 사용한다. 빔 형상 그리기 카드의 원호들의 위치는 빔 진행 거리를 나타내고, 윗변의 수평거리는 용접부 중심선에서 탐촉자의 입사점까지의 표면거리를 나타낸다.

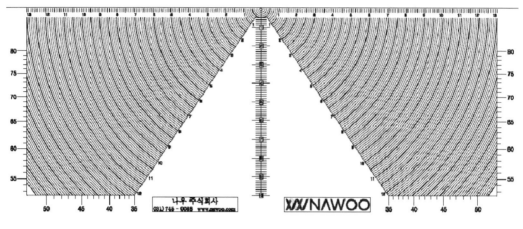

그림 7-31 빔 형상 그리기 카드

결함을 그리기 위하여, 먼저 트레이싱 용지와 같은 반투명 용지에 용접부의 개선 형상을
그림 7-32(a)와 같이 그려 넣는다. 이 부분에는 윗면에서 0.5 스킵 사이에서 검출된 결함을
그려 넣을 것이다. 다음으로 이 그림 7-32(b)와 같이 모재 두께의 아래 면을 기준으로 용접부를
거울 반사된 그림을 추가로 그린다. 이 부분에는 0.5 스킵에서 1.0 스킵 사이에서 검출된 결함을
그려 넣을 것이다. 그림 7-32는 두께가 20 mm인 용접부의 결함을 그리기 위해 트레이싱 용지
에 용접부 개선 형상을 그려 놓은 것이다.

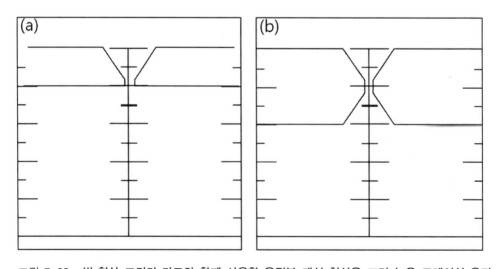

그림 7-32 빔 형상 그리기 카드와 함께 사용할 용접부 개선 형상을 그려 놓은 트레이싱 용지

그림 7-32와 같은 용접부 단면을 그려 놓은 용지를 준비한 후에, 용접부에서 결함 신호를 검출하여, 그림 7-33에 나타낸 위치에서 결함 신호가 최대로 되었다면, 이 위치에서 초음파 탐상기의 시간 축상의 빔 경로를 기록하고, 용접부 중심에서 입사점까지의 표면거리를 측정한다.

예를 들어 결함 신호가 최대가 되었을 때의 탐촉자 위치에서 빔 경로 길이가 20 mm이고, 용접부 중심에서 표면거리가 17 mm라고 가정하자. 트레이싱 용지의 용접부 중심선을 빔 형상 카드의 수평 축의 17 mm 지점에 오도록 맞추고, 빔 중심선이 20 mm 지점과 만나는 점을 표시한다. 이 지점이 결함의 중심 위치가 되며, 대략적으로 결함의 위치는 두께의 절반 정도의 용접부 중심에 그려진다.

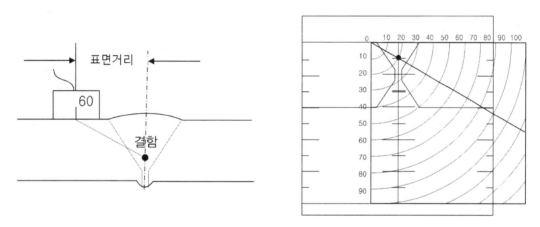

그림 7-33 직사법에 의해 검출된 결함 신호의 빔 경로와 표면 거리에 의해 평가된 결함 위치

다른 예로 그림 7-34와 같이 결함 신호가 0.5 스킵과 1.0 스킵 사이에서 검출되었다면, 트레이싱 용지에 거울 반사로 그려 놓은 아래쪽 부분을 사용한다. 앞에서와 마찬가지로, 신호를 최대로 한 뒤에 빔 경로와 용접부 중심에서 입사점까지의 표면 거리를 측정한다. 만일 표면거리가 61 mm이고, 빔 경로가 64 mm라고 한다면, 트레이싱 용지의 용접부 중심선을 빔 형상 카드의 수평 축의 61 mm에 맞추고, 빔 중심이 64 mm가 되는 트레이싱 용지 위에 위치를 표시한다. 표시된 위치는 두께의 절반 정도이고 탐촉자에 가까운 쪽의 개선면의 위치에 놓이게 될 것이다.

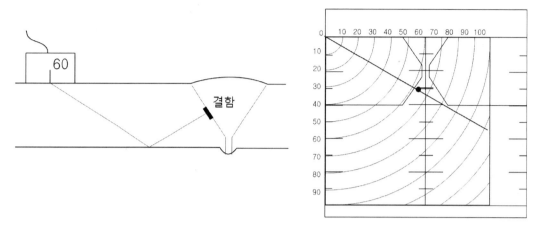

그림 7-34 1회 반사법에 의해 검출된 결함 신호의 빔 경로
와 표면 거리에 의해 평가된 결함 위치

앞에서 용접부의 왼쪽면에서 탐상할 때의 경우에 대한 예를 들었다. 오른쪽에서 탐상할 때에도 위와 마찬가지로 빔 형상 카드의 나머지 부분을 사용하여 결함의 위치를 그리도록 한다.

7.3.8 횡 균열에 대한 탐상

용접부 루트와 몸체를 검사한 뒤에 다음 탐상은 윗면 또는 뒷면에 있는 표면이 열린 균열을 검출하는 것이다. 자분탐상검사가 윗면의 표면 균열을 아주 빠르게 검출하는 효과적인 방법이어서 종종 사용되며, 초음파탐상은 주로 뒷면에 있는 표면 균열을 찾는데 사용된다. 만일 용접 캡이 제거되어 윗면이 평탄하다면, 용접부 중심선에서 탐상을 시작하여 용접선을 따라 용접선과 평행하게 여러 번 탐상을 하여 용접부 전체에 걸쳐 탐상을 수행한다.

만일 용접부 캡이 제거되지 않았다면, 그림 7-35에서와 같이 탐촉자를 용접부의 양쪽 모재부 표면에 두어 탐촉자를 용접부 중심을 향하도록 기울여 놓고 용접선을 따라 움직이면서 탐상한다. 균열의 가장자리는 톱니처럼 들쭉날쭉하므로, 얼마 정도의 에너지가 송신 탐촉자로 반사될 것이다. 그러나 더 안전한 기법은 그림 7-35에 나타낸 것과 같이 하나는 송신하고, 다른 하나는 수신하는 한 쌍의 탐촉자를 용접부 양쪽 면에 각각 하나씩 두어 탐상하는 것이다.

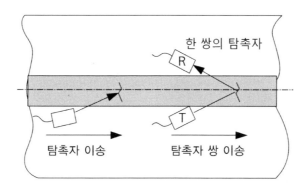

그림 7-35　용접부 내의 횡균열을 검출하기 위한 탐상의 예
왼쪽-펄스-에코법, 오른쪽-송수신법

7.3.9 결함 식별

앞에서 언급한 용접부에 대한 초음파 탐상은 a) 결함을 검출하고, b) 용접부에서 검출된 결함의 위치를 확립하는 것에 국한하였다. 이렇게 검사된 용접부는 다음의 경우로 분류될 것이다.

① 결함이 없어서 합격인 것(또는 부위).
② 너무 나쁜 결함이 있어서 명확히 불합격인 것(또는 부위).
③ 어떤 결함이 존재하나, 합격 기준과 비교할 수 있도록 그들의 특성과 크기에 대해 더 많은 것을 알고, 보고서를 만들 필요가 있는 것(또는 부위).

대부분의 경우에 다음 단계는 검출된 결함 신호의 특성을 평가하고, 트레이싱 용지에 그려놓은 각각의 결함에 대한 두께 방향의 크기(높이)와 용접 방향의 길이를 결정하는 것이다. 먼저 결함 신호의 특성을 평가하는 방법을 알아보도록 한다. 이것은 결함에 대한 초음파 신호로부터 슬래그, 기공, 언더컷, 융합불량, 균열 등으로 판독할 수 있게 한다. 하지만 초음파 탐상기에서는 오직 한 번에 두 가지의 정보만을 제공한다. 하나는 신호의 진폭이고, 다른 하나는 기준점과 반사체에 의한 신호 사이의 거리이다. 더 많은 정보는 탐촉자를 움직일 때 신호가 진폭과 시간에 있어서 변화되는 것에서 얻을 수 있다. 또한 신호가 단일한 깔끔한 스파이크 형태인지 또는 여러 피크가 있는 한 그룹의 에코인지를 볼 수가 있을 것이다.

결함이 검출되었다면 탐촉자를 움직이면서 신호의 위치와 진폭이 어떻게 변화하는지를 관찰한다. 여기서 진폭의 변화는 아주 중요하다. 포락선(envelope)이라고 하는 신호의 형상이 결함 형상에 대한 단서를 제공할 것이며, 이러한 정보와 용접 또는 제조 과정에서 만들어질 수 있는 결함에 관한 지식을 사용하여 검출된 결함의 특성과 종류를 추정한다. 만일 그러한 추정에 대한 책임을 져야 한다면, 용접이나 제조 과정에서 경험과 지식을 거치는 것을 실제로 대체할 것이 없지만, 이러한 것은 오직 지능적인 추정일 뿐이다. 수년에 걸쳐 이러한 한계를 인식하여 지금은 부피적 결함, 평면적 결함, 균열 같은 결함 등으로 불연속을 분류하는 것이 일상적으로 되어있다.

7.3.9.1 신호의 초기 평가

용접부의 어떤 위치에서 탐촉자의 위치에 대한 신호의 위치는 결함의 특성에 대한 초기 단서를 제공한다. 단일 V 개선 용접부에서 만일 결함의 위치가 용접부의 중심에 있는 것으로 확인되었다면, 결함은 결코 개선면의 융합불량일 수가 없고 또한 루트 결함도 아닐 것이다. 그리고 고정된 위치에서 신호의 형태 또한 결함의 특성에 관한 어떠한 단서를 제공할 것이다. 그림 7-36에 나타낸 두 신호에서 왼쪽의 신호는 시간 축상의 4.8 눈금과 동등한 위치에 있는 반사체에 의해 형성된 반면에, 오른쪽의 신호는 4.0 눈금과 7.5 눈금 사이의 넓게 분포되어 있는 반사체에 의해 형성된 것이다. 즉, 왼쪽의 신호는 초음파 빔에 대해 매끄럽고 규칙적인 결함에 의한 것으로 추정되고, 오른쪽의 신호는 슬래그 게재물 또는 들쭉날쭉한 균열의 매우 불규칙한 외형의 반사체이거나 군집 기공, 라멜라 티어링과 같은 작은 결함들이 약간의 다른 위치에 분포된 군집 형태의 결함에 기인한 것으로 추정될 수 있다. 고정된 위치에서의 신호는 어떠한 결함인지를 알려주지는 않으나, 어떤 결함일 것이며, 어떤 결함은 아닐 것이라는 추정을 할 수 있게 한다.

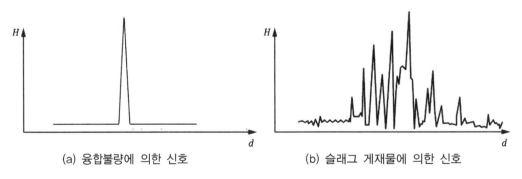

(a) 융합불량에 의한 신호   (b) 슬래그 게재물에 의한 신호

그림 7-36 **용접 결함 신호의 예**

7.3.9.2 탐촉자 궤적 스캔(obital scan)에 의한 평가

단일 V 개선 맞대기 용접부에서 용입부족과 같은 용접선과 평행하게 있는 평면적 결함을 생각하자. 그러한 결함을 발견하였다면, 탐촉자가 그림 7-37 왼쪽 그림에 나타낸 A 위치에 놓여져 결함에 초음파 빔을 수직으로 입사시킬 때 최대 신호가 나타날 것이다. 결함이 탐촉자 입사점에서 앞쪽으로 x mm에 있는 것으로 평가되었다고 하자. 결함의 중심을 원점으로 하고, 반지름이 x mm인 원을 상상하여 탐촉자를 이 원을 따라 A에서 B로 이어서 C, D, E, F 다시 A 지점에 오도록 선회시킨다. 이 때, 초음파 빔의 중심은 항상 같은 지점(원의 중심)을 통과하도록 한다. A와 D의 위치에서 결함에서 가장 큰 반사를 일으킬 것이고, A와 D의 위치에서 멀어질수록 초음파 빔이 더 이상 결함에 수직하게 입사되지 않아서 반사파가 탐촉자에서 멀어짐으로서 에코 신호는 급격히 사라진다.

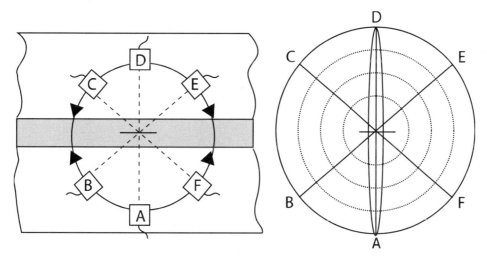

그림 7-37   융합불량과 같은 평면적인 결함에 대한 궤적 스캔(왼쪽)과
이에 대한 초음파 신호의 변화(오른쪽)

A와 D의 위치에서 신호의 진폭이 화면 높이의 80%가 되었다고 하자, A와 D 지점 전후로 3°가 회전된 위치에서 신호의 높이는 30%로 줄어들고, 5°가 회전된 위치에서는 10% 이하가 되며, 더 이상 회전되면 신호는 사라지게 될 것이다. 이러한 신호의 진폭 변화를 극 좌표 선도로 나타낸 것이 그림 7-37의 오른쪽 그림이다. 이 선도에서 동심원의 반지름은 신호의 진폭을 나타내며, A에서 E의 위치는 결함을 중심으로 한 탐촉자의 방향을 나타낸 것이다.

만일 반사체의 반사면이 평면적 결함이 아니라 그림 7-38 왼쪽과 같이 하나의 기공이라면, 기공의 모양은 구형이기 때문에 궤적 스캔을 하는 동안 초음파 빔은 같은 반사면은 만나게 될 것이므로, 탐촉자를 선회시키는 동안 신호의 진폭은 일정한 크기를 유지하여 신호 진폭 변화에 대한 극좌표 선도는 그림 7-38의 오른쪽 그림과 같이 될 것이다.

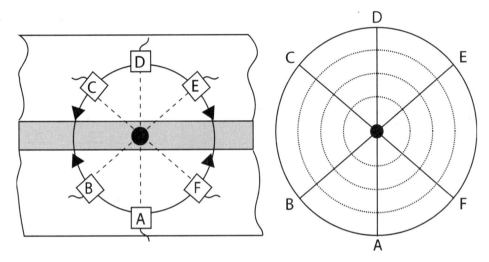

그림 7-38   기공 같은 구형의 결함에 대한 궤적 스캔(왼쪽)
과 이에 대한 초음파 신호의 변화(오른쪽)

어떤 결함에 대한 궤적 스캔을 수행하여 얻은 극 좌표 선도가 그림 7-39와 같이 얻어졌다고 하자. 이러한 극 좌표 선도에서 어떠한 추론을 할 수 있는가?

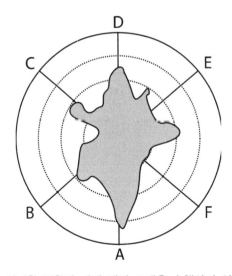

그림 7-39   어떠한 결함에 대해 궤적 스캔을 수행하여 얻은 극 좌표 선도

먼저 결함 신호가 모든 방향에서 어떠한 크기를 가지기 때문에, 결함은 부피를 갖는 것이 명확하다. 두 번째로 결함 영역의 반사면은 초음파 빔에 불규칙적이다. 이러한 신호의 특징은 전형적인 큰 슬래그 게재물이다. 이러한 극 좌표 선도에 더하여, 이미 시간 축 범위에서 불규칙한 신호에 대한 설명이 있었다. 하지만 이러한 시간 축의 불규칙한 신호는 군집 기공, 라멜라 티어링, 들쭉날쭉한 균열이 비슷한 형상의 신호를 나타냄을 기억하여야 한다. 따라서 더 많은 정보를 획득할수록 어떠한 결함 형태의 가능성을 더 좁히게 된다.

7.3.9.3 탐촉자 목돌림 스캔(swivel scan)에 의한 평가

이 기법은 궤적 스캔과 비슷한 정보를 준다. 그림 7-40에 나타낸 것과 같이 탐촉자를 결함 주변을 탐촉자가 선회하는 대신에, 탐촉자 자신을 중심으로 회전시키는 것이다. 아래와 같은 세 가지 유형의 결함을 생각하자.

① 평면적(예: 융합불량)
② 구형(예: 기공)
③ 불규칙(예: 슬래그, 균열)

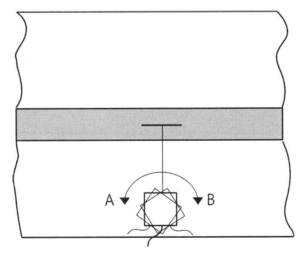

그림 7-40 목돌림 스캔; 탐촉자를 중심으로 A 또는 B로 회전시켜 초음파 빔 방향을 바꿈

위의 세 가지 유형의 결함들에 대해 그림 7-40과 같이 탐촉자를 목돌림 회전시켰을 때, 신호 진폭 변화의 포락선은 아래 그림 7-41과 같이 주어질 수가 있다.

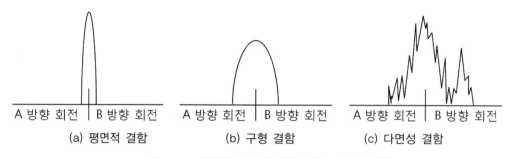

A 방향 회전	B 방향 회전	A 방향 회전	B 방향 회전	A 방향 회전	B 방향 회전
(a) 평면적 결함		(b) 구형 결함		(c) 다면성 결함	

그림 7-41   목돌림 스캔에 의한 신호 진폭의 변화

7.3.9.4 깊이와 측면 스캔에 의한 평가

어떤 결함 특성에 대한 좋은 단서는 결함이 놓여 있는 상태로서, 이것은 탐촉자를 용접선에 수직한 방향 또는 용접선에 평행한 방향으로 움직였을 때 신호가 시간 축을 따라 변화되는 것을 파악하여 알아낼 수 있다.

궤적 스캔과 목돌림 스캔에 의해 결함이 필히 평면적이라고 확인되었다고 하자. 최대 에코를 만드는 위치에 탐촉자를 두고, 반사체의 위치를 그린다. 탐촉자를 용접부 중심선을 향해 움직이면 신호는 화면에서 왼쪽으로 움직인다. 이따금 탐촉자를 세워 놓고, 용접부 중심에서 입사점까지의 표면 거리와 시간 축상의 초음파 신호의 거리를 측정한다. 이러한 측정으로 결함에서 반사되는 여러 점들을 그릴 수 있다. 다시 탐촉자를 용접부 중심에서 멀어지도록 움직이고, 앞에서와 같은 측정을 하여 반사되는 점을 그려 넣는다. 이러한 과정을 통하여 반사를 일으키는 결함이 놓여 있는 형상과 위치를 그릴 수 있다. 결과적으로 그림 7-42의 왼쪽 그림과 같이 개선면의 융착면을 따라 놓여 있는 선으로 나타날 것이다.

그림 7-42   깊이 스캔에 의한 결함 위치 표시의 예(왼쪽)와
측면 스캔에 의한 결함 위치 표시의 예(오른쪽)

다시 결함 신호가 최대가 되는 위치에 탐촉자를 놓는다. 탐촉자 뒷면에 안내자를 두어 탐촉자를 용접선과 평행하게 움직이도록 한다. 탐촉자를 움직이면서 반사되는 점을 평면도에 표시하면 그림 7-42의 오른쪽과 같이 용접부 중심선과 평행하게 놓인 결함을 나타내게 될 것이다.

이상과 같이 여러 가지 스캔 방식으로부터 얻은 모든 정보들을 함께 맞추어 보면, 다음에 대한 내용을 알게 된다.

- 반사원이 재료 내부에 있다.
- 평면적인 특성을 갖는다.
- 융착면을 따라 놓여 있다.
- 용접선과 평행하게 놓여 있다.

이러한 정보들을 검사자가 알고 있는 용접 공정과 용접 결함에 대한 지식과 비교를 함으로써 그 결함이 개선 융착면에 있는 융합불량이라는 합리적인 결론에 도달하게 될 것이다.

위에서 고려한 용접부 결함의 경우에는 복잡하지 않기 때문에 이러한 식별 작업이 단순하다는 생각에 사로잡히게 될 수 있다. 종종 융합불량은 슬래그 게재물과 관련이 되는데, 이러한 경우 궤적 스캔에 의한 신호 변화는 불규칙하게 나타난다. 때때로 용접 과정에서 개선면이 손상되어 융합되지 않은 면이 도면에 그려진 개선면 위에 그려지지 않을 수도 있다. 또한 많은 경우에 대해 희망하는 최선의 방법이 가능한 결함의 목록을 한 종류 지시로 줄이는 것이라고 말할 수 없다는 것이다. 즉, 검출된 지시에 해당하는 결함 특성이 하나 이상으로 추정될 경우도 있을 수 있다.

7.3.9.5 크기 산정과 보고서 작성

모든 결함이 할 수 있는 만큼 식별되었고, 크기 산정이 완료된 직후에 마지막 작업은 검출된 결함을 보고서로 작성하는 것이며, 만일 필요하다면 합격 기준과 비교하는 것이다. 하지만 이것은 상당히 중요한 주제이므로 8장에서 별도로 자세히 설명할 것이다.

7.3.9.6 단일 V 개선 용접부 탐상에 대한 요약

지금까지 용접부 검사에 대한 일상적인 절차의 근본적인 내용에 많이 치중한 듯이 보이나, 많은 주요 문제들은 다른 용접부는 물론 주조품과 단조품에도 적용될 것이다. 그래서 단일 V 개선 용접부 이외의 다른 용접부에 대한 초음파탐상검사에 대해 알아보기 전에 다음과 같은 일상적인 절차를 기억하자.

① 육안검사
② 종파 탐상
③ 엄격한 루트 탐상
④ 용접부 몸체 탐상

⑤ 횡 결함 탐상

⑥ 결함 해석과 크기 산정

⑦ 보고서 작성

7.3.10 이중 V 개선 용접부 검사

이중 V 개선 용접부에 대한 일상적인 절차는 앞에서 언급한 단일 V 개선 용접부에 대한 것과 기본적으로 같다. 단지 용접부 개선의 차이 때문에, 엄격한 루트 탐상과 용접부 몸체 검사의 세부적인 사항에서 약간의 차이가 있다.

7.3.10.1 엄격한 루트 탐상

전형적인 이중 V 개선 용접부에서 루트 용입부족은 그림 7-43에 나타난 바와 같이 용접부 중심부에 형성된다고 볼 수 있다. 이러한 결함은 이론적으로 용접부의 중간에 평면적이며, 스캔면과 수직한 방향으로 놓여 있어 반사파는 탐촉자로 되돌아오지 못한다. 하지만 실제로 반사가 일어나도록 결함의 위쪽 또는 아래쪽에 슬래그 또는 변형이 충분하게 있는 경우가 종종 있다. 그래서 70° 탐촉자를 용접부 중심선에서 루트에 대한 0.5 스킵거리에 놓고 엄격한 루트 탐상을 수행한다. 단일 V 개선 용접부와 같이 용입부족에 대한 신호의 위치를 정확하게 예측할 수는 없으나, 루트 비드 또는 언더컷의 문제가 부가되지 않는다. 그림 4-43과 같이 70° 탐촉자를 사용하여 엄격한 루트 탐상을 수행할 때, 용입부족과 같은 루트에 결함이 존재하면 그 결함에서 회절파가 만들어지고 탐촉자에 회절파가 도달되어 신호가 나타나게 된다.

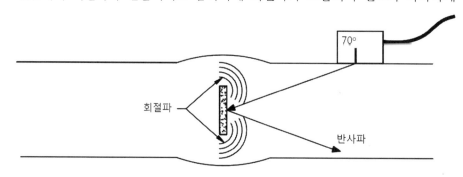

그림 7-43   이중 V 개선 용접부의 루투에 형성되는
용입부족에 대한 초음파탐상검사의 예

7.3.10.2 엄격한 루트 탐상을 위한 탠덤 기법

재료 내부에 수직적인 반사 표면을 검출하기 위한 고전적인 방법은 그림 **7-44**에 나타낸 것과 같은 탠덤 기법으로 두 개의 경사각 탐촉자를 사용하여 하나는 송신하고 다른 하나는 수신하는 방법이다. 이러한 예는 이중 V 개선 용접부에 있는 루트 융합불량을 예로 들었을지라도, 이 방법은 수직한 면을 갖는 용접 개선면에도 사용될 수 있다.

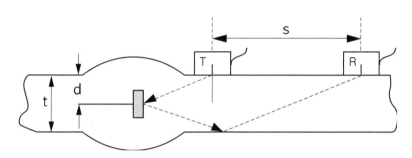

그림 7-44 **이중 V 개선 용접부의 루트 용입부족 검사를 위한 탠덤 기법**

그림 **7-44**에서 두께가 t 인 이중 V 개선 용접부에서 굴절각이 θ 인 경사각 탐촉자를 사용하여, 표면에서 결함의 중심까지의 깊이가 d 일 때, 송신 탐촉자와 수신 탐촉자의 입사점 사이의 거리 S 는 다음과 같은 관계를 갖는다.

$$S = 2(t - d)\tan\theta \tag{7-4}$$

만일 탠덤 기법에 의해 이중 V 개선 용접부의 루트를 검사한다면, 루트 결함의 중심 위치의 깊이는 두께의 절반이 될 것이므로, 두 탐촉자 입사점 사이의 거리는 두께의 0.5 스킵거리와 같게 하여야 한다.

7.3.10.3 용접부 몸체 검사

용접부 몸체 검사는 단일 V 개선 용접부 검사와 상당히 같으나, 그림 7-45와 같이 용접부 중심에서 1/4 스킵거리의 위치에서 시작하여 1.0 스킵(전체 스킵)에 용접 캡 폭의 절반을 더한 거리만큼을 움직여야 한다. 그리고 검사할 융착면이 4개가 있고, 0.5 스킵거리와 이 거리보다 3~4 mm 정도를 넘어선 영역에서 아래쪽 용접부 캡에 의한 반사 신호가 나타날 것이다. 이러한 용접부 캡에서 반사된 신호들은 용접부 반대쪽의 융착면에 있는 결함 식별을 방해한다.

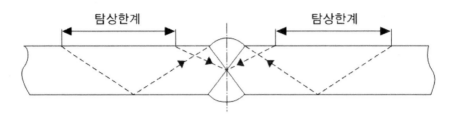

그림 7-45   이중 V 개선 용접부의 용접부 몸체 탐상의 범위

7.3.11 받침 쇠(rings 또는 EB insert)를 갖는 용접부 검사

이러한 종류의 용접부는 그림 7-21에 나타내었다. 검사 절차는 오직 엄격한 루트 탐상의 세부 사항만 단일 V 개선과 다를 뿐이다. 이러한 종류의 용접부의 루트 탐상에서 기본적인 대상은 모재의 루트 영역에 놓이는 받침쇠 또는 삽입물이 잘 융착되어 있는지를 확인하는 것이다.

7.3.11.1 EB 삽입물

EB 삽입물을 넣고 적절히 융착되었을 때, 이러한 용접은 일정한 용접 비드 형상을 갖는 단일 V 개선 용접부와 완전히 같다. 그래서 단일 V 개선 용접부의 루트 탐상을 하도록 정확하게 설정하였다면, 탐촉자를 안내판을 따라 움직일 때, 일정한 진폭을 유지하며 시간 축 상에 특별한 위치에 루트 비드 신호가 나타날 것이다.(물론 스캔면의 거칠기와 접촉 상태가 균일하여야 하지만) 그림 7-46에 나타낸 바와 같은 신호가 삽입물로부터 오는 신호 진폭의 감소하고 정확하게 0.5 스킵거리에서 에코 신호가 나타난다면, 삽입물이 모재와 융착되지 않았다는 근거이다. 삽입물은 대체로 매우 강한 신호를 0.5 스킵거리보다 약 2~3 mm를 넘어선 위치에 나타나고, 짧은 거리의 비융착 부분은 삽입물 신호의 앞쪽으로 움직여 0.5 스킵거리 신호처럼 나타난다.

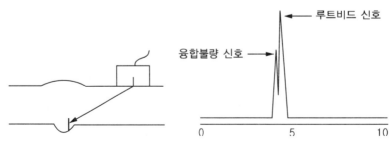

그림 7-46   EB 삽입물이 융착되지 않은 부위에서 초음파 신호의 형상

삽입물 윗면의 융합불량은 종파 수직탐상이 가장 잘 검출할 수 있다. 이러한 이유 때문에 종파 탐상을 할 수 있도록 용접부 캡을 갈아 제거하는 것이 바람직하다. 만일 용접부 캡을 제거할 수 없거나 제거되지 않았다면, 횡파 경사각 탐촉자를 사용하였을 때 일그러져 있거나 내재된 슬래그 때문에 이러한 결함은 루트의 바로 위에서 생성되는 신호처럼 발견된다.

7.3.11.2 받침 쇠 또는 고리

이러한 용접부가 적절하게 융합되었을 때, 용접부의 단면은 그림 7-47과 같이 될 것이다.

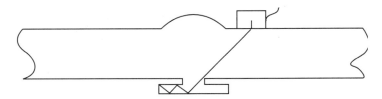

그림 7-47 받침 쇠를 사용한 용접부 단면과 받침 쇠에서 초음파 진행 경로

횡파 루트 탐상은 초음파 에너지를 루트를 지나 받침 쇠로 들어가도록 한다. 받침 쇠 내에서 반사는 0.5 스킵거리를 벗어난 신호의 형태로서 그림 7-48과 같이 나타날 것이다. 이러한 신호 형태가 완전히 사라지거나 또는 진폭이 감소하는 경우, 받침쇠가 융착되지 않았음을 암시한다. 앞의 삽입물의 융착 검사와 같이 종파 수직탐촉자로 루트 융착을 점검할 수 있도록 용접 캡을 제거하는 것이 바람직하다. 용접부 중심 위에서 종파 수직 탐촉자를 사용하여 뒷면과 받침쇠에 의한 에코를 수신할 것이다. 받침쇠 에코의 손실은 융합불량을 나타내는 것이다.

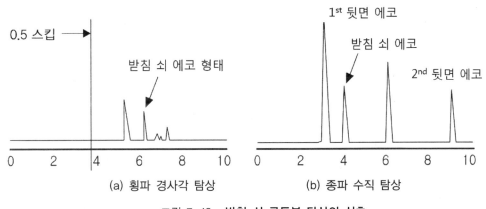

그림 7-48 받침 쇠 루투부 탐상의 신호

7.3.12 T 용접부

T 용접부와 노즐의 검사는 이미 공부한 용접부 배치와 약간의 차이가 있다. 완벽한 검사를 위하여 여러 면에서 스캔이 필요하지만, 하나 이상의 표면으로 접근이 허용되지 않을 수가 있다. 즉, 제한된 검사만을 수행할 수밖에 없는 경우가 종종 있다. 여기에서는 모든 표면으로 접근할 수 있는 이상적인 경우를 생각한다. 하지만 이러한 경우는 실제로 일어나지 않을 수 있다.

T 용접부는 설계에 의해 완전히 용입되거나 또는 부분적으로 용입된다. 검사 절차는 어떠한 경우이든 거의 같으나, 부분 용입 용접부에 대해 비용착 부분이 설계 허용 길이보다 길지 않음을 보증하기 위한 관찰이 필요하다. 완전 용입과 부분 용입 용접부를 그림 7-49에 나타내었다.

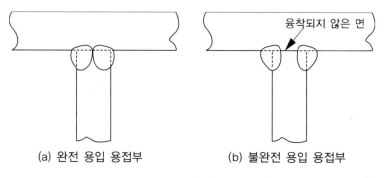

(a) 완전 용입 용접부   (b) 불완전 용입 용접부

그림 7-49 **T 용접부의 용접 형태**

용접부에 대한 초음파 탐상의 기본적인 원리는 초음파를 용접부에 완전하게 적용하도록 스캔을 하는 것이다. 그림 7-50은 T 용접부에 대한 초음파 탐상을 예시한 것으로, 아래와 같이 번호를 매긴 세 가지 스캔을 수행한다.

- **스캔 1**: 종파 – 층상분리(lamination), 융합불량, 라멜라티어링(lamellar tearing) 검출
- **스캔 2**: 횡파 – 용접 몸체 결함, 토우 균열 검출
- **스캔 3**: 횡파 – 융착면, 용접 몸체 검사

앞에서 논의한 맞대기 용접부에서와 같이 탐촉자 각도와 주파수는 접근성과 용접부의 형상에 맞도록 선택한다. 스캔 3에 대해서는 캡 에코의 혼란을 줄이도록 용접 캡에 평행한 빔 중심선

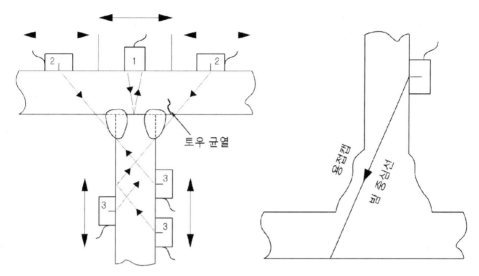

그림 7-50   T 용접부의 초음파탐상검사에서 (a)검사 적용 부위
(b)용접 몸체 검사를 위한 경사각 탐촉자의 선택 기준

을 만드는 각도의 탐촉자를 선택하는 것이 유용하다. 하지만 이것은 캡에서 표면파를 만들어내어 혼란을 일으킬 수 있다. 표면파에 의한 에코 신호는 접촉매질을 묻힌 손가락을 접촉시키면 진폭이 감소하므로, 이러한 행동은 신호가 어떻게 형성되었는지를 확인하는데 도움이 될 것이다.

7.3.13 노즐 용접부

노즐 용접부는 하나의 배관이 다른 배관과 직각이든 다른 각도이든 가지처럼 결합된 것이다. T 용접부처럼 노즐용접부 또한 완전히 용입되거나 부분적으로 용입될 수가 있다. 가지(branch) 관은 액체 또는 기체가 통과되도록 주 배관에 끼워져 있을 수 있거나, 튜브 구조물에서 단지주의 경우처럼 가지 관과 주 배관의 관 구멍이 서로 연결되지 않고 단순하게 주 배관 위에 장착되어 있을 수도 있다. 이러한 두 형태의 연결을 그림 7-51에 나타내었다. 여기서 빗금친 부분이 배관 부분이다. 노즐 용접부의 초음파탐상검사에서 주된 어려움은 용접부 주변을 스캔하는 경우에 탐촉자가 접촉되는 부위의 곡률 형상이 변화한다는 것이다. 또한 원하는 모든 스캔면에 대한 접근이 문제이며, 완전하게 접근하기가 자유롭지 않다. 그래서 제한된 검사를 수행할 수밖에 없을 수가 있다.

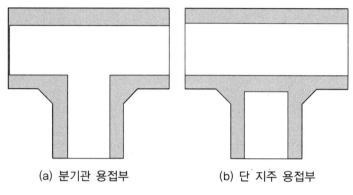

(a) 분기관 용접부   (b) 단 지주 용접부

그림 7-51   **노즐 용접부의 형상**

여러 가지 형태의 가지(branch) 용접부를 그림 7-52에 나타내었다. 이 책에서 사용되고 있는 모든 용접 개선 형태를 다룰 수는 없다. 하지만 초음파탐상검사 수행을 위한 어느 정도의 기본적인 원리를 이해할 수 있어야 한다.

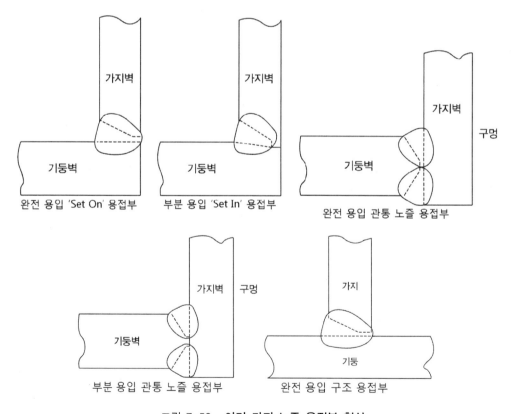

그림 7-52   **여러 가지 노즐 용접부 형상**

7.3.13.1 완전 용입된 Set On 노즐

그림 7-53은 완전 용입된 Set On 노즐에 대해 초음파탐상검사 수행을 나타낸 것이다. 스캔 1과 2는 주 배관(shell)과 가지(branch)를 종파 수직 탐상으로 다음을 알아낸다.

- 두께
- 층상분리
- 기둥 벽과 용접부 몸체의 융합 상태

스캔 3은 탐촉자 안내판을 따라 수행하는 엄격한 루트 탐상으로 40°의 개선 각을 갖는 노즐 용접부의 루트 탐상은 65°의 경사각 탐촉자가 최적이다. 그리고 이러한 탐촉자로 개선 용착면 과 용접부 몸체를 탐상하기 위하여 4번 방향으로 탐촉자를 움직인다.

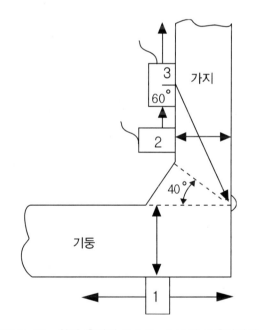

그림 7-53 **완전 용입된 Set On 노즐의 초음파탐상검사**

7.3.13.2 부분 용입된 Set In 노즐

이러한 용접부 탐상은 앞의 완전 용입된 노즐 용접부 탐상과 유사하다. 하지만, 실제 용입된 깊이를 점검하고 수직 융착면이 융합되었는지 확인할 필요가 있다.

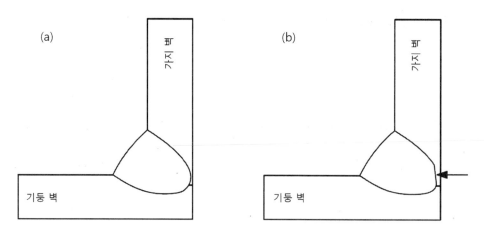

(a)   판지가

(b)   판지가

기둥 벽

기둥 벽

그림 7-54   부분 용입된 Set In 노즐의 용접부 단면 형상
(a) 원하는 용접 형상, (b) 잘못된 융합면 생성 용접부

루트 신호를 아주 주의하여 관찰함으로써 수직 개선이 융착되도록 충분하게 용입되었는지를 알 수 있다. 이것은 최대 반사를 일으키는 지점과 그러한 신호가 막 사라지는 지점을 그리는 것이 유용하다. 즉, 빔 중심과 빔 가장자리가 만나는 지점을 사용한다. 용접 개선의 정확한 도면에서 최대 용입 목표 지점을 결정할 수 있고, 빔 중심과 빔 가장자리를 사용하여 이 점의 위치를 측정할 수 있다. 빔 가장자리를 사용한 신호의 크기 강하법으로 의도된 융합불량의 끝을 평가한다.

7.3.13.3 관통 노즐

이것은 완전 용입 또는 부분 용입 T 용접부와 상당히 유사하여, T 용접부 탐상과 같은 방법으로 탐상할 수 있다. 그림 7-55에 나타낸 바와 같이 어떤 배관이 다른 배관에 끼워질 때, 융합면이 안장 같은 선을 따라 만들어진다는 것이 주요한 문제를 발생시킨다.

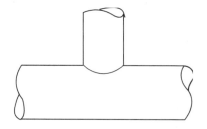

그림 7-55   한 배관이 다른 배관에 끼워져 연결된 관통 노즐

T 용접부에 대한 초음파탐상검사를 나타낸 그림 7-50의 스캔 1과 동등한 스캔은 가지관의 구멍에서 수행한다. 용접 한계를 결정하기 위하여 종파 탐촉자를 가지관 구멍의 축 방향과 평행하게 위 아래로 움직여 벽 두께에서 용접부 영역으로 신호의 변화를 확인하고 탐촉자의 위치를 주의하여 표시하면서 탐상하는 것이 유용하다. 이러한 방법으로 구성된 일련의 점들을 분필이나 색연필로 연결하여 용접 경계를 나타낼 수 있다.

7.3.13.4 용접 단면 찾기

  노즐 용접부 검사에서 주된 문제점은 용접부 주변을 탐상함에 따라 형상이 변화가 있다는 것이다. 용접부 단면의 정보를 아는 것은 검사 절차의 필수적인 부분이므로, 검사하고자 하는 용접부 주변의 단면을 그릴 수 있는 것은 중요하다. 그림 7-56은 가지 관의 구멍에서 본 노즐 용접부를 예로 들어 놓은 것이다.

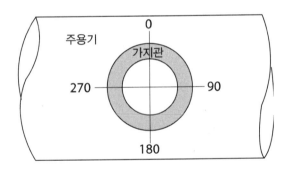

그림 7-56   **노즐 용접부를 가지관 구멍 쪽에서 바라본 모양**

  만일 주 배관의 축 방향(90°와 270° 방향)의 용접부 단면의 용접 개선은 그림 7-57(a)와 같은 형상을 가질 것이다. 하지만 주 배관의 원주 방향인 0°와 180° 방향의 용접부의 단면은 그림 7-57(b)와 같은 형상일 것이다.

  주 배관의 축 방향과 원주 방향의 단면은 쉽게 그릴 수 있다. 물론 기존의 제도 기법에 의해 정확한 비율의 도면을 그려낼 수 있으나, 이것은 시간이 걸리는 일이다. 실제로 허용 가능한 결과를 주는 다른 방법의 하나는 모형 게이지(mimic gauge)를 사용하는 것이다. 게이지는 같은 길이를 갖는 많은 와이어가 막대에 끼워져 있고, 와이어가 막대에서 와이어의 길이 방향으로 미끄러지도록 되어 있는 것이다. 만일 용접부와 용접부에 인접된 주배관 및 가지관 위에 모형 게이지를 올려놓는다면, 그 부위의 외형을 얻어낼 수 있다. 이렇게 형성된 모형 게이지의 외형을 종이로 옮겨 용접부 형상을 그릴 수 있다.

주 배관과 가지관의 두께를 알고 있으므로, 용접부 형상을 그려 놓은 그림에 두께에 해당되는 점을 외곽 표면과 평행하게 표시하여 나타낼 수 있다. 이러한 점들로부터 용접부 형상을 그려 놓은 부위의 완전한 용접부 단면을 나타내는 것이 가능하다. 이러한 내용에서 루트 틈새(root gap)와 주 배관과 가지관 바깥쪽 표면의 거리가 일정해야 한다는 것을 유의하여 융착면에 대한 근사적인 위치를 추론할 수 있다.

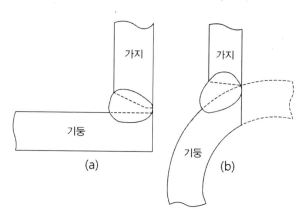

그림 7-57   노즐 용접부의 단면. (a)주 배관의 축 방향 단면, (b)주 배관의 원주 방향 단면

8. 결함 크기 산정 방법

결함의 크기와 종류를 평가하는 것은 초음파 결함 검출에서 가장 논란이 많은 주제이다. 특별히 크기 산정은 현장에서 많은 숙련자들에 의해 어떤 방법은 옹호되기도 하고 어떤 방법은 비판받기도 하는 여러 가지 방법들을 사용하기 때문에, 초보자들에게 혼란스러운 주제가 될 것이다. 과거에 초음파탐상검사는 마치 절대적인 측정 시스템이고 정확성의 한계에 관한 주의를 하지 않은 채 교육 훈련을 수행하여 왔다. 하지만, 높은 정확성을 주거나 모든 환경에서 재현성 있는 결과를 산출할 수 있도록 정립된 기법은 어떠한 것도 없다. 이것은 환경에 따라 적용하는 기법을 변화시켜야 좋은 결과를 얻을 수 있기 때문이다. 그러므로 여러 방법을 효과적이고 지능적으로 사용하려면, 관련된 근본적인 철학을 인정할 필요가 있다.

결함 평가에 대한 여러 접근 방식에 있어 두 가지의 기본적인 철학이 있다.

① 각 결함의 실질적인 크기를 추론함. 이러한 방법들은 종종 더 정확한 결과를 획득하기 위하여 검사자의 재량에 의해 기법의 세부 사항을 변화시킨다.

② 균일한 결과를 획득하고 'go' 또는 'no go' 기준이 허용 표준으로서 설정될 수 있도록 기법을 표준화 함. 이러한 방법들은 결함 신호를 알려진 반사체와 비교함으로써 평가하며, 실제 결함 크기를 제공한다고 주장하지는 않는다.

전자의 범주에 진폭 강하법, 최대 진폭법, TOFD 기법이 있으며, 후자 범주에 DGS 선도 기법과 DAC 곡선 기법이 있다.

8.1 진폭 강하 기법에 의한 결함 크기 산정

결함의 크기를 평가하는 데 있어 필수적인 정보는 결함 신호의 위치와 빔 퍼짐과 탐촉자의 이동 거리이다. 앞에서 경사각 탐촉자의 경우 입사점과 굴절각을 측정하는 표준 절차를 설명하였다. 또한 지름이 D인 원형 진동자인 탐촉자의 원거리 음장에서 빔 퍼짐은 식 (2-34)와 같이 계산할 수 있음을 설명하였다. 하지만 초음파탐상검사에 사용되는 진동자는 연속적인 진동을 하는 것이 아니라 순간적인 진동을 하여 계산된 빔 형상을 변화시키므로 정확한 크기 산정을 위해서는 계산이 아니라 실제 빔 형상을 그리는 것이 필요하다. 이를 위하여 알려진 반사체에 의한 에코 신호의 최대 진폭 값에서 20 dB 또는 6 dB 강하 지점까지를 빔 영역으로 그린다. 어떠한 경우에는 14 dB 강하 지점까지의 빔 영역을 그릴 수도 있다.

8.1.1 빔 형상 그리기 시험편

여기에서는 45° 횡파 경사각 탐촉자에 대한 20 dB 강하 지점까지의 빔 퍼짐에 대한 빔 형상을 그리는 것을 알아본다. 빔 형상을 그리기 위해서는 그림 8-1과 같은 IOW beam profile block을 이용한다. 이 시험편은 검사 대상체와 초음파적으로 유사한 재료를 사용해야 한다. 이 시험편은 지름이 1.5 mm이고 깊이가 22 mm인 측면공을 지니고 있다. 이 시험편에 있는 1부터 4까지 번호를 붙인 측면공을 사용하여 빔 퍼짐 선도를 그린다.

1번과 4번 측면공은 A면으로부터 중심까지의 거리가 각각 19 mm, 43 mm이며 C면 쪽에서 뚫었으며, 2번과 3번 측면공은 A면으로부터 중심까지의 거리가 각각 25 mm, 13 mm이며, D면 쪽에서 뚫어 놓았다. 시험편의 높이가 75 mm이므로, 시험편의 B면으로부터 측면공의 중심까지의 거리는 1번과 4번 측면공의 경우 56 mm, 32 mm이고, 2번과 4번 측면공의 경우 50 mm, 62 mm이다. 따라서 측면공의 중심 위치는 A면과 B면에서 13, 19, 25, 32, 43, 50, 56, 62 mm의 거리를 갖는다.

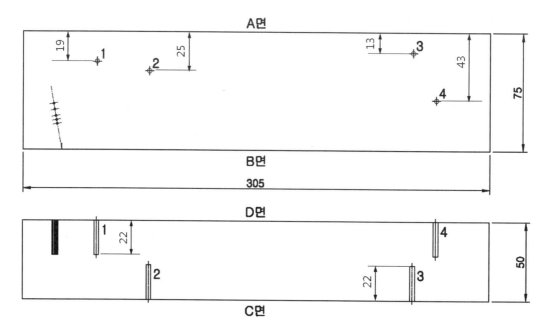

그림 8-1 빔 퍼짐 형상을 그리는데 사용되는 IOW beam profile block

8.1.2 빔 퍼짐 그리기(측면 – 깊이 방향)

그림 7-32와 같은 빔 형상 카드에 올려놓을 투명 또는 반투명 용지를 준비한다. 이러한 용지로 트레이싱지가 유용하다. 트레이싱지에 기준 수평선을 긋고 이에 수직한 선을 그려 넣는다. 시험편의 A와 B면에서 측면공까지의 중심거리에 해당하는 거리에 기준 수평선과 평행한 선을 연필을 사용하여 그린다.

초음파 탐상기를 횡파의 속도로 시간 축 교정을 수행하고, 탐촉자의 입사점을 확인한다. 일반적으로 탐상기의 범위는 100 mm 정도로 하는 것이 좋다. 지금 20 dB 빔 퍼짐 영역을 그리는 것을 예를 들어 설명할 것이며, 다음의 절차에 따라 수행한다.

① 탐촉자를 IOW 시험편에 올려놓고, 탐상면에서 13 mm의 위치에 있는 측면공에서 반사 신호가 최대가 되는 위치에 탐촉자를 위치시키고, 신호를 전체 화면 높이(100% FSH)가 되도록 게인을 조절한다.

② 이 위치에서 탐촉자의 입사점 위치를 시험편의 한쪽 면에 연필로 표시한다. 이위치를

a라고 하자.

③ 신호가 20 dB 떨어질 때까지(10% FSH) 탐촉자를 앞으로 이동시키고, 탐촉자의 입사점의 위치를 시험편 한쪽면에 표시한다. 이 위치를 b라고 하자.

④ 탐촉자를 뒤로 움직여서 신호가 최대가 되는 지점을 지나 다시 20 dB 떨어지는 지점까지 이동시키고, 앞에서와 같이 탐촉자의 입사점의 위치를 시험편에 표시한다. 이 위치를 c라고 하자.

⑤ 시험편에 3개의 점이 표시되었다. a는 빔의 중심이고, b는 빔의 뒤쪽 가장자리이며, c는 빔의 앞쪽 가장자리이다.

⑥ 준비된 트레이싱지의 기준 수평선을 시험편의 탐상면과 일치시키고 수직선이 교차된 지점을 시험편에 연필로 표시한 위치인 a, b, c점에 일치시키고, 13 mm 위치에 있는 측면공의 위치를 트레이싱지에 표시한다.

⑦ 다른 깊이에 있는 측면공에 대해서도 위의 a)부터 f)까지의 과정을 반복한다.

⑧ 위의 과정을 끝낸 뒤에 트레이싱지에 측면공의 위치로 표시된 위치를 빔 형상 그리기 카드로 옮긴다. 이 때 최대 신호에 의해 표시된 지점을 연결한 선은 빔의 중심을 나타내므로, 이 선과 수직선이 이루는 각이 경사각 탐촉자의 굴절각이 되고, 앞쪽과 뒤쪽에 표시되는 점을 이은 선이 20 dB 영역의 빔 형상을 나타낸다.

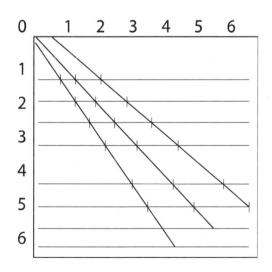

그림 8-2   IOW beam profile block에 입사점의 위치를 표시하는 방법에 의한 빔 퍼짐 구성의 예

앞에서 설명한 방법은 정확성을 떨어뜨리는 많은 요인들을 내포하고 있다. IOW 시험편의 표면에 기름이 묻어 있는 경우 연필로 표시하는 것이 어렵기 때문에 일반적으로 색연필을 주로 사용하지만, 색연필은 연필보다 두껍기 때문에 빔 중심 또는 빔 가장자리를 표시하는 데 있어 선 두께 정도의 오차를 지닌다. 만일 선 두께가 표시할 때마다 변화된다면, 측정은 자연적으로 부정확하게 될 것이다.

앞서 언급한 방법보다 좀 더 정확성을 갖고 빔 형상을 그리는 다른 방법으로 다음 절차를 사용할 수 있다.

① 빔 퍼짐 형상을 그려 넣을 빔 형상 그리기 카드의 기준선과 평행한 선을 IOW 시험편의 탐상면에서 측면공의 중심 위치까지의 거리에 맞추어 그린다.

② 먼저 13 mm의 위치에 있는 측면공에서 최대 신호가 되도록 탐촉자의 위치를 맞추고, 게인을 조절하여 신호가 화면의 전체 높이가 되도록 한 뒤에 신호의 가로 축 위치를 읽고, 이 값을 반지름으로 한 원호를 빔 형상 그리기 카드의 0점을 중심으로 그려 13 mm의 선과 만나는 지점을 표시한다.

③ 측면공에서 반사된 신호가 20 dB 떨어질 때까지 탐촉자를 앞쪽으로 움직이고, 그 위치에서 반사된 신호의 가로 축 위치를 읽고, 이 값을 반지름으로 한 원호를 빔 형상 그리기 카드의 0점을 중심으로 돌려 13 mm 선과 만나는 점을 표시한다.

④ 탐촉자를 뒤로 움직여 에코 신호가 최대로 되었다가 다시 20 dB 떨어질 때까지 이동시킨 뒤에 신호의 가로 축 위치를 읽는다. 이 값을 반지름으로 한 원호를 빔 형상 그리기 카드의 0점을 중심으로 돌려 13 mm 선과 만나는 점을 표시한다.(그림 8-3 참조)

⑤ 위의 ②에서 ④의 과정을 다른 깊이(19 mm, 25 mm, 43 mm 등)의 측면공에 대해 차례로 수행한다.

⑥ 최대 신호를 만들었을 때 신호의 위치에 대응되는 점을 이은 선이 빔의 중심선이 되고, 그 앞쪽에 표시된 점들과, 뒤쪽에 표시된 점들을 각각 이으면 빔의 폭을 그린다.(그림 8-3 참조)

이 방법은 앞에서 언급한 방법과 동일하지는 않으나, 결함 크기를 산정하는 데 사용되는 초음파 빔의 형상을 그리는데 사용되는 방법으로 여전히 타당하다. 하지만 위의 두 방법은 서로 섞어서 사용될 수는 없다. 실제로, 각각의 측면공에서 측정할 때마다 그리는 것보다는 측정값을 테이블로 만들어 놓은 뒤에 한 번에 빔 형상 그리기 카드에 표시하여 그리는 것이 편리할 것이다.

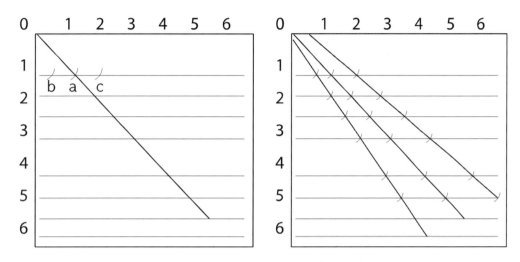

그림 8-3　IOW beam profile block의 측면공 신호의 빔 경로
를 표시하는 방법에 의한 빔 퍼짐 구성의 예

위에서 언급한 빔 형상을 그리는 방법 중 어떠한 것을 사용할지라도 상당한 주의를 기울일 필요가 있다. 일반적으로 45° 경사각 탐촉자의 경우, 빔 퍼짐 선도는 35°와 50° 사이에서 어렵지 않게 그려진다. 하지만 60°와 70° 경사각 탐촉자의 경우, 빔 거리가 상대적으로 길어지고 감쇠도 더 커져서 정확한 최대 신호의 위치를 식별하기가 더 어려우며, 20 dB 떨어진 빔 가장자리를 결정하는 것도 더 어렵다. 또한 측정된 점들이 일직선으로 연결되지 않을 수도 있다. 따라서 빔 가장자리와 빔 중심선은 최적선(best fit line)으로 그려야 한다. 빔 특성을 말할 때 일반화하기는 어렵지만, 원형 진동자 보다 사각형 진동자 탐촉자의 빔 형상을 정하기 어려우며, 지름이 작을수록 주파수가 높을수록 빔 형상에 대한 오차가 많이 일어난다.

8.1.3 빔 퍼짐 그리기(앞쪽 단면)

수평 평면의 빔 형상 또한 IOW 시험편의 같은 측면공을 사용하여 결정할 수 있다. 그 절차는 다음을 따른다.

① 선택된 측면공에 대해 최대 에코 신호를 얻도록 탐촉자를 위치시킨다.
② 탐촉자 뒤쪽에 안내판을 두어 탐촉자가 측면공의 축선과 평행하게 움직이게 한다.(그림 8-4(a) 참조)

③ 신호가 20 dB 떨어질 때까지 탐촉자를 이동시킨다.

④ 탐촉자의 중심을 시험편 위에 표시하고, 시험편의 한쪽 면에서 표시된 지점까지의 거리 X를 측정한다.(그림 8-4(b) 참조)

⑤ 위에서 측정한 거리 X에서 측면공의 깊이 22 mm를 뺀 값을 기록한다.

⑥ 다른 깊이에 있는 측면공에 대해 ①~⑤의 과정을 반복한다.

⑦ 각 측면공의 깊이에 대한 기록된 Y값을 빔 형상 그리기 카드에 표시하여 그림 8-5와 같은 빔 형상을 그린다.

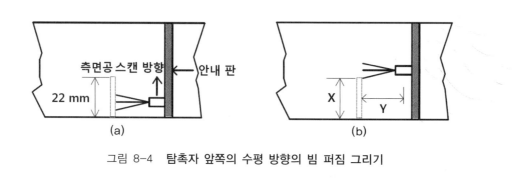

그림 8-4 탐촉자 앞쪽의 수평 방향의 빔 퍼짐 그리기

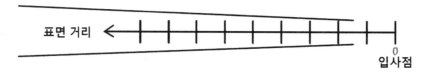

그림 8-5 탐촉자 앞쪽의 수평 방향의 빔 퍼짐

8.1.4 빔 형상을 이용한 결함 크기 산정(측면 – 결함 높이 평가)

20 mm 두께의 단일 V 개선 용접부의 개선면에 있는 결함을 검출하였다고 하자. 여기에서 용접캡은 제거되어 있다고 가정하자.

결함을 그리기 위하여, 먼저 트레이싱 용지와 같은 반투명 용지에 용접부의 개선 형상을 그린다. 이것은 윗면에서 0.5 스킵 사이에서 검출된 결함을 그리게 한다. 다음으로 이 그림의 아래 면을 기준으로 용접부를 거울 반사된 그림을 추가로 그린다. 이 부분은 0.5 스킵에서 1.0 스킵 사이의 결함을 그리게 한다. 그림 8-6은 두께가 20 mm인 용접부에서 결함을 그리기 위해 트레이싱 용지에 용접부 개선 형상을 그려 놓은 것이다.

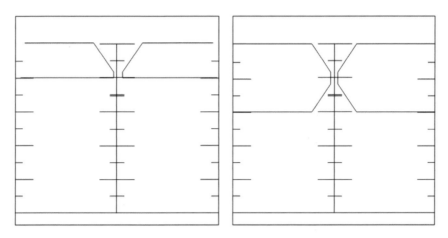

그림 8-6 빔 형상 그리기 카드 위에서 결함의 위치를 그리기 위한 용접부 단면을 그린 트레이싱 용지

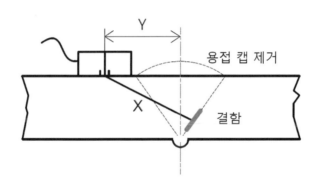

그림 8-7 직사법에 의해 검출된 결함신호가 최대일 때 탐촉자의 위치

위와 같은 용지를 준비한 후에, 용접부에서 결함 신호를 검출하였고, 그림 8-7과 같은 위치에서 결함 신호가 최대로 되었다면, 이 위치에서 초음파 탐상기의 시간 축상의 빔 경로인 X값을 기록하고, 용접부 중심에서 입사점까지의 표면거리 Y를 측정한다. 이렇게 측정한 표면거리 Y값에 트레이싱지의 용접부 중심선을 맞추고, 빔 노정거리인 X값에 해당하는 위치를 표시한다. 이 지점이 결함의 중심으로 그림 8-8의 a점에 해당한다. 신호가 20 dB 떨어질 때까지 탐촉자를 용접부에서 멀어지게 움직인 뒤에 표면거리와 빔 노정 거리를 측정한다. 트레이싱용지를 이동하여 표면거리를 맞추고, 앞쪽 빔 가장자리가 빔 노정거리가 되는 지점을 표시한다. 이 지점은 그림 8-8의 b점에 해당된다. 다시 탐촉자를 용접부 중심부 쪽으로 움직여 신호가 최대가 되었다가 다시 20 dB 떨어지는 지점까지 이동한 뒤에 표면거리와 빔 노정거리를 측정한다. 트레이싱 용지를 이동하여 표면거리를 맞추고, 뒤쪽 빔 가장자리가 빔 노정거리가 되는

지점을 표시한다. 이 지점은 그림 8-8의 c점에 해당된다. 이렇게 표시된 3개의 점은 결함의 크기와 방향에 대한 정보를 제공할 것이다.

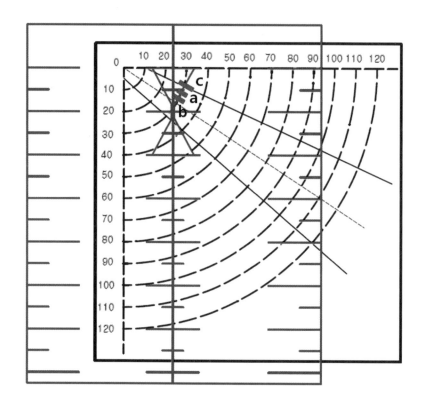

그림 8-8 빔 형상 그리기 카드를 이용하여 트레이싱 용지에 표기되는 결함의 위치

만일 결함이 상대적으로 크다면, 20 dB 강하 지점을 찾기 위해서 탐촉자를 상당히 크게 이동하여야 할 것이다. 이러한 경우에는 탐촉자를 이동하면서 신호가 크게 변화되지 않는 지점의 빔 노정 거리를 측정하여 중간점을 그리게 히어 결함의 방향을 그리는 것이 유용하나.

8.1.5 빔 형상을 이용한 결함 크기 산정(수평 방향 – 결함 길이 평가)

일반적으로 결함의 길이는 결함 신호의 최대 에코를 찾은 후에 결함의 방향과 평행한 방향으로 탐촉자를 이동하여 신호의 크기가 20 dB 떨어지는 양쪽 지점의 위치를 표시한다. 이 때 탐촉자의 총 이동 거리와 표면에서부터 결함까지의 깊이를 평가한다.(빔 노정거리로부터 삼각

함수를 이용하여 구할 수 있다.) 결함의 실제 길이는 탐촉자 이동거리에서 결함 깊이의 빔 폭을 뺀 값이 된다. 그림 8-9에 나타낸 바와 같이 20 dB 강하에 의한 탐촉자 이동 거리가 27 mm라고 하자. 이 때 결함의 깊이에서 빔 폭이 9 mm라고 하면, 실제 결함의 길이는 27 mm에서 9 mm를 뺀 18 mm가 된다.

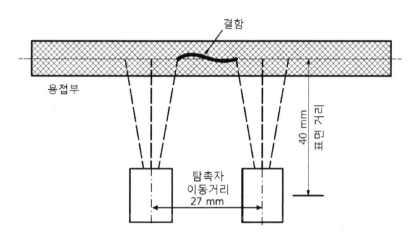

그림 8-9 20 dB 강하법을 사용한 결함 길이 산정 방법

하지만 이러한 방법을 사용할 때 고려해야 할 약간의 의심스러운 점이 있다. 즉, dB 강하법을 사용할 경우 진폭에 영향을 주는 인자를 조심하여야 한다. 빔이 결함의 끝을 지나서 탐상하기 때문에 진폭이 떨어진다는 것은 안전한 가정이 아니다. 이러한 결과를 가져오는 다음과 같은 인자들이 있음을 기억해야 한다.

- **결함 표면의 면적**: 초음파 빔 내에서 단면이 줄어들도록 결함이 테이퍼져 있을 수 있다. 만일 이러한 결함이 신호를 충분히 20 dB 정도 떨어뜨린다면, 실제 결함의 끝 전에 수 mm 정도 짧게 평가될 것이다.
- **결함의 방향**: 결함이 뒤틀려 있을 수도 있으며, 이것은 결함의 원래 위치보다 앞쪽을 선택할지도 모른다. 만일 뒤틀려 있다면 하나 이상의 각도의 탐촉자를 사용하여 결함의 크기를 평가하는 것이 좋을 수 있다.
- **범위**: 결함의 일부분이 검출되지 않는 위치에 있도록 결함이 구부러져 있을 수가 있다.
- **탐촉자의 회전**: 탐상하는 과정에서 무심코 탐촉자가 돌아가서 잘못된 결과를 가져올 수가 있다.
- 표면 거칠기 또는 접촉 상태의 변화가 나쁜 결과를 이끌어 낼 수가 있다.

8.2 최대 진폭 기법에 의한 결함 크기 산정

이 기법은 적어도 진폭 강하법만큼의 장점이 있으나, 같은 정도의 호응도와 허용도를 갖는 것으로 보이지는 않는다. 이것은 진폭 강하법에 의해 얻어진 결과를 교차 점검할 때 가치가 있으며, 어떤 결함에 대해 명확하게 더 우수한 방법일 수 있다. 발생되는 대부분의 결함이 하나로 된 매끄러운 반사면으로 나타낼 수 없고, 어떤 면은 초음파 빔에 대해 적절하게 기울어져 있고 어떤 것은 좋지 않은 상태로 기울어진 결함 표면을 가져서 재료 내에서 구불구불한 경로로 이루어진다는 사실을 고려하자. 그림 8-10은 용접부에서 발생되어 성장하는 균열을 보여준 것으로, 굵은 선으로 표시된 면이 형성 가능한 방향이다.

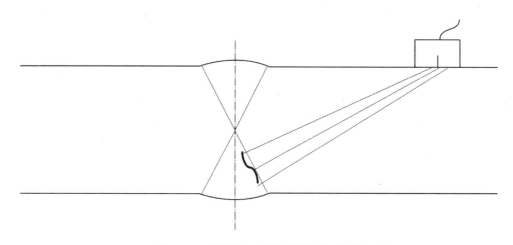

그림 8-10 용접부 내에서 형성되는 균열의 예

반사면의 각각은 약간 다른 거리에 있을 것이고, 비록 그들이 분리된 신호로 분해하기에 너무 가깝게 있을지라도, 신호 포락선은 일련의 분리된 신호들이 겹쳐진 것으로서 여길 수 있다. 실제로 신호 포락선의 형태는 장비의 분해능과 다른 면들까지의 빔 경로 길이의 변화 정도에 의존하여 그림 8-11(a), (b), (c)와 같이 나타날 수도 있다.

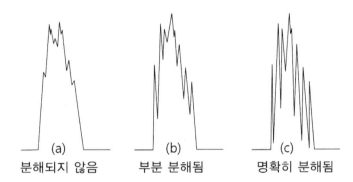

그림 8-11   균열과 같은 다면성 결함에 의해 나타나는 신호 포락선
(a)분해되지 않은 신호, (b)어느 정도 분해된 신호, (c)명백하게 분해된 신호

빔이 결함의 표면을 가로질로 탐상함으로써, 빔 중심은 순차적으로 각 면을 훑고 지나갈 것이고, 비록 주 포락선의 진폭이 떨어지거나 올라갈지라도 각 면에서의 신호가 최대가 되었다가 줄어들 것이다. 각각의 신호가 최대가 될 때 용접부 중심까지의 표면 거리와 그 면까지의 빔 노정 거리를 측정하고 빔 형상 그리기 카드를 사용하여 반사되는 점을 그린다. 탐촉자를 이동시켜 더 이상의 최대가 만들어지지 않고 진폭이 떨어지면, 탐촉자를 다시 반대로 이동하여 마지막 최대 신호를 만드는 지점을 결함이 끝나는 지점으로 한다. 결함의 반대쪽에 대해서도 같은 작업을 반복하여 결함의 범위를 결정한다.

8.3 선단 회절 신호에 의한 결함 크기 산정

최대 진폭 기법은 결함 선단에서 일어나는 회절 현상을 이용할 수 있다. 회절 신호는 연못에 돌을 던졌을 때 파문이 일어나는 것과 같이 결함의 선단에서 원형의 파면을 형성하여 복사되는 것이다. 그림 8-12에서와 같이 결함의 방향이 적절하지 않을지라도 결함 선단에서 만들어진 회절 신호는 광범위한 재료의 표면에 걸쳐 도달될 것이다. 이러한 신호는 같은 깊이의 구석 반사 신호에 비해 약 30 dB 정도 약하다.

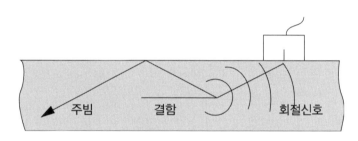

그림 8-12   결함 선단에서 발생되는 회절 신호

이러한 선단 회절 신호는 일반적으로 관찰되는 마지막 최대 신호일 것이다. 만일 결함이 매우 매끄럽다면, 아마도 주 반사 신호와 결함의 양끝에서 일어나는 선단 회절 신호에 의한 3개의 최대 신호만이 있을 것이다. 진폭 강하 기법의 한계와 선단 회절 기법의 장점에 대한 예를 들어보자. STB-A1 시험편의 반지름 100 mm의 중심부에 새겨져 있는 슬릿은 깊이가 4 mm로 가공된 홈이다.

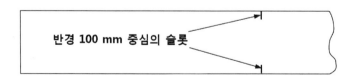

그림 8-13   STB-A1(No. 1) 교정 시험편의 반지름 100 mm의 중심에 위치한 슬롯에 70° 경사각 탐촉자의 적용

308

그림 8-13에서와 같이 70° 경사각 탐촉자를 슬롯에서 69 mm의 표면거리가 되도록 위치시키면, 73 mm의 빔 노정 거리에 위치하는 모서리 반사 신호를 얻을 수 있다. 탐촉자를 이동하여 신호를 최대로 하고, 화면의 100%의 높이가 되도록 게인을 조정한다. 빔 형상 그리기 카드를 사용하여 이 지점에 대한 반사체의 위치를 표시하면 깊이가 25 mm의 위치할 것이다. 이제 탐촉자를 이동하여 양쪽의 빔 가장자리에 해당하는 20 dB 강하 지점을 찾아서 빔 형상 그리기 카드에 표시하면 모두 같은 점으로 표시될 것이다. 즉 반사체의 높이가 없는 것으로 평가된다. 이러한 현상은 반사체가 슬롯(융합불량 또는 용입부족)과 같이 매끄럽다면 항상 일어난다. 하지만 슬롯의 선단에 슬래그 게재물과 같은 매끄럽지 않은 결함이 존재한다면 긍정적인 결과를 얻을 것이다.

앞과 같은 슬롯에 대해 선단 회절 신호의 최대 진폭 기법을 적용해보자. 전과 마찬가지로 구석 반사에 의해 최대 신호가 될 때 표면거리는 69 mm이고 빔 노정 거리는 73 mm가 된다. 이 때 반사체의 위치를 그리면 25 mm 깊이가 될 것이다. 이때 신호가 화면의 약 1/5 정도가 되도록 게인을 조절하고 여기에서 30 dB 게인을 증가시킨다. 탐촉자를 슬릿에 접근하도록 움직이면 신호의 앞쪽에서 신호의 피크가 화면의 약 1/5 정도의 진폭으로 최대가 되는 위치가 있다. 이 위치에서 탐촉자의 표면거리와 빔 노정 거리를 측정하면 각각 58 mm와 61 mm가 될 것이며, 빔 형상 그리기 카드를 이용하여 반사체의 위치는 앞의 구석 반사를 일으킨 지점의 4 mm 위에 표시될 것이다. 즉 슬롯의 수직 높이를 알 수 있게 한다.

앞에서 논의된 두 방법 모두가 결함의 실제 크기를 알아내는 데 사용된다. 숙련되고 성실한 검사자들은 어떠한 방법도 무턱대고 적용하지는 않고, 반사면의 특성에 따라 절차를 변화시킬 것이다. 중대한 결함의 크기를 확신하기 위하여 두 방법 모두를 사용할 수도 있다. 예를 들어, 개선면의 융합불량과 같은 매끄러운 면을 갖는 결함의 길이를 결정하는 방법으로 dB 강하법을 사용할 때, 6 dB 강하법을 사용하거나 빔 폭만큼의 진동자 크기(빔이 평행하게 진행하는 것으로 가정함)를 사용하는 것이 20 dB 강하법보다 더 정확한 결과를 산출한다. 어떠한 종류의 결함에 대하여 상대적으로 더 좋은 측정 결과를 주는 방법이 있으며, 상대적으로 더 안 좋은 결과를 주는 방법이 있음을 인식하여야 한다. 표 8-1은 결함의 특성과 크기 산정 방법의 상대적인 결과를 나타낸 것이다.

기법의 개인적인 선택과 해석의 차이 때문에 많은 검사자들에 의해 같은 결함의 크기 산정에 있어 상당한 변화가 있을 가능성이 높다 이러한 사실은 과거에 더 많은 우려를 갖게 하였고 결함의 크기 산정의 향상된 방법을 연구하도록 하는 계기가 되었다. 이러한 노력에 의해 TOFD 기법이 개발되었으며, 이에 의한 결함 높이 평가는 가장 우수한 결과를 제공하고 있다.

표 8-1 결함의 특성과 크기 산정 방법의 상대적인 결과

결함의 특성	dB 강하법	최대 진폭법
부피 없는 매끄러운 결함 (용입부족, 융합불량)	선단 회절법을 사용하면 좋음	안좋음
부피 있는 매끄러운 결함 (기공, 파이프 등)	매우 좋음	좋음
평면적이고 불규칙한 형상 (균열, 라멜라티어링)	좋음	매우 좋음
부피가 있고 불규칙한 형상 (군집 기공, 슬래그 등)	좋음	매우 좋음

8.4 TOFD를 사용한 결함 크기 산정

TOFD(Time of Flight Diffraction: 회절파 노정 시간) 기법은 1975년 Silk[1]에 의해 발표된 용접부의 결함을 검출하기 위한 초음파탐상검사의 새로운 기법이다. 이후 많은 연구자들에 의해 이 방법의 효용성이 검증되었고, 현재에는 용접부 검사에 신뢰성 있는 초음파탐상검사 방법의 하나로 정립되어 많은 국가들이 표준으로 채택하고 있으며[2-5], 우리나라도 KS[6-8]로 도입하여 사용하고 있다.

8.4.1 TOFD의 원리

TOFD 기법은 불연속에서 반사되는 신호보다 결함 선단에서 회절되는 신호를 이용한다. TOFD 기법에서는 종파가 횡파보다 더 강한 회절 신호를 만들고, 송신 탐촉자와 수신 탐촉자 사이의 수평 거리를 측정하는 데 사용할 수 있는 측면파(lateral wave)를 잘 만들기 때문에 경사각 종파를 사용한다.

TOFD 기법에서는 빔 퍼짐각이 큰 탐촉자 두 개를 가지고서 송-수신 모드를 사용한다. 넓게 퍼지는 초음파는 검사하려는 영역 전체에 적용되며, 재료 내부에 존재하는 불연속의 선단에서 회절파를 만든다. 그림 8-14는 탐상면에 수직한 불연속(균열 또는 융합불량)을 지닌 검사 대상체 검사에 대한 TOFD 기법의 기본적인 설정을 나타낸 것이다. 이러한 경우에 송신 탐촉자에서 수신 탐촉자로 진행한 초음파 경로는 다음과 같이 4개가 있다.

- **측면파(lateral wave)**: 표면 바로 밑의 경로 A를 지나는 송신 탐촉자에서 수신 탐촉자로 진행한 종파
- **위쪽 선단 회절파(diffracted wave at upper tip)**: 경로 B를 지나는 불연속의 위쪽 선단에서 회절된 회절파
- **아래쪽 선단 회절파(diffracted wave at lower tip)**: 경로 C를 지나는 불연속의 아래쪽 선단에서 회절된 회절파

- **뒷면 반사파(back-wall echo)**: 경로 D를 지나는 뒷면에서 반사된 반사파

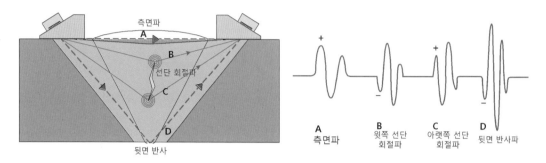

그림 8-14   TOFD 기법의 기본적인 설정과 탐상면에 수직하게 놓인 불연속에 의한 수신 신호

그림 8-14의 TOFD 신호에서 불연속의 위쪽과 아래쪽 선단에서 회절되는 신호 B와 C의 위상이 서로 반대임을 주목할 필요가 있다. 이러한 위상 차이는 검사자가 불연속의 선단임을 식별할 수 있게 한다. 두께가 t인 용접부 내의 결함이 두 탐촉자의 중앙에 놓여 있다고 가정하자. 윗면에서 결함의 위쪽 선단까지의 깊이를 d라하고 결함의 높이를 h라고 하면 수신한 신호의 도달 시간은 다음과 같이 주어진다.

$$\text{측면파 도달 시간:} \quad T_A = \frac{PCS}{c_l} \tag{8-1}$$

$$\text{위쪽 선단 회절파 도달 시간:} \quad T_B = \frac{(PCS^2 + 4d^2)^{0.5}}{c_l} \tag{8-2}$$

$$\text{아래쪽 선단 회절파 도달 시간:} \quad T_C = \frac{(PCS^2 + 4(d+h)^2)^{0.5}}{c_l} \tag{8-3}$$

$$\text{뒷면 에코 도달 시간:} \quad T_D = \frac{(PCS^2 + 4t^2)^{0.5}}{c_l} \tag{8-4}$$

여기서 c_l은 종파 속도이고, PCS는 두 탐촉자의 입사점 사이의 거리이다. 위 식으로부터 결함의 위쪽 선단까지의 깊이 d와 결함의 높이 h는 다음과 같이 구할 수 있다.

$$d = \frac{1}{2}\sqrt{(c_l^2 \cdot T_B^2 - PCS^2)}, \qquad h = \frac{1}{2}\sqrt{(c_l^2 \cdot T_C^2 - PCS^2)} - d \qquad (8\text{-}5)$$

기존의 초음파탐상검사에서 초음파 신호는 오직 진폭만을 사용하는 반면에, TOFD에서는 그림 8-14에 나타낸 바와 같이 결함의 위쪽 선단 회절파와 아래쪽 선단 회절파의 위상이 서로 반대로 나타나기 때문에 원래의 진동하는 초음파 신호인 RF 신호를 사용한다. 이러한 RF 신호 의 +값 신호는 하얀색 쪽으로, - 값 신호는 검정색 쪽으로 하여 회색조로 표현한다.

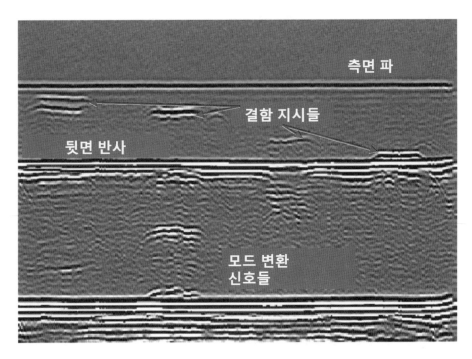

그림 8-15 　서로 다른 깊이에 4개의 인공결함을 지닌 시험편 에서 얻은 전형적인 TOFD 시험 결과[7]

그림 8-15는 서로 다른 깊이에 4개의 인공결함을 만들어 놓은 시험편에서 얻은 전형적인 TOFD 결과 영상이다. 이 영상의 가로 축은 탐촉자가 움직이는 위치를 나타내며, 세로축은 검사 대상체 내에서 초음파가 진행한 시간이다. 즉, TOFD 결과 영상은 초음파 탐촉자 쌍을 이송하면서 일정한 거리 간격으로 초음파 신호를 수신하여 수신된 초음파 RF 신호의 신폭 상태를 회색조로 나타내는 것이다. 그림 8-15의 맨 위에 형성된 줄무늬는 탐상면을 따라 전파 한 측면파 신호이고, 그 아래쪽에 일정한 길이로 형성된 물결무늬들은 인공 결함에서 회절된

회절 신호에 의해 만들어진 것으로 결함 지시를 나타내는 것이다.

이러한 영상을 얻기 위해서는 다음과 같은 조건을 준수해야 한다.

- TOFD 기법에서는 종파가 굴절되어 전파하도록 송-수신 탐촉자를 배치한다.
- 탐촉자는 90% 이상의 상대 대역폭을 갖는 광대역 탐촉자를 사용하고, 빔 퍼짐이 충분히 커서 측면파와 뒷면 반사파가 동시에 만들어져서 전체 벽 두께에 대한 회절신호를 수신할 수 있도록 진동자의 크기가 작은 탐촉자를 사용한다.
- 탐촉자는 일반적으로 용접부 중심선에 대해 양쪽에 대칭적으로 배치한다.
- 두께가 50 mm를 초과하는 경우 2쌍 이상의 탐촉자를 사용한다.
- 내재된 결함에 의한 회절 신호는 지름 3 mm의 측면공 신호보다 -20 dB에서 -30 dB정도 작기 때문에 종종 전치 증폭기의 사용이 요구된다.
- 일반적으로 25 mm 이하의 두께의 경우 회절 신호의 최대 진폭은 70°에서 얻어진다.

표 8-2 맞대기 용접부의 모재 두께에 따른 권고되는 TOFD 탐촉자의 설정[7]

모재 두께 t [mm]	TOFD 설정 수	적용 깊이 범위	중심 주파수 [MHz]	종파 빔 굴절각 [°]	진동자 크기 [mm]	송-수신 탐촉자의 빔 중심 교차점
6~10	1	$0 \sim t$	15	70	2~3	$2/3\,t$
)10~15	1	$0 \sim t$	15~10	70	2~3	$2/3\,t$
)15~35	1	$0 \sim t$	10~5	70~60	2~6	$2/3\,t$
)35~50	1	$0 \sim t$	5~3	70~60	3~6	$2/3\,t$
)50~100	2	$0 \sim t/2$	5~3	70~60	3~6	$1/3\,t$
		$t/2 \sim t$	5~3	60~45	6~12	$5/6\,t$
)100~200	3	$0 \sim t/3$	5~3	70~60	3~6	$2/9\,t$
		$t/3 \sim 2t/3$	5~3	60~45	6~12	$5/9\,t$
		$2t/3 \sim t$	5~2	60~45	6~20	$8/9\,t$
)200~300	4	$0 \sim t/4$	5~3	70~60	3~6	$1/12\,t$
		$t/4 \sim t/2$	5~3	60~45	6~12	$5/12\,t$
		$t/2 \sim 3t/4$	5~2	60~45	6~20	$8/12\,t$
		$3t/4 \sim t$	3~1	50~40	10~20	$11/12\,t$, 또는 굴절각이 45° 이하일 때 t

KS B ISO 10863[7]에 따르면, 맞대기 용접부에 TOFD 기법을 적용할 경우 용접부 모재 두께에 따라 사용하여야 할 탐촉자와 탐촉자의 설정의 권고 사항을 표 8-2에 나타내었다.

8.4.2 TOFD의 장단점

(1) 장점

- 기존의 펄스-에코법은 결함의 방향이 초음파 전파 방향과 같으면 검출이 어려웠는데 비하여 TOFD 기법에 의한 결함 검출은 결함 방향에 의존하지 않는다.
- 다른 초음파탐상검사 방법에 비해 결함의 높이(두께 방향의 결함 크기)를 정확하게 결정할 수 있어, 알려진 결함의 변화 또는 결함 성장을 관찰하는 데 적절하다.
- 검사 결과는 영구적인 기록뿐만 아니라, 즉각적으로 사용할 수 있다.
- 검사 속도가 매우 빠르기 때문에 25 mm 이상의 두께에서 방사선투과검사보다 비용이 덜 들어간다. 일반적으로 초당 수백 mm의 속도로 탐상이 가능하다.
- 만일 건설 중에 TOFD를 적용하였다면, 건설 중 결함과 사용 중 결함을 구별하는 것이 가능하므로 비용을 절감할 것이다. 즉, 설비가 안전하게 얼마나 더 오래 가동할 수 있는가를 결정하는데 활용 가능하다.
- 높은 결함 검출 확률(POD)을 갖는다.
- 방사선투과검사 노출 시간이 많이 걸리는 두꺼운 압력용기 용접부 검사에 가장 효과적이다.
- TOFD 기법은 피로, 응력, 화학적 부식에 기인한 미시적인 열화를 관찰하고 보고하는 데 사용될 수 있다.
- 용접부의 길이를 따라 한 쌍의 탐촉자를 사용하여 용접부 전체를 검사할 수 있다.
- 방사선 피폭 같은 위험성이 없으므로, 용접 작업과 동시에 검사를 수행할 수 있다.

(2) 단점

- 감도 레벨에 민감하다. 만일 감도를 너무 낮게 설정하면, TOFD 영상에 회절 신호를 나타내지 못하고, 감도를 잡음 수준 이상으로 너무 높게 설정하면, 용접부의 매우 작은 불균질성에 의한 많은 회절 신호들이 TOFD 영상에 나타난다.
- 실제로 그림 8-14에 나타낸 것과 같이 균열의 선단에서 회절되는 신호가 명확하지

않아서 균열 높이를 결정하기가 어렵다. 만일 균열 선단 에코가 불균질성에 관련된 회절 신호와 섞이면 TOFD 기법으로 균열 높이를 평가하는 것이 불가능해 진다. 따라서 조직이 조대한 재료에 대한 검사에 적용될 수 없다.

- 위쪽 표면과 뒷면에 가깝게 위치한 결함은 측면파와 뒷면 반사파의 불감대 때문에 검출이 어렵다. 따라서 위쪽 표면은 자분탐상검사를 수행하여야 하고, 뒷면은 기존의 펄스-에코 또는 송-수신 방식의 초음파탐상검사에 의해 평가되어야 한다.

- 탐상면과 평행하게 놓인 결함을 검출하고 크기를 평가하는 것이 효과적이지 못하다.

- 결함 해석과 결함 형상을 판단하기 위해서는 별도의 교육과 경험을 필요로 한다.

- 회절파의 도달 시간은 탐촉자와 결함 사이의 상대적인 위치에 의존하므로, 빔 노정 시간(TOF) 궤적에 기인하는 위치 오차를 지닌다. 이러한 오차를 해소하기 위하여 결함 지점에서 탐촉자를 빔이 진행하는 방향으로 이동하는 부가적인 B-스캔 영상을 얻어 평가한다.

- 검사 대상체의 형상과 접촉 문제들이 측면파의 전파를 방해하여 기준을 잡지 못하는 경우가 있다.

8.4.3 TOFD의 적용 분야

앞에서 언급한 TOFD의 단점과 한계가 있음에도 불구하고, TOFD는 균열의 높이를 평가에 있어 아주 효과적인 초음파 검사 방법이다. 따라서 ASME code case 2235에서 압력용기의 용접 품질을 평가하는 선택적 방법으로 채택이 되었다. 이를 기반으로 TOFD 기법은 압력용기 제작과 배관 설치 중의 용접 품질을 평가하는 방법은 물론 사용 중인 압력 용기나 고압 배관의 결함 성장을 관찰하기 위하여 주기적인 검사 방법으로 사용되고 있다.

또한, 북해에 있는 해저 설비의 보수 용접부를 검사하는 방사선투과검사는 16~29시간이 필요하였는데, TOFD 의 빠른 검사 속도로 45분만에 검사하였다고 보고되었다[9]. 네덜란드 용접 연구소의 보고서에 따르면 TOFD 방법은 기존의 수동 초음파탐상검사에 비해 2배 이상의 신뢰성을 지니고, 방사선투과검사에 비해서는 1.3배 이상의 신뢰성을 지니는 것으로 보고되었다[10]. 이러한 TOFD의 장점으로 인하여 최근에는 복잡한 형상을 지닌 단조품(예: 터빈 디스크)에 대해 균열 검출을 위해 적용되기도 한다.

DGS(Distance, Gain, Size) 선도에 의한 결함 평가

DGS 선도에 의한 결함 평가는 1958년 독일의 Krautkramer에 의해 도입되었다. 이 방법은 재료 내의 어떤 결함을 평가하는 데 있어 검사자가 다를지라도 거의 같은 크기의 결함으로 평가할 수 있는 표준화된 평가 기법을 제시한 것이다.

DGS 선도를 이용할 때 다음과 같은 장점이 있다.

- 주어진 결함 크기와 측정 범위에 대해 사용할 민감한 게인 수준을 선택하게 한다.
- 주어진 측정 범위에서 검출 가능한 가장 작은 결함을 알려준다.
- 주어진 탐촉자·초음파 탐상기 조합의 적용 가능한 유용한 게인을 알려준다.
- 합격·불합격에 대한 go·no go 시스템의 기반을 제공한다.
- 결함의 가장 큰 크기가 빔 폭을 초과하지 않는다면, 어떠한 환경일지라도 결함 크기의 정도에 해당하는 지시를 제공한다.

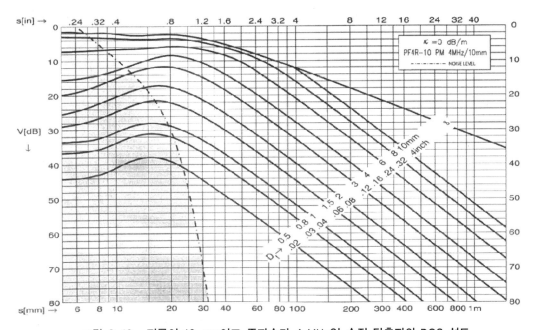

그림 8-16 지름이 10 mm이고 주파수가 4 MHz인 수직 탐촉자의 DGS 선도

그림 8-16은 철강 재료에서 매질에 의한 초음파 감쇠가 없다고 가정한 지름이 10 mm이고 중심주파수가 4 MHz인 수직 탐촉자에 대한 DGS 선도이다. 이 선도의 경우 거리와 반사체의 지름을 mm(또는 inch)로 나타내었으나, 어떠한 DGS 선도는 거리를 근거리 음장 거리(N)에 대한 비로 나타내고, 반사체의 지름도 탐촉자의 지름에 대한 비로 나타내는 경우가 있다.

8.5.1 기본적인 DGS 선도의 사용

앞의 그림 8-16의 DGS 선도를 사용하여 결함 크기 산정을 해보도록 하자. 예를 들어, 두께가 100 mm인 철강 재료에서 70 mm의 위치에서 결함 지시를 발견하였다. 이 결함 지시에 대한 결함 크기의 평가는 다음의 절차를 따른다.

① No. 1(STB-A1) 교정 시험편의 25 mm 두께의 첫 번째 에코의 신호를 기준 높이(예를 들어 화면 전체 높이의 80%)에 맞추고, 탐상기의 게인 값을 기록한다.(예: 기록된 게인 값 = 36 dB)

② 결함 신호가 최대가 되도록 탐촉자를 위치시키고, 신호의 진폭을 기준 높이(앞에서 화면 전체 높이의 80%로 하였으므로 이와 같은 높이로 함)가 되도록 게인을 조정하여 맞춘 뒤, 탐상기의 게인 값을 기록한다.(예: 68 dB라고 하자)

③ DGS 선도에서 25 mm 뒷면 에코의 위치를 선택하면 게인 값이 약2 dB에 위치한다.

④ ①과 ②에서 기록한 게인 값의 차이를 구하고, ③에서 읽은 게인 값을 더한다.(즉, 68 dB − 36 dB + 2 dB = 34 dB)

⑤ DGS 선도에 ④에서 구한 값(34 dB)과 거리 70 mm의 교차점을 설정하고 이 점에 가장 가까운 선도를 선택한다. 여기에서는 지름이 2 mm에 해당하는 곡선에 교차점이 위치한다.

⑥ 따라서 70 mm 위치에 있는 결함은 지름이 2 mm 원판형 결함으로 평가한다.

이러한 과정을 거치는 평가 과정은 결함이 평가된 등가적 평저공보다는 작지 않음을 알려준다. 실제로 검출된 결함의 크기는 다음과 같은 원인 때문에 평가된 등가적 결함 크기보다 더 큰 것이 확실하다.

- 결함은 탐상면과 평행한 평탄한 면을 지닌 완벽한 반사체가 아니다.
- 검사 대상체의 표면이 No. 1(STB-A1) 교정 시험편의 표면처럼 매끄럽지 않아서 음향적인 결합이 교정 시험편에서와 같이 좋을 수 없다.
- 검사 대상체 내에서 초음파 감쇠가 No. 1(STB-A1) 교정 시험편과 같지 않을 수 있다.

8.5.2 전이 손실 보정

위와 같은 평가의 오차 발생의 요인 중에서 검사 대상체와 교정 시험편의 표면 상태가 달라서 발생되는 차이를 전이 손실이라고 한다. 수직 탐상의 경우 전이 손실에 의한 오차를 줄이기 위해서는 검사 대상체의 뒷면 신호를 이용한다.

앞에서와 같이 두께가 100 mm인 철강 재료에서 70 mm의 위치에 결함 지시를 검출하였다고 하자. 이 결함 지시에 대한 결함 크기 산정은 다음의 절차를 따른다.

① 검사 대상체의 뒷면 에코를 기준 높이(예를 들어 전체 화면 높이의 80%)로 맞추고, 탐상기의 게인 값을 기록한다.(예: 50 dB)

② DGS 선도에서 100 mm의 거리에 해당되는 게인 값을 읽어 기록한다.(그림 8-16의 DGS 선도에서는 12 dB임)

③ 결함 신호가 최대가 되도록 탐촉자를 위치시키고, 신호의 진폭을 기준 높이(앞에서 화면 전체 높이의 80%로 하였으므로 이와 같은 높이로 함)가 되도록 게인을 조정하여 맞춘 뒤, 탐상기의 게인 값을 기록한다.(예: 68 dB라고 하자)

④ ③과 ①에서 기록한 게인 값의 차이에 ②에서 구한 게인 값을 더한다.(즉, 68 dB - 50 dB + 12 dB = 30 dB)

⑤ DGS 선도에서 결함 지시의 위치 70 mm와 ④에서 구한 게인 값 30 dB의 교차점을 찾는다. 이 교차점은 지름 2 mm와 지름 3 mm에 해당하는 곡선의 중앙에 놓여있다.

⑥ 이러한 경우 검출된 결함은 등가적으로 지름 2.5 mm 정도의 원판형 결함으로 평가한다.

만일 전이 손실이 없다면 앞의 두 경우에서 평가된 크기는 같은 값에 도달해야 한다. 그러나 첫 번째 게인 값 34 dB와, 두 번째 게인 값 30 dB의 차이는 전이 손실에 의한 것이다. 즉,

이 경우의 전이 손실은 4 dB이지만 두 번째 방법에서는 전이 손실을 자동적으로 반영하게 된다.

8.5.3 재료 감쇠 손실 보정

그림 8-16의 DGS 선도는 재료의 감쇠가 반영되지 않았다. 만일 재료의 감쇠가 존재하는 경우에는 재료의 감쇠를 반영하여 평가되어야 한다. 재료의 두께(100 mm)가 근거리음장 영역을 완전히 벗어나 있으므로, 만일 재료의 감쇠가 없다면, 첫 번째 뒷면 에코와 두 번째 뒷면 에코 신호는 6 dB의 진폭 차이를 나타낼 것이다. 만일 첫 번째 에코와 두 번째 에코의 진폭 차이가 10 dB로 측정되었다면, 4 dB는 재료의 감쇠에 의해 감쇠된 것이다. 즉 신호의 감쇠는 100 mm를 왕복하면서 4 dB의 감쇠가 일어났다. 따라서 재료의 감쇠계수는 다음과 같이 구할 수 있다.

$$\frac{4\,\text{dB}}{2\times100\,\text{mm}} = 0.02\,\text{dB/mm}$$

따라서 70 mm에서 검출한 결함 지시는 $2\times70\,\text{mm}\times0.02\,\text{dB/mm} = 2.8\,\text{dB}$ 만큼의 재료 감쇠의 영향을 받고 도달된 것이다. 따라서 앞의 전이 손실에서 구한 30 dB에서 2.8 dB를 뺀 게인 값인 27.2 dB가 실제 결함 지시의 게인 값이다. 이러한 게인 값과 거리 70 mm의 교차점에 결함 크기가 3 mm인 곡선이 지나므로, 결함의 크기는 등가적으로 지름 3 mm로 평가될 것이다.

8.6 경사각 탐상의 횡파 감쇠와 전이 손실 측정

8.6.1 횡파의 감쇠 측정

그림 8-17과 같이 두개의 똑같은 경사각 횡파 탐촉자를 송-수신 모드로 배치하여 다음의 절차를 따른다.

① 검사 대상체에서 선택된 경사각 탐촉자에 대한 1.0 스킵 표면 거리와 빔 거리를 계산한다.

② 적어도 2.0 스킵 빔 거리의 범위로 초음파 탐상기를 교정한다.

③ 두 탐촉자 사이를 1.0 스킵 거리가 되도록 하고(수신 신호가 최대가 되는 위치), 신호의 진폭을 기준 높이(예를 들어 화면 전체 높이의 80%)로 맞추고 게인 값(G1)을 기록한다.

④ 수신 탐촉자를 2.0 스킵 거리에 맞추고, 신호의 진폭을 기준 높이(앞에서와 같은 높이)로 맞추고 게인 값(G2)를 기록한다.

⑤ 만일 1.0 스킵 빔 거리가 근거리음장 영역을 충분히 벗어나 있고 재료의 감쇠가 없다면, 두 위치에서 신호는 전파 거리가 2배가 되었으므로, 신호 진폭은 6 dB의 차이가 있을 것이다.

⑥ 따라서 재료의 감쇠는(G2-G1-6dB)/1.0 스킵 빔 경로[dB/mm]의 계산에 의해 구한다.

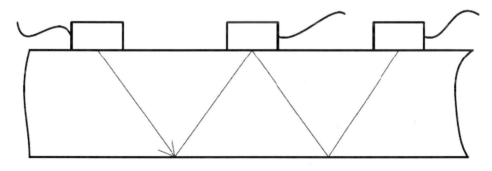

그림 8-17 **경사각 탐상의 전이 손실 보상 및 횡파의 감쇠 측정을 위한 탐촉자 배치**

8.6.2 전이 손실 측정

경사각 탐촉자에 대한 전이 손실은 No. 1(STB-A1) 교정 시험편과 검사 대상체에서 다음의 절차를 따라 측정한다.

① 검사 대상체에서 탐촉자를 1.0 스킵 표면거리 간격으로 배치하여 최대의 신호를 얻게 위치를 맞추고, 신호의 진폭을 80%에 맞추고 탐상기의 게인 값 V1을 기록한다.

② No.1(STB-A1) 교정 시험편에서 탐촉자를 1.0 스킵 위치에 배치하여 최대의 신호를 수신하도록 위치시킨 뒤에, 신호의 진폭을 전체 화면 높이의 80%가 되도록 맞추고 게인 값 V2를 기록한다.

③ 검사 대상체의 두께가 No.1 교정 시험편의 두께와 같을 때, V1-V2가 전이 손실이 된다.

④ 만일 검사 대상체와 교정 시험편의 두께가 다르다면, 먼저 No.1 교정 시험편에서 탐촉자를 1.0 스킵 거리에서 신호를 전체 화면 높이의 80%로 맞추고 게인 값 V3를 기록하고, 또 탐촉자를 2.0(또는 1.5) 스킵 거리에서 신호를 전체 화면 높이의 80%로 맞추고 게인 값 V4를 기록한다.

⑤ 검사 대상체에 탐촉자를 놓고 1.0 스킵 거리에서 신호를 전체 화면 높이의 80%에 맞추었을 때 게인 값 V_{s1}를 기록하고, 탐촉자를 2.0(또는 1.5) 스킵 거리에서 신호를 전체 화면 높이의 80%로 맞추고 게인 값 V_{s2}를 기록한다.

⑥ ④에서 기록한 V3와 V4의 게인 값과 ⑤에서 기록한 Vs1와 Vs1의 게인 값으로 그림 8-18과 같은 그래프로 그린다.

⑦ 위와 같은 과정을 통해 그려진 그림 8-18과 같은 그래프에서 빔 진행 거리(S)에 대한 전이 손실은 그림 8-18에 점선으로 나타낸 바와 같이 두 감쇠 곡선의 차이(V_T)가 된다.

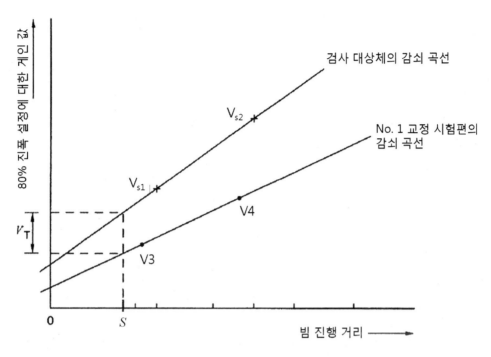

그림 8-18   검사 대상체와 교정 시험편의 두께가 다를 때 전이 손실 측정

참고문헌

[1] M. G. Silk, B. H. Lidington, "The potential of scattered or diffracted ultrasonic in the determination of crack," Non-Destructive Testing, Vol. 8, 1975, 146-151.

[2] ASTM E2373, "Standard Practice for Use of the Ultrasonic Time of Flight Diffraction (TOFD) Technique" Nondestructive Testing Vol. 3.03.

[3] ISO 16828, "Non-destructive testing -- Ultrasonic testing -- Time-of-flight diffraction technique as a method for detection and sizing of discontinuities".

[4] ISO 10863, Non-destructive testing of welds -- Ultrasonic testing -- Use of time-of-flight diffraction technique (TOFD).

[5] ISO 15626, Non-destructive testing of welds -- Time-of-flight diffraction technique (TOFD) -- Acceptance levels.

[6] KSBISO 16828, 비파괴검사 - 초음파탐상검사 - 회절파 진행시간 기법의 불연속 검출 및 크기 측정.

[7] KSBISO 10863, 용접부의 비파괴검사 -- 초음파탐상검사 - 회절파 진행시간(TOFD) 기법의 사용.

[8] KSBISO 15626, 용접부의 비파괴검사 - 회절파 진행시간(TOFD) 기법 - 합격 기준.

[9] INSIGHT Vol.38, No.8, August 1996, 549.

[10] INSIGHT Vol.38, No.6, June 1996, 391.

■ 저 자 소 개 ■

이 정 기 (李 廷 鎭)

- 성균관대학교 물리학과 학사
- 한국과학기술원 물리학과 이학박사
- 나우기연㈜ 부설연구소 소장 역임
- 대한검사기술(주) 부설연구소 소장 역임
- 전남대학교 중화학설비안전진단센터 학술연구교수

現 나우주식회사 첨단NDT 교육센터장

   (사)한국비파괴검사학회 편집위원 및 기술이사

   (사)법안전융합연구소 연구위원

초음파탐상검사 입문 및 현장 실무를 위한

초음파탐상검사
기초 및 응용 Fundamental and Application of Ultrasonic Testing

발 행 일	2019년 10월 21일
글 쓴 이	이정기
발 행 인	박승합
발 행 처	노드미디어
편 집	박효서
디 자 인	권정숙
주 소	서울특별시 용산구 한강대로 341 대한빌딩 206호
전 화	02-754-1867
팩 스	02-753-1867
이 메 일	enodemedia@daum.net
홈페이지	http://www.enodemedia.co.kr
등록번호	제302-2008-000043호
I S B N	978-89-8458-334-4 93550

정가 35,000